第三世代ネットビジネス

成功する法務・技術・マーケティング

蒲 俊郎【弁護士・桐蔭横浜大学講師】
林 一浩【B-Office,Ltd. CEO】
信濃義朗【昌栄印刷取締役 ICカード事業部長】

THE THIRD GENERATION of NET BUSINESS

文芸社

前書き

　1990年代後半から2000年初頭にかけて、いわゆるドットコム企業といわれる一群の新興企業がこの世の春を謳歌していました。若くて活力溢れるCEOが、数多くのメディアに登場し、未来のIT社会の夢を語り、我々は、近い将来こういった新興企業が、従来のビジネスシーンを一変させてしまうのではないかとさえ思いました。

　しかし、2000年春以降のネットバブルの崩壊は、多くのドットコム企業を破綻へと追いやり、現在も活動しているのはほんの一握りの企業にすぎません。

　あるレポートは、当時のドットコム企業の特徴を次のように評しました。
- 多くのCEOは20代から30代初めであり、挫折を知らず怖いものなしである。
- CEOは実際の事業経験がなく事業のやり方を知らず、マネージメントチームは若く経験不足である。
- 市場をよく知らないので、市場が要求する物をタイムリーに提供することが疎かになり勝ちである。
- よく練られたビジネスプランではなく簡単なアイディアだけ。WEB技術だけで始められ、最初に始めることでブランドを確立し市場を独占しようとしたり、ビジネスモデル特許だけで優位性を守ろうとしたりする。
- 技術ベースのスタートアップの場合は技術者を中心に設立されることがほとんどであり、技術者にはビジネス経験がなく優れた技術が優れた会社をつくると信じている。

　この評価は、やや極端にすぎる嫌いがあり、このような指摘があてはまらない例も多数ありますが、ある一面の真実を端的に言い表しているとは言えるでしょう。ドットコム企業と呼ばれる企業では、アマゾンドットコムや楽天等の一部の例外を除いて、概ね成功してはいないというのは既に共通認識

となりつつあります。

　では、ドットコム企業が退場した後のネットビジネスの主役は一体誰でしょうか？

　一時期盛んにいわれていたのが、いわゆるクリック＆モルタルと呼ばれる企業が主役となるという論調でした。ここで主役となる企業は、既に現実の店舗や流通網を持っている既存企業ですから、先ほど指摘されていたようなドットコム企業特有の弱点はありません。すなわち、CEOは、既にその分野で成功を収めた企業の代表者であり、豊富な事業経験を持ち、市場のことを熟知しています。過去の事業経験を有するが故に、技術やアイディアだけにとらわれて大局を見失うこともありません。

　そして、現在のビジネスシーンを概観する限り、確かに、こういったクリック＆モルタル型の企業は概ね成功を収めているといえるでしょう。

　しかし、当然のことながら、その中にも大きな成功を収める企業とそうでない企業の選別が進んでおり、今後は、このクリック＆モルタル企業が如何にすればより大きな成功を収めることができるかに着目していく必要があると思われます。

　そしてその際に、近時のネットビジネスを取り巻く総合環境（技術環境、マーケティング環境、法務環境等）の劇的な変化を見逃すことはできません。ネットビジネスにおいて成功を収めるための条件も、それに伴い当然変化していきます。

　本書は、この数年間のネットビジネスを取り巻く環境の大きな変化を概観しつつ、ネットビジネスにおける成功のための要因が何であるかを探求したものです。

　ちなみに、本書のタイトルの「第三世代ネットビジネス」というのは著者による造語です。ドットコム企業を「第一世代」のネットビジネスとするなら、その次の「第二世代」のネットビジネスは、単純なクリック＆モルタルビジネスであり、その中で、近時のネットビジネスを取り巻く環境変化に適応し、競争と淘汰の中で生き残るべきビジネス手法は「第三世代」のネットビジネスと呼ぶにふさわしいものではないかと考えて、このような呼称を創造したわけです。

本書は、基本的には、次のような方々に読んでいただくことを想定して書かれています。
・既に現実の店舗や流通網を有しているが、ネットへの展開が遅れている企業
・クリック＆モルタルの事業構築を始めているが、予期したほどの成果が上がっていない企業
・これからネットビジネスに進出しようと考えている企業
・ネットビジネスにおける技術、マーケティング、法務に関心のある方々
・ネットビジネス部門の担当で、自社のコンプライアンスに不安を感じている方々
・ネットビジネスに進みたいという学生の皆さん

　さて、以上のとおり、本書は、ネットビジネスを成功に導くために必要な技術、マーケティング、法務等のすべてを容易に理解できるような内容にすることに眼目を置いています。
　法律だけの内容ではありませんから、ネットビジネス関連の技術・マーケティングに詳しい林一浩氏（B-Office, Ltd. CEO）、ICカードの専門家である信濃義朗氏（昌栄印刷株式会社取締役ICカード事業部長、社団法人ビジネス機械・情報システム産業協会カード及びカードシステム部会カード生産統計分科会長）に協力をお願いし、適宜分担して執筆しました。基本的には、第1章、第2章及び第4章は私と林一浩氏が、第3章の内の技術編、マーケティング編は林一浩氏が、同カード編は信濃義朗氏が、同法務編は私が執筆しています。
　余談ですが、私がこの二人に初めてお会いしたのは、約5年前にさかのぼります。当時、日本初の非接触ICカードを用いたオープンポイントシステムの構築を目指して、日本を代表する石油会社、商社、SI会社、警備会社、広告代理店等が結集し大がかりなプロジェクトが開始されました。その際、各社から、派遣されプロジェクトに参加したのが二人であり、私はEC法務の専門家として、同様にプロジェクトに参加し、そこで初めて顔を合わせたわけです。

結局、そのプロジェクトは、ICカードの普及に伴うコストの問題や時期尚早との理由から3年前に中断され、参加者はそれぞれの出身母体に戻っていきましたが、その後も、なお交流を続け、時に研究会などを催して今日に至っています。JR東日本のSuicaをはじめ、現在のICカードの普及を見るにつけ、あの時のプロジェクトを強引に推し進めていれば、日本のデファクトスタンダードになれたのではないかと今でも残念に思っています。

　本書は、私が講師として電子商取引法の授業を受け持っている桐蔭横浜大学の理事を務めている田宮甫先生より話を持ちかけていただき、田宮先生と文芸社代表取締役瓜谷綱延氏が懇意にされていることから、出版も文芸社に決まり、後はトントン拍子に話が進んでいきました。

　以前も、EC関連の本を出版するという話があったのですが、雑事に追われて、結局途中で挫折した経験を持つ私にとって、田宮先生、文芸社関係者の方からの強い後押しは、非常に心強く、何とか本書を出版するまでにこぎ着けることができ、大変に感謝しております。また、私の誘いに乗って、この半年余り、土日をつぶして執筆に当たってくれた林氏、信濃氏（及びその余波を受けて週末の家族サービスを受けることができなかった奥様方）に心からお礼申し上げます。最後に、土日の休日を原稿執筆にあてた私を理解し応援してくれた家族に心からの感謝の意を表したいと思います。

　2003年6月1日

弁護士・桐蔭横浜大学法学部講師

蒲　俊　郎

著者紹介

蒲　俊郎（かば　としろう）

1960年、東京都生まれ　慶応義塾大学法学部法律学科卒業
現在、城山タワー法律事務所代表弁護士、桐蔭横浜大学法学部講師（電子商取引法）、情報ネットワーク法学会会員
得意分野は、電子商取引（ＥＣ）、会社商事関係、倒産法、会社再建、労働法（使用者側）等であり、企業法務を中心に助言・指導を行っている。本書で解説したネットビジネス企業の事業構築のアドバイスなどは日常的に行っており、また、破綻した第一火災海上保険の取締役責任調査等を手がけるなど、倒産処理全般も主要な専門分野であることから、ネットビジネス企業の再生処理（会社再建）、倒産処理等も多数手がけている。
（事務所）
城山タワー法律事務所
東京都港区虎ノ門４丁目３番１号　城山ＪＴトラストタワー31階
http://www.shiroyama-tower.com

林　一浩（はやし　かずひろ）

1964年、長野県生まれ
職歴　昭和シェル石油株式会社、ジー・プラン株式会社ＣＯＯを経て、
現在、B-Office, Ltd. CEO
ＣＲＭを活用した顧客育成プログラムを中心に、ポイントプログラム、クレジットカードビジネスのコンサルティングをリアルビジネス・ネットビジネスに関わらず、幅広い業界で行っている。
（事務所）
B-Office, Ltd.　日本支社東京営業所　http://b-office.ddo.jp
東京都千代田区神田錦町２−２　興新ビル７階
mail : info@b-office.ddo.jp

信濃　義朗（しなの　よしろう）

1958年、兵庫県生まれ　1981年、昌栄印刷株式会社入社
現在、同社取締役　ICカード事業部長
　　　社団法人ビジネス機械・情報システム産業協会　カード及びカードシステム部会
　　　カード生産統計分科会長
（事務所）
昌栄印刷株式会社　http://www.shoei-printing.com
東京都中央区京橋１−５−15　巴川製紙ビル
mail : shinano@shoei-printing.com

注　本書におけるＵＲＬは、2003年５月末時点のものであり、その後変更されている可能性があります。また、本書資料編に収録されている法令、ガイドライン等は2003年５月末時点のものであり、その後の改正等により内容が変更となっている可能性があります。なお、本書における誤植等による内容の誤りについては責任を負いかねます。

目次

前書き 3

第1章　序論 11
　［1］第三世代ネットビジネスとは　11
　［2］第一世代ネットビジネスの悲劇と幻想　13
　［3］クリック＆モルタルの成功
　　　　——第二世代ネットビジネスの波　16
　［4］第三世代ネットビジネスに向けて　18
　［5］まとめ　21

第2章　ネットビジネスの背景とトレンド 23
　［1］ネットビジネスとは　23
　［2］第一世代ネットビジネスの破綻　24
　　（1）第一世代ネットビジネス　24
　　（2）純粋EC企業の制約　27
　［3］第二世代ネットビジネスの躍進　35
　　（1）クリック＆モルタル　35
　　（2）クリック＆モルタルの優位点　36
　　（3）第二世代のネットビジネス　42
　［4］そして第三世代ネットビジネスへ　43
　　（1）法的整備　43
　　（2）技術的環境整備　44
　　（3）マーケティング側面　45
　　（4）ツールになったインターネットを使う
　　　　第三世代ネットビジネス　46
　　〔コラム〕
　　　　インターネットはどこから生まれ
　　　　どこに向かっているのか　47

第3章　第三世代ネットビジネスの実践　61

［1］第三世代ネットビジネスを支える技術　61
　（1）インターネット技術の進歩と第三世代ネットビジネス　61
　（2）ASPの利用　62
　（3）WEBサービスの構築　63
　（4）インターネットを活用したコミュニケーション　97
　（5）携帯電話とECサイト　103
　（6）カード（ネットビジネスとリアル店舗を結ぶ技術）　109

［2］第三世代ネットビジネスにおけるマーケティング手法　127
　（1）現代のマーケティング手法のトレンド　127
　（2）インターネットがもたらした
　　　コミュニケーションコスト破壊　136
　（3）「顧客シェア」は、必ず高まる　138
　（4）顧客とのコミュニケーション確立　139
　（5）リアル店舗のCRM実践　142
　（6）第三世代ネットビジネスのマーケティング　145
　〔コラム〕
　　　ネットビジネス進出の必然性　小売業の方のために　147

［3］第三世代ネットビジネスの法務　156
　（1）ネットビジネスに関連する法整備の急速な進展　156
　（2）BtoCビジネスを巡る法的リスクの高まり　157
　（3）法的リスクにどう向き合っていくか　159
　（4）コンプライアンス　165
　（5）規約の活用　168
　（6）ネットビジネスに関連する諸法規概観　172
　（7）具体的事例に即した法的対処　184
　（8）個人情報の保護　222
　（9）ビジネスモデル特許　235

第4章　最後に　245

資料編　249

第1章 序論

[1] 第三世代ネットビジネスとは

　皆さんは、かつてネットバブルと称される時代があったことをご記憶でしょうか。1990年代後半、合衆国の好景気を支えたのは、IT関連企業でした。多くのドットコム企業が誕生し、EC（Electronic Commerce）と呼ばれる、インターネットを使った物品販売、役務提供の会社が次々と設立され、「インターネット」「ドットコム」と社名につくだけで、株価が高騰していったのです。

　しかし、彼らの繁栄は長くは続きませんでした。2000年春、それまで最高値を更新し続けてきたドットコム企業がいっせいに株価を下げ、ネットバブルが崩壊してしまったのです。

　では、ネットバブルは崩壊して、インターネットは衰退してしまったのでしょうか。そんなことはありません。インターネットはますます私たちに身近なものになってきています。

　我々は、インターネット普及期に起きたこのネットバブルは、ネットビジネスの「第一世代」であり、その後の「第二世代」を経て、今これから私たちが体験しつつあるのは、ネットビジネスの「第三世代」の立ち上がりではないかと考えています。

　この「第一世代」「第二世代」「第三世代」というのは、我々執筆者の造語です。純粋ECビジネスを「第一世代」のネットビジネスとするなら、その次の「第二世代」のネットビジネスは、単純なクリック＆モルタルビジネスであり、その中での競争と淘汰によって生き残ったビジネス手法は「第三世代」のネットビジネスと呼ぶにふさわしいものではないかと考えて、このような呼称を創造したわけです。

　もちろん、純粋ECビジネスが完全に失敗したわけではないという論調や、

クリック＆モルタルというビジネスモデルに対する懐疑的な論調があることは十分承知していますが、我々としては、次世代を担うネットビジネスとは、本書において書かれているような様々なノウハウを駆使して、コストを抑えてかつ迅速にネットビジネスを立ち上げ、最新のマーケティング手法を駆使し、コンプライアンス（法令遵守）を疎かにしない形でのクリック＆モルタル型のビジネス手法であると考えています。我々のこの考えが正しいことは、今後のビジネスの流れが証明してくれるものと思います。

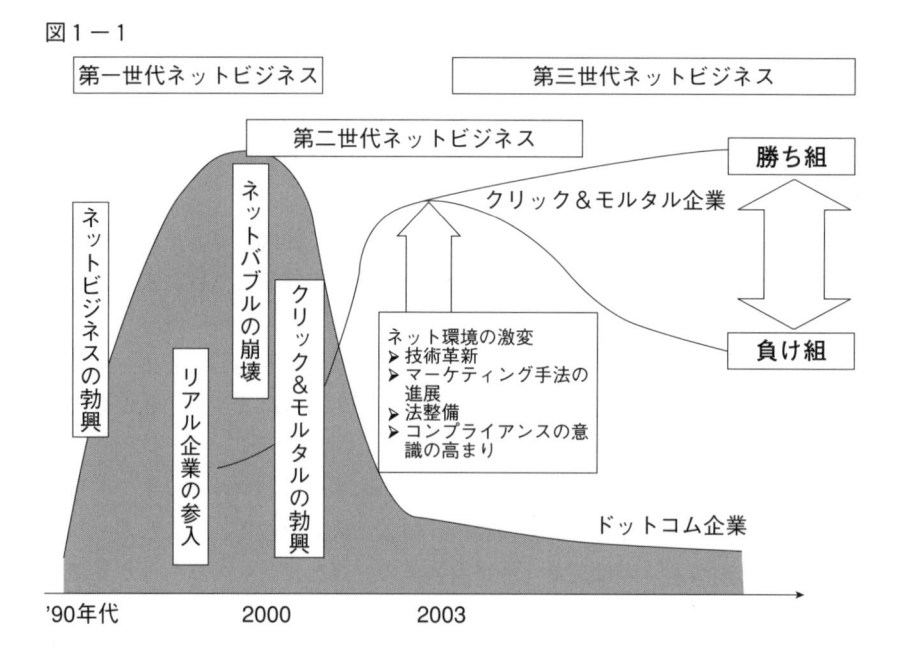

図1－1

第一世代ネットビジネス　　第三世代ネットビジネス

第二世代ネットビジネス

ネットビジネスの勃興

リアル企業の参入

ネットバブルの崩壊

クリック＆モルタルの勃興

クリック＆モルタル企業

勝ち組

負け組

ネット環境の激変
▶ 技術革新
▶ マーケティング手法の進展
▶ 法整備
▶ コンプライアンスの意識の高まり

ドットコム企業

'90年代　　2000　　2003

[2] 第一世代ネットビジネスの悲劇と幻想

　第一世代は、インターネットが何もかも変えてくれるといった類の様々な幻想からスタートしていたのではないでしょうか。第一世代のネットビジネスの中心にいたのは、インターネットを誰よりも早く理解し、その分野に飛び込んでいったネットベンチャーと呼ばれる人々であり、そのビジネスの先に大きなリターンを期待していた大手商社を中心とした投資家でした。
　当初、ネットビジネスには大きな期待が集まりました。まさに新しいビジネスの創造です。その中心にあったアメリカでは、次々にドットコム企業がナスダック（NASDAQ）を中心に上場され、巨額の資金を手にしていったのです。株価は日々高騰し、1999年春には、1000億ドルを超える富（株価総額）が、シリコンバレーにあったと言われています。ドットコム企業は、多額の資金を調達し、市場シェア拡大に多額の投資をしました。技術進歩はまさに日進月歩で、コンピュータリソースも次々に拡大されていきました。
　しかし、悲劇は突然に襲ってきました。2000年4月、ナスダック総合指数が反転急落して、瞬く間に株価は暴落。今やかつてのドットコム企業は次々と消えていってしまったのです。投資家たちのマネーゲームの影響もあったのでしょうが、なぜこうも簡単にバブルがはじけてしまったのでしょうか。
　それはひとえに、多くの第一世代ネットビジネスが、早期に黒字化を達成し得なかったことにあります。そして、その要因は、大まかにいって、次の三つの「幻想」があったと我々は考えています。
　一つ目の幻想は「ネットビジネスは、かつてない新たなビジネスを創造する」という幻想です。ネットビジネスの先には、必ずこれまでまだ目にしたことがない巨大な果実があると誰もが信じていたため、ドットコム企業は、急激な拡大路線を取り続けました。大事なことは、将来の巨大な市場のシェアを先行者である今のうちに確保することでした。このため、多額の投資をし続けなければならなかったのです。この思惑に拍車をかけたのがビジネスモデル特許でした。1998年7月にアメリカにおいて、ビジネス方法に関する

特許の有効性を認める画期的な判決（ステート・ストリート・バンク事件）が出されて、ネットビジネスに携わる人々を熱狂させました。第一世代の人々は、自らの考え出したビジネスに関して、誰よりも早くビジネスモデル特許を申請し特許を取得すれば、いかなる大企業が参入してこようともそれを阻止することができ、ライバル企業を抑えて、独り勝ちできると考えたわけです。

ところが、彼らの意図していた新たな市場はそう思ったほどは膨らみませんでした。振り返ってみれば、消費者はネットビジネスが始まったからといって新たな消費を創り出すのではなく、現実生活の一部をネットにシフトしたにすぎなかったのです。

二つ目の幻想は、特に日本において顕著にいえると思いますが、「インターネット上で便利なサービスを始めれば、消費者は喜んでお金を払ってくれるだろう」という幻想でした。

もちろん、一部のサービスでは、消費者はサービスに対してコストを負担しており、成功している企業もあります。しかしその多くは、「サービスに対して支払っている」と消費者に意識させない方法、例えば物品の購入に付随しているものであったりするので、サービスそのものに対価を支払うというビジネスはそれほど成長せず、新たな市場は決して形成されなかったのです。

そして三つ目の幻想は、「インターネットですべてが完結する」という幻想でした。もはや旧来のビジネス（オールドエコノミー）は消え去り、ネットを利用した人々だけの世界がやってくるという幻想です。

しかし、私たち消費者の生活はすべてネットに置き換えることはできませんでした。もちろん、インターネットの特徴を活かして便利になったことは、たくさんあります。しかし、便利さを享受するのは私たち人間であり、物品を購入するのも私たち人間です。

ネットビジネスにおいても、人間が介在する作業がどうしても発生しますし、人間が介在する以上、そこには一定のノウハウの蓄積が必要になってくることにネットベンチャーの多くはなかなか気付けなかったわけです。

実際のワインを扱う店では、一般的に老舗のほうに人気が集まります。お

いしいワインを仕入れ、ワインを保存・管理し、おいしく届けるために、長い年月試行錯誤を重ねてきたノウハウがあるからでしょう。一方、ワインの知識のまったくない人が、インターネットの知識が豊富というだけで、ワインのサイトで成功できるでしょうか。ワインの選定、保管、配送など、サイト運営上必要な人間の作業は誰がするのでしょうか。そして、おいしいワインを消費者の手元に届けるための一朝一夕には体得しえないノウハウはどこにあるのでしょうか。ですから、ワインの知識のないインターネット技術者が、すぐにワインショップを成功させられるはずがないのは、冷静な今ならすぐにわかることです。

ビーンズ・ドット・コム・ジャパン（米ベンチャーの日本法人で特典ポイントの運営企業、2001年5月撤退）、イーコンビニエンス（ユニーグループの食品・日用品宅配業者、2001年11月撤退）、BOLジャパン（独ベルテルスマン傘下の書籍通販業者、2001年10月撤退）、ディールタイムドットコム（米ベンチャーの日本法人でネット通販各社の価格比較業者、2001年8月撤退）、シーディーエヌジェー（独ベルテルスマン傘下のCD通販業者、2001年8月撤退）といったオンライン専門業者が2001年以降、次々と姿を消していきました。また、アメリカでも、1999年のクリスマスシーズンにはトイザらスに圧勝してECの優位性をすべての人々に印象づけた、あの玩具販売大手のイートイズドットコム（eToys.com）が2001年3月に破綻しました。

もはや、オンライン専業で成功するのは難しいと誰もが認識したわけです。

［3］クリック＆モルタルの成功
──第二世代ネットビジネスの波

　しかし、ネットビジネスのすべてが失敗したわけではありません。次の図1−2をご覧になってください。
　これは1999年の調査ですが、純粋EC企業（オンライン専門業者）が24％の企業しか利益を上げていないのに対して、クリック＆モルタルは、この時代において38％の企業が利益を上げています。
　クリック＆モルタルとは、インターネットと現実の店舗や流通機構を組み合わせるネットビジネスの手法であり、伝統的な小売企業が、インターネットを利用して台頭する純粋EC企業に対抗するため、インターネット（クリック）の良さと現実の店舗網など（モルタル）の良さを組み合わせて構築したビジネスモデルです。
　アメリカでは、伝統的企業のことをブリック＆モルタル（「れんが」と「しっくい」）と呼ぶことがあるので、それに掛けた造語です。

図1−2　ネットビジネスに参入した企業の黒字化成功の割合

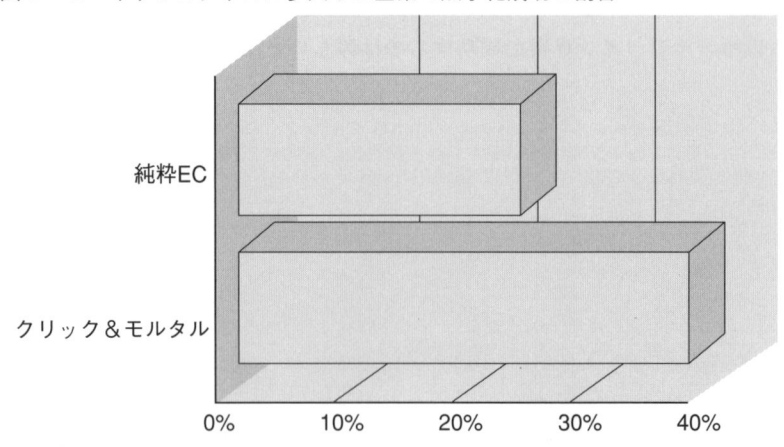

〈出典：「ボストンコンサルティンググループ'99年調査〉

つまり、長年蓄えてきたリアルビジネスでの仕事のノウハウを持ち、そのリソースを活かしてインターネットを使ったビジネスを行った企業が、純粋EC企業に比べて、遥かに成功する確率が高いわけです。

ただ、このクリック&モルタルのビジネスが当初から成功したわけではありません。前述のように1999年のクリスマス商戦では、トイザらスのネット販売はイートイズドットコムに惨敗しました。

しかし、既にリアルビジネスを展開している企業であれば、顧客獲得コストが相対的に廉価で済み、バックオフィスのコストも既存のインフラをそのまま活用すればやはり廉価で済むのです。また、ネットビジネスにおいて重要なブランドビルディングも、既にリアルビジネスでの実績がある企業の方が、ゼロから出発しなければならない純粋EC企業に比して、明らかに有利なことはいうまでもないことです。トイザらスは、2000年のクリスマス販売において、上記利点をフル活用して、イートイズドットコムに雪辱を果たしました。

なお、彼らの成功の背景には、第一世代ネットビジネスの参加者が陥っていた幻想を、リアルビジネスの担い手は持っておらず、根拠のない幻想に惑わされずにビジネスを実行したという事実を挙げることができるでしょう。ネットビジネスは決してマーケットを新たに創造するものではなく、ネットの利用は販売ツールの拡大にすぎないということ、ネットによる付加的サービスのみに顧客が対価を積極的に支払うことはないということ、そして、いかにネットを利用しようとも、そこで長年培ってきた商品開発や販売のノウハウが価値を失うことはないということを、彼らは誰よりもよくわかっていたのです。

純粋EC企業の多くの失敗が明らかになった後のネットビジネスを担っていくのは、それまで第一世代の担い手から「オールドエコノミー」などと蔑まれ、ネットビジネスからはじかれていた、リアル店舗を着実にやってきた企業であることは疑いのない事実であると思われます。

我々は、このクリック&モルタルのビジネスを、第二世代のネットビジネスと呼びたいと思います。

［4］第三世代ネットビジネスに向けて

　さて、ここまで、純粋EC企業の多くの失敗及びその後のネットビジネスの成功例といわれるクリック＆モルタルについて概観してきました。
　では、ここでネットビジネスの大きな胎動は終わってしまうのでしょうか。我々は、次に新たなネットビジネスの時代が到来すると考えています。これは簡単にいえば、クリック＆モルタルのビジネスの中にも成功する者と失敗する者との違いが明確になる段階が訪れ、生き残るべきネットビジネスの形態が明らかになった段階でのネットビジネスを指しています。
　既に、クリック＆モルタルが純粋ECを淘汰し、いわゆる「勝ち組」となることが明らかになっているわけですが、既に、その「勝ち組」であるクリック＆モルタルの中での「勝ち組」と「負け組」との峻別化がゆるやかに進行しています。
　我々は、「勝ち組」としての要件を備えたクリック＆モルタルの形態のネットビジネスを、第三世代のネットビジネスと呼びたいと考えています。
　現在の環境は、第一世代、第二世代のネットビジネスの時代とは大きく異なっているのであり、そのビジネス環境の違いを認識し、さらにクリック＆モルタルの利点を活かした形でのビジネスの展開が必要となってきています。
　では、一体何が変わったのでしょうか？
　まず、ネットビジネスを取り巻く環境の違いです。インターネットも、以前は、ダイヤルアップが主流で通信速度もK（キロ）の世界でしたが、CATV接続、ADSL接続などが一般化され、今や常時接続とブロードバンド時代へと変わってきました。高速なインターネット回線は、音、質感、色などそれぞれの商品の特徴を従来よりも、より豊かな表現で消費者に提供します。それは、実際の店舗と同等な感覚を消費者に届けることとなります。さらに、常時接続になり、従来のダイヤルアップしたときだけのコミュニケーションから、よりタイムリーなサービスの提供が可能になってきました。
　これらの技術進歩は、消費者一人一人が、「今インターネットを使っている」ということを意識することなく、普段の生活の中にインターネット技術

が浸透してきたことを意味しているのです。

　また、以前は、ネットビジネスを開始するに当たり、システム開発・構築のすべてを独自に実施する必要がありましたが、現在では、定型のシステムを提供するソフトハウスが多数存在しますし、ASPによって、迅速に低廉なコストで、容易に独自のシステムを実現することが可能となりました。

　かつてのネットビジネスの担い手は、自らもネットに関する様々な知識を保有し、さらにシステムを理解できる技術者を抱え込む必要がありましたが、今や、いわゆるアウトソーシングによって低廉なコストで、かつてと同様のビジネスを実現できるようになったのです。

　さらに、第一世代、第二世代では、ビジネスの進展が早く、法整備がビジネスにまったく追いつかない状況でした。しかし、2001年以降次々とネットビジネスを取り巻く法整備が進んできました。これまでは、「法律がないから」「誰もやったことがないから」という先駆者の独りよがりで、法律を意識することなくビジネスを始めるネットベンチャーが少なくありませんでしたが、これからのネットビジネスでは、法律を意識し、これを遵守する「コンプライアンス」をもったビジネスをしなければいけません。リアルの世界では、いかにビジネスが成功していてもコンプライアンスを怠れば、企業の崩壊の危機を招きますが（2002年の雪印食品の例を見れば明らかです）、ネットビジネスも従来のような甘えは許されず、成功するためには、リアルビジネスと同様のコンプライアンスが求められる時代となっています。

　ビジネスモデル特許に関する考え方も大きく変わりました。

　前記のように、1998年7月にアメリカにおいて、ビジネス方法に関する特許の有効性を認める画期的な判決が出され、さらにオンライン書店大手のアマゾンドットコムが、同社の保有する「ワンクリック」特許をもって、ライバルのバーンズ・アンド・ノーブルを訴えた事件では、1999年12月に米下級審が、同社がワンクリック方式によって注文を受けることを差し止める仮処分を下すなど、一時期、ビジネスモデル特許旋風が吹き荒れましたが、今やそのような熱気はすっかり失われています。ちなみに、アマゾンドットコムは、日本でも「ワンクリック」特許を出願しましたが、特許庁は、日本国内の特許権を認めませんでした。

今や、ビジネスモデル特許を簡単に取れると思う人も、仮に取れたとしても、それによってビジネスをすべて独占できるなどと幻想を抱く人も存在しないのです。
　つまり、ビジネスモデル特許さえ取れればそれで終わりではなく、常に競合企業が参入してくる虞(おそれ)があるのであり、ネットを活かしてその有するビジネスのブラッシュアップを常に図らないと、いつでも他の企業に取って代わられる可能性があるわけです。
　そして、第一世代と第二世代との差で何よりも大きいのは、消費者の意識の変化です。
　我々は、かつてのネットビジネスは、本当に限られた「ネット使い」による「ネット使い」のためのビジネスモデルにすぎなかったのであり、今や、インターネットをはじめとするIT技術が、ごく当たり前のビジネスツールになったということを実感しています。
　かつて、電子メールの導入ということが企業にとってブームになった時期があります。電子メールを入れさえすれば、事務は効率化され、飛躍的に経費が削減できるというもので、電子メールに関する本がビジネス書の棚を埋めていました。
　今日、「電子メールを入れただけで……」などといっても、誰も耳を貸さないでしょう。これは、電子メールという技術自体が、もはや先進的なビジネスモデルなどではなく、電話同様ただの生活ツールになったからではないでしょうか。
　今や、中学生が電車の中から携帯電話でメールを送る時代なのであって、ツールはあるかどうかが問題ではなく、どう使うかが問題なのです。
　第一世代は、「インターネットを使うこと」が目的のビジネスであり、インターネットは、一部の先進的な消費者のための技術でした。ところが、インターネットは、すべての消費者がそう意識することなく利用できるツールとなり、このツールをどうやって本来のビジネスに組み込んでいくかが今後の課題となる時期が来たのです。
　これらがまさに、これからのネットビジネスを第三世代のネットビジネスと、我々が名付けた由縁なのです。

[5] まとめ

　この本は、今まで「オールドエコノミー」とネット業界から蔑まれてきた会社が、第一世代の失敗の上に確立しようとしているクリック&モルタルの手法をいかにして巧くビジネスに組み込んでいくか、まさに第三世代ネットビジネスの真の参加者となるためにはどのようにすれば良いかを知っていただくための本なのです。この本には、第三世代ネットビジネスの真の参加者となるために必要とされる技術、法務、マーケティングのすべてが含まれています。

　あるビジネス雑誌が、2002年春に「ネットで甦れ！　日本の中小企業」という特集を組みました。当時、我々は、時代を先取りするアドバルーン的な記事であり、まだちょっと早すぎる特集ではないかと思っていました。

　しかし、2003年になった現在、ようやく、リアルビジネスを今まで長年にわたって根気よく続けてきた会社が、この不況下において、ネットを活用することで「甦る」ことが可能となる時代になったと認識しています。

　この本を活用することによって、これからネットビジネスに参入しようという会社が、また既にネットビジネスに参入しているがそのブラッシュアップを図ろうとする会社が、第三世代ネットビジネスの「勝ち組」となることを願ってやみません。

第2章 ネットビジネスの背景とトレンド

[1] ネットビジネスとは

　インターネットを使ったビジネスは、広い意味ですべてネットビジネスと呼ぶことができるでしょう。それは、従来のビジネスを単にネットに置き換えただけのものもあるでしょうし、インターネットでなければできない新しいビジネスモデルもあるでしょう。

　本書では、これらインターネットを使ったビジネスを広義のネットビジネスと呼んでいます。

　その中でも、WEBを使って、一般消費者を対象にする決済を伴う物品の販売・サービスの提供を行うビジネスを「狭義のネットビジネス」として、特に断りのない場合、ネットビジネスといった場合には、これを指すものとします。

[2] 第一世代ネットビジネスの破綻

(1) 第一世代ネットビジネス

1 第一世代ネットビジネスを担った「純粋EC」とは

純粋ECとは、すなわち、「EC」だけを生業(なりわい)にするビジネスモデルをいいます。当然、リアル店舗（インターネット上のバーチャル店舗に対して、実際の店舗を本書ではリアル店舗と呼びます）を持たず、インターネットだけで顧客を集め、物を売ったり、役務を提供したりすることを実現することとなります。

アイディアと商品、そしてパソコンさえあればすぐに始めることができると考えられ、誰でもすぐにネットビジネスに入ることができるという、参入障壁の低さから様々なアイディアのビジネスが立ち上がっていきました。

純粋ECサイトは、店舗がありませんから、不動産投資がいらず、店員をおく必要がないため、人件費がかからないというコスト面のメリットを持っていますから、安価で良い商品を全国（あるいは全世界）の人に提供できるビジネスモデルとして期待されていました。

第一世代ネットビジネスでは、まず「アイディアありき」で、他の人が考えつく前に新しいビジネスを起こすことが優先されました。インターネットの可能性に誰よりも早く気付いた人々は、ネットベンチャーと呼ばれ、思いついたアイディアをベンチャーキャピタルをはじめとした投資家たちに説明し、ドットコム企業と呼ばれるベンチャー会社を次々に興していったのです。

彼らは、インターネットという新しい環境に非常に敏感に反応しました。投資家の多くも、インターネットにより世界は激変し、新たなマーケットが創造され、新たなビジネスチャンスが広がると信じていました。

さらに、ビジネスモデル特許がこの風を後押ししますが、詳細の説明は、第3章に譲ります。

序論にも書きましたが、第一世代ネットビジネスの中心となった純粋EC

企業は、3つの幻想に縛られたため、黒字化することができませんでした。高騰した株価に支えられていたうちは、順風満帆に見えていたドットコム企業も、2000年春のNASDAQの反転を機に、次々に消えていったのです。

2　イートイズドットコムに見るドットコム企業の破綻

　2001年3月7日、玩具EC分野の大手企業イートイズドットコム（eToys.com）が破産を申請し、営業を停止しました。1997年にサイトをオープンした同社は、1999年の年末商戦の実績では、おもちゃ関係のみならず、EC業界においても先駆者的成功例の一社でした。しかし、2001年1月31日時点で総額約2億7400万ドルに達している巨額の債務を抱えていました。なぜ、該社は、かくももろく消え去ったのでしょうか。

　イートイズドットコムはおもちゃをインターネットで販売するECサイトとして、1997年10月に開業しました。ベンチャーキャピタルの支援を受け、おりからのインターネット・ブームで急成長の波に乗り、1999年5月に株式を公開、同年10月には1株当たり84ドルという高値で取引されるECおもちゃ販売分野のカテゴリー・リーダーでした。

　1998年から99年にかけてはトイザらス、ウォルマートといったリアルビジネス大手がおもちゃネットビジネスに参入してきました。しかし、1999年のクリスマス商戦では、圧倒的な勝利を収め、後から参入した既存企業は惨敗の憂き目を見ることになったのです。特に、無店舗販売の経験がなかったトイザらスには、注文処理と配送に関わるスキルが不足していたため、オンラインで受けた注文の遅配があまりにも多くなり、商品の発送期限を守れなかったとして、トイザらス社は米連邦取引委員会（FTC）に罰金を支払うはめになってしまいました。

　さらにイートイズは拡大の手を緩めず、イギリスへの進出など、2000年3月時点では、前年比5倍もの売上げ拡大を達成したのです。

　ところが、2000年春のネットバブル崩壊を受けて、環境は激変します。2000年のクリスマス商戦では、トイザらスに逆に惨敗をしてしまったのです。2億1000万ドルから2億4000万ドルという同社の見通しに対して、半分の1億3100万ドル程度の売上げとなり、年末時点での在庫は、6800万ドル相当に

のぼってしまったのです。

　この惨敗から従業員の解雇、徹底的なコスト削減を図りましたが、資金枯渇のスピードのほうが速く、2001年3月、市場からの退場という事態となったわけです。

　今現在、この2001年3月という時を振り返って見ると、ある会社の倒産という事実以上に、第一世代ネットビジネスが、第二世代ネットビジネスに駆逐された象徴的な日という気がします。

3　教訓

　2000年のクリスマス商戦におけるイートイズドットコムの惨敗は、アマゾンと提携したトイザらすやEC経験を積んだウォルマート、ターゲットなどマルチチャネル小売業が勢力を拡大したからといえるでしょう。すなわち、クリック＆モルタルビジネスが、第一世代ネットビジネスの純粋EC企業を駆逐した好例ということができます。

　純粋EC企業の破綻の直接的な理由は、2000年春以降のネットバブル崩壊により、株式市場やベンチャーキャピタルからの資金の流入が途絶えたからといわれています。アンソニー・B・パージンス、マイケル・C・パーキンス共著の『インターネットバブル』によれば、1999年6月に、株式を公開している米国インターネット企業133社の時価総額4098億ドルのうち32％から58％がバブルであると推計されていましたが、その後、2000年のネットバブル崩壊によって、それ以上のお金が市場から消えていったのです。これは世界中を揺るがす大きな衝撃でした。しかし、株価の高騰がバブルであったかどうかは別にして、彼ら純粋EC企業が、ビジネスそのものから、十分な収益を上げることができなかったという本質的な敗北の原因を考えるべきでしょう。

　イートイズドットコムも通常のEC企業同様、売上げから商品の仕入れ代金を引いた粗利で、配送コストやクレジットカード手数料、サイトの開発・運営コスト、顧客獲得コストなどを負担するビジネスモデルです。イートイズドットコムの粗利率は2000年度（3月末締め）19.3％、2001年度（4～12月までの9カ月間）23.6％だったといわれています。この粗利の範囲内にコ

ストを収めれば、イートイズドットコムも十分利益を上げることができたはずです。ちなみに、この時期のトイザラスの粗利率は、2000年度29.8％でしたから、そう悪くない数字だったかもしれません。

しかし、純粋EC企業が取った行動はさらなる事業の拡大でした。しかも、彼らは、調達した資金のほとんどをブランド確立のためのマーケティングに注ぎ込みました。

これにより、Shop.orgとボストン・コンサルティング・グループの調査によりますと、当時アメリカのEC企業の平均顧客獲得コストは、1998年の一人当たり33ドルから、ピークの1999年10〜12月期には71ドルにも拡大したということです。

同じ分析で、イートイズドットコムのようなネット専業の純粋EC企業サイトでは、1999年の年間平均顧客獲得コストは、82ドルもかかっているのに対し、ウォルマートなどのクリック＆モルタル系のマルチチャネルECサイトでは、12ドルで済んでいるとレポートされています。イートイズドットコムは、ネットビジネスの成功例として、早くからマスコミに取り上げられていたため、他の企業に比べると優位な位置にいましたから、2000年には一人当たり36ドル、2001年では46ドルという「低」コストで顧客を獲得していましたが、彼らのコストには遠く及ばなかったわけです。

結局イートイズドットコムは、少なくない売上げを上げながら、それ以上のコストをかけてしまったために競争に負けてしまったのです。

（2）純粋EC企業の制約

1　新たな市場は創造されなかった

私たちが意識しやすいリアル店舗ビジネスにおいては、常に明確な「ライバル」がいます。高島屋にとって三越はライバルであり、顧客は、両者を比較して、ある意味「使い分け」をしています。その中でどのように売上げを伸ばすか＝「顧客シェア」というところに両者のビジネスが成立しているということができます。

リアル店舗ビジネスの中では必ず「すみわけ」が発生します。同格のライ

バルのすみわけだけではありません。品質が良くサービスも良いが高値のNo.1企業と、店舗数をとにかくそろえて利便性を売るNo.2企業、奇抜なサービスを展開するニッチ派、サービスを落としてディスカウントに走るディスカウンターとそれぞれが特徴を出したサービスをしています。

また、顧客は、物理的な距離の問題から、近くで用を済ますときと、遠くてもどうしてもその店に行かねばならないときというように、様々なシチュエーションの下で店舗を使い分けることとなります。

さらに、物理的にすべての店を回って価格を比較して購入することはできませんから、ある程度それぞれの店舗のブランドイメージからくる「想定される価格」と品揃え、サービスを勘案して、その都度購入する店舗を決めることもあるはずです。

リアル店舗ビジネスでは、まず物理的に多くの店を回れないのが一般的です。事前にいろいろな情報（チラシ／カタログ）で比較しても、最終的に購入にいたるのは、二つないし三つの店舗から選択することが多いはずです。その際には、価格も重要な要素ですが、店員の態度や品揃え、店へのアクセス、駐車場の有無など、様々な要因が決定の要素となっています。

一人一人の顧客が使い分けをする積み重ねから、その業界の中ですみわけが成立し得るのです。

ところが、ECサイトの場合、消費者はコンピュータの前に居ながらにして、短時間に非常にたくさんの店舗の価格を比較検討することができます。さらに、「価格.com」（http://kakaku.com/）のようなサービスがあると、自分の認知していないサイトも含めて一瞬に比較することもできます。

ECサイトにおけるサービス比較は、非常に難しく、特に同じ製品を販売する場合、どうしても単純に価格比較で決められる場合が多くなります。サービスの質といっても、商品の探しやすさとか、画面の見易さ程度のレベルであり、結局は送料がタダかどうか、ポイント付与サービス（すなわち将来の値引き）があるかどうかなど、つまるところ価格の比較になってしまいます。

つまり、ECサイトの中の比較においては、価格だけが選択基準となってしまったのであって、ECサイト内でのすみわけは成立しなかったのです。

表2−1　ECサイトの中で初めてのショップと、リピートされるショップが選ばれたポイント

	初めて利用する際	2回目以上	全体平均
1位	価格	価格	価格
2位	オリジナル／ユニークな商品	品揃え	品揃え
3位	品揃え	送料	送料
4位	送料	オフライン有名店	オリジナル／ユニークな商品
5位	支払いオプション	会員登録済み	オフライン有名店

〈出典：2002富士通総研アンケート結果〉

　むしろ、顧客にとっては、今までの選択範囲に、ECサイトが加わって、新たなすみわけが始まったこととなったのです。

　ECサイトが、リアル店舗に比べて特徴を出すことができれば、リアル店舗も含めた全体のすみわけの中で一部の領域を得ることができますが、もし特徴を出すことができなければ、結局ディスカウンターとしての位置づけしか得られないこととなります。

　当初、インターネットの世界では新たな大きな市場が創造され、無限に拡大するという幻想があり、純粋EC企業は市場のすみわけという既存市場の獲得など考えず、インターネット市場という新たな市場を席巻しようと考えていたのです。そのため、先行者メリットをできるだけ短期に得、マーケットシェアを確保するために、巨額のマーケティングコストを投じてしまったのです。ところが、そのような新たな市場が創造されたわけではなく、リアル店舗を含めた需要の一部がインターネットにシフトしたにすぎなかったのです。

　インターネット市場も、所詮は、すみわけの対象となる既存市場の一部にすぎなかったのであり、その限られた市場の中で、リアル店舗に対する優位性を訴求できなかったECサイトは駆逐されていったのです。

　では、純粋EC企業の成功者としてしばしば名前を挙げられるアマゾンドットコム（amazon.com）はどうでしょうか。

本の場合、リアル店舗と明確な差を提供することが容易であったために成功できたと考えられます。
　本屋は、世に出版されているすべての本を在庫することが困難でしょうし、たとえ在庫できたとしてもそれを顧客が自由に、そして簡単に探す場所を提供することはさらに困難でしょう。また、本は価格の割に重い商品であり、ちょっと買うと持ち帰ることが苦痛になる商品でもあります。その点、本のECサイトは、データベースを駆使し、リアル店舗では在庫として置くことができない本を簡単に探し出し、提供することができます。さらに、コンピュータの検索機能を活用して、非常に簡単に目的の本を探し出せます。加えて、たとえ重量のある専門書であっても、自宅までに数日のうちに運んできてくれるのです。これは、今までのリアル店舗では提供しにくかったサービスではないでしょうか。この差異を生かして、リアル店舗をライバルにせず、新しい需要を創造することができたのが成功の一つのポイントといわれています。
　これに対して、多くのECサイトは、リアル店舗との明確な差異を提示することができず、単なるインターネット通販となってしまったために、リアル店舗の一部の需要を受け止めることがあったとしても、大きな成功を収めることはなかったと考えられるのです。

2　表通りに店を出せない

　リアル店舗ビジネスの成功論理の第一歩は「認知」である、といわれています。つまり、店の存在をより多くの人に植え付けることが重要です。ですから、より多くの店舗を、より人通りの多い場所に出すことが重要であり、そこに各企業の出店ノウハウがありました。ところが、インターネットの世界には、人通りの多い道というものが見当たりません。もちろん、ポータルサイトなど、多くの人が見る画面があり、そこは多くのバナー広告があふれています。しかし、それはあくまで人通りの多い道に広告を出すだけで、店舗自体は別の場所にあります。つまり、自身で顧客を集めてこない限り、店舗に多くの人を呼び込むことはできないのが、インターネットの世界なのです。

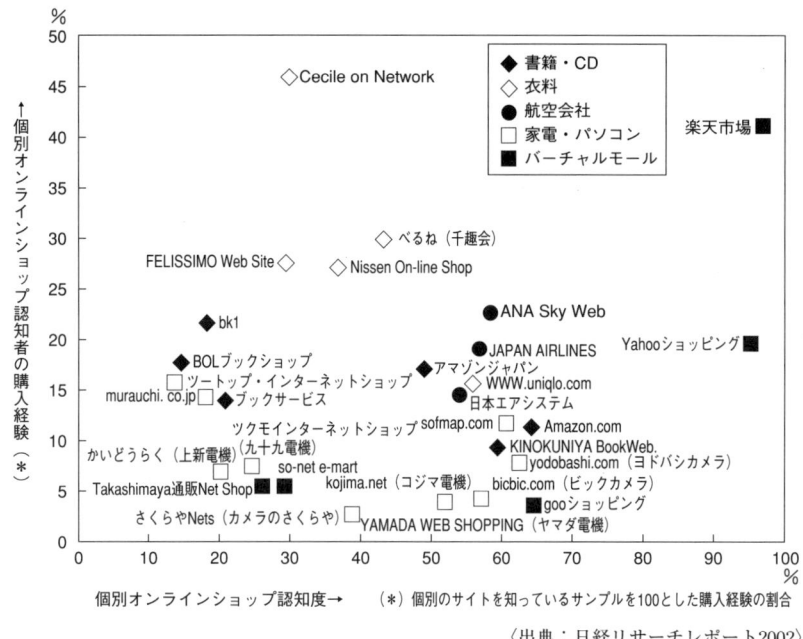

図2−1　業種別に見た主要ショッピングサイトの認知度・購入経験

(グラフ：横軸「個別オンラインショップ認知度→」0〜100%、縦軸「←個別オンラインショップ認知者の購入経験（）」0〜50%)*

凡例：
◆ 書籍・CD
◇ 衣料
● 航空会社
□ 家電・パソコン
■ バーチャルモール

プロット点：
- Cecile on Network（◇、約18%, 45%）
- 楽天市場■（約95%, 41%）
- べるね（千趣会）◇（約48%, 30%）
- FELISSIMO Web Site ◇（約22%, 28%）
- Nissen On-line Shop ◇（約42%, 25%）
- bk1 ◆（約20%, 22%）
- ANA Sky Web ●（約58%, 22%）
- Yahooショッピング■（約95%, 20%）
- BOLブックショップ ◆（約25%, 17%）
- JAPAN AIRLINES ●（約60%, 18%）
- アマゾンジャパン ◆（約52%, 16%）
- WWW.uniqlo.com ◇（約60%, 15%）
- murauchi.co.jp □（約15%, 14%）
- ツートップ・インターネットショップ □（約32%, 15%）
- ブックサービス ◆（約35%, 14%）
- 日本エアシステム ●（約58%, 13%）
- ツクモインターネットショップ □（約40%, 11%）
- sofmap.com □（約52%, 11%）
- Amazon.com ◆（約65%, 11%）
- かいどうらく（上新電機）□（約15%, 8%）
- （九十九電機）□（約28%, 8%）
- KINOKUNIYA BookWeb. ◆（約57%, 8%）
- yodobashi.com（ヨドバシカメラ）□（約75%, 7%）
- so-net e-mart ■（約30%, 6%）
- kojima.net（コジマ電機）□（約45%, 5%）
- bicbic.com（ビックカメラ）□（約62%, 5%）
- Takashimaya通販Net Shop □（約22%, 5%）
- gooショッピング■（約80%, 4%）
- さくらやNets（カメラのさくらや）□（約28%, 2%）
- YAMADA WEB SHOPPING（ヤマダ電機）□（約50%, 1%）

（*）個別のサイトを知っているサンプルを100とした購入経験の割合

〈出典：日経リサーチレポート2002〉

　先ほど、アマゾンドットコムの成功要因を説明しましたが、もう一つの成功要因がこの知名度です。

　図2−1は、各サイトの認知度を横軸にとり、認知している人のうち、何％が実際に購入したかを縦軸にしたグラフです。例えば、楽天市場は、ほとんど100％の人が認知しており、かつ40％以上の人が購入したことを意味しています。

　図2−1を見ていただいてどうでしょうか。ほとんどが名前を聞いただけで、「あぁ、あの」と何をやっている企業かわかる会社ではないでしょうか。楽天市場とアマゾンを除けば、インターネットの世界ではなく、むしろ現実社会で認知されているものが上位に入っています。

　アマゾンドットコムも、前記のように顧客獲得に多額のコストをかけなければいけないネット企業の一つですが、同社がコストをかける以上に、同社

はネットビジネスの先駆けとして特別の存在感があり、何をするにもマスコミが十分に取り上げてくれるために、認知度は最初から高かったのです。

このような特別な存在以外の純粋 EC 企業は、その認知度を高めるために、莫大な投資が必要になっていたのです。

3　アイディアありき

第一世代ネットビジネスでは、まずアイディアありきで、ネットベンチャーが起業していました。

彼らは、インターネットという新しいビジネスインフラにいち早く反応し、先行者メリットを得るために、資金を集めてビジネスを立ち上げました。

彼らの多くは、インターネットのプロでした。コンピュータのメリットを誰よりも理解し、新しいビジネスに多大なる夢を持っていました。しかし、逆に彼らが相手にすべき既存のリアル企業については知識も配慮も足りませんでした。少なくとも、それらの知識や配慮が必要であることに気付いていなかったのです。

第一世代のネットビジネスは、従来のリアルビジネスとは一線を画した新しいビジネスであり、従来のリアルビジネスのノウハウは、足枷でこそあれ、必要であるとは考えていなかったのです。

従って、第一世代のネットビジネスを担ったネットベンチャーの多くは、既存ビジネスについての知識が足りなかったのです。

しかし、前述のとおり、新しい市場が創造されたわけではなく、既存市場の中でリアル企業と競争することになった結果、彼らが不要と思っていた従来のリアルビジネスのノウハウが実は必要であり、その欠如が彼らの致命傷になったのです。

4　サービスに対する課金

第一世代ネットビジネスの中にも、非常に良いサービスといわれながら、消えていったビジネスがあります。彼らは、非常に良いサービスだから、消費者は喜んでお金を払うと思っていたのですが、現実は「良いサービスだけど、有料ならいらない」「アイディアとしては面白いけど、わざわざインタ

ーネットでお金を払ってまではいらない」と、アイディアは受け入れられたのに、ビジネスとして成立しなかったのです。例えば、インターネットでニュースを流すサービスがあります。新聞はもちろんほとんど有料ですし、むしろ新聞より即時性があるサービスですからお金が取れるビジネスと目されていました。しかし、消費者はお金を出してまでニュースをネットで見ようとは思っていないようです。

インターネットコム株式会社と株式会社インフォプラントが2002年5月に行ったアンケートによれば、ニュース配信が有料になっても継続して見るかという問いに対し、92%の既存読者は見ないと回答しています。

特に日本では、これらのサービスは成立するのが難しい、と考えられています。もともと、日本人は「サービス」とは無料であるという意識があり、物品購入にお金を払うことはできても、サービスにお金を払うことには抵抗があるといわれています。もちろん、例外もあり、証券情報のように、元来有料が当たり前のサービスであり、無料になると品質が落ちることが理解されているものには、抵抗なくお金を払う例もあります。

今まで無料のサービスが前提だったものはもちろん、今までにない新しいサービスを有料で提供しようと思っても、今までなくても不自由していなかったわけですから、「有料であればいらない」という選択を多くの消費者はしてしまったのです。

5 限定された利用者

第一世代ネットビジネスの純粋ECを支えた消費者は、ネットをある程度熟知した限定された人々でした。

彼らは、インターネットという新しい技術に興味を持ち、自宅にPCを持ち、まだ高かったISPコストを負担することには意を介しませんでしたが、大量消費をする富裕層とは必ずしも一致はしていませんでした。

さらに、ほとんどの人がダイヤルアップ接続でしたから、落ち着いてネットサーフィンを楽しむ環境ではなく、マスコミが騒ぐほどには、マーケットサイズは大きくならなかったのです。

6　インターネットに対する不安

　私たちは、新しい技術でさらによくわからない場合、できることなら触れずに通り過ぎたいという本能があります。第一世代のネットビジネスにはいくつか不安要素がありました。

　その一つが、インターネットでクレジットカード番号を使うと、悪用されるという風評です。もちろん、事実そういう事件が発生し、技術的にも十分に可能でしたから、噂として片付けるわけにはいかないものでした。

　また、「商品が届かない」「不良品が送られてきた」などのクレームと、「相手が誰だかわからず泣き寝入りする」といった被害の報告です。インターネット独特の匿名性から、販売会社が信用に足る企業かどうかの判断が難しく、そういった事件報道が、善良なEC企業の逆風になっていたのです。

　さらに、法的整備が遅れていたことも、利用者の足が遠のく要因となっていました。トラブルに巻き込まれても、法的に保護されない場所は、一般の消費者にとって、できれば近寄りたくない場所になってしまいました。

　このようなインターネットに対する不安が、ECビジネスの足枷になっていたのです。

[3] 第二世代ネットビジネスの躍進

（1） クリック＆モルタル

1 クリック＆モルタルとは

　第二世代ネットビジネスを担うビジネススタイルとして「クリック＆モルタル」という言葉があります。ドットコム企業と、従来のリアルビジネスとの中間に位置する業態です。
　もともとは、伝統的な店舗を構えるビジネスを指す「ブリック＆モルタル」と、インターネットビジネスを象徴する「クリック」という言葉との語呂合わせでできた造語であることは既に述べたところです。
　純粋ECに代表される第一世代ネットビジネスは、リアルビジネスにとって大きな脅威でした。第一世代ネットビジネスの企業からは、「オールドエコノミー」と半ば蔑まれて、ネットを使わないと時代に取り残されて瞬く間に駆逐されるような雰囲気が世界中に広まっていきました。そこで、いくつかの企業が安易にネットビジネスに参入し、その多くは甚大な損害を蒙りました。
　リアルビジネスの多くは、第一世代ネットビジネスの追従から始めました。同じようにサイトを立ち上げ、同じように販売していきましたが、第一世代ネットビジネスの企業は、その厚い先行者メリットを武器に、彼らの追随を許さなかったのです。1999年のeクリスマス商戦では、知名度でも全体の売上げでも優位にあったトイザらスの参入があったにもかかわらず、この商戦を制したのは第一世代のイートイズドットコムでした。トイザらスのサイトを訪れた人は、サイトが重く、買った商品もクリスマスまでに届かなかったために、大きな不満が残りました。

2 クリック＆モルタルの逆襲

　既存企業は、この失敗から様々な試行錯誤を繰り返し、クリック＆モル

タルというビジネスを確立していきます。純粋ECとは違う「今までのビジネスを持っていること」を「オールド」といって切り捨てるのではなく、逆に武器にするように発想を変えていったのです。eクリスマス商戦における2000年のトイザらスの転身は、まさにこの発想の転換からです。WEBを使った受注などは、ネット販売の得意なamazon.comに任せ、自分は本来得意な商品手配と在庫管理部門を担当したのです。この結果、顧客の満足を得て売上げを伸ばすことができたのです。同様に、amazon.comもまた、転身していきます。ネット専業者として始めた彼らですが、ライバルが増える中で、流通センターを構築し、物流ラインを整えるなど、資金のあるうちに地上のリソースを固めていったのです。

3　純粋ECからクリック＆モルタルへのトレンドの転換

　第一世代ネットビジネスで大きく展開された純粋ECは、第二世代に入り、クリック＆モルタルという方向にビジネストレンドが変わってきたと考えることができます。
　さて、このトレンドの変化は、純粋ECの失敗とリアル店舗ビジネスの着実なネットへの進攻という二つの側面から見ることができるでしょう。

（2）クリック＆モルタルの優位点

1　成功例

　日本におけるネットビジネスの成功事例の一つとして、「日比谷花壇」（http://www.hibiyakadan.com）のサイトがしばしば紹介されます。確かに、ネットビジネスにおける認知度も、売上げ実績も他社に誇れる数字です。その成功の背景とは何でしょうか。
　日比谷花壇は、ご存じのとおり、生花商として老舗です。東京にお住まいの方なら、ネットビジネスに関係あろうがなかろうが、名前だけは聞いたことがあるでしょう。
　すなわち、既存のビジネスと組み合わせたクリック＆モルタルビジネスというスタイルをそう意図せず、構築したのが、彼らの成功の要因だったので

す。その観点から、クリック&モルタルの優位性を見ていきましょう。

2　マーケティング視点
●認知と信用

　まず、最大の問題は、認知です。前述のとおり、ECでは、人通りの多い道に店舗を出すことができません。特定のポータルサイトを運営している企業以外は、常に裏通りに出店するしかないのです。もちろん「楽天市場」のように、既に構築されているショッピングモールに出店するという手段もありますが、楽天にアクセスすれば誰もが感じることでしょうが、余りに多数のショップが並列的に存在しており、自分の欲しい物を売っているショップがどれか容易にわからず、多くの人は楽天にはアクセスするもののいくつかのショップに入るだけで、到底全部のショップなど見ずに終わってしまうのではないでしょうか。

　つまり、必ず店に顧客を連れてくるためには、相当の「コスト」が必要ということです。純粋ECでは、ECサイトを立ち上げても、最初は誰も訪れるはずがないのは想像できることでしょう。立ち上げたばかりのECサイトは、誰もその存在を知ることはないからです。人の目に付くところにバナー広告を掲載し、メール媒体に広告を出し、検索エンジンに登録するなどして、顧客を集めてくるのです。検索エンジンの特定項目の上位に特定サイトを掲載することで対価を得る「リスティング広告」という広告手法なども存在するように（興味のある方は、www.btlooksmart.com/ja/listingproducts.htmlをご参照ください）、ECサイトはあの手この手で認知度を上げるのに躍起になっているのです。

　その点、リアル店舗ビジネスにおいては、少なくとも、リアル店舗を普段利用している顧客に対して、その店舗の運営するECサイトの存在を知らせるのは容易なことです。そして、リアル店舗の場合と同様に、顧客は、そのECサイトを自分の家の近くに新しく店舗ができたのと同じような感覚で、身近な店舗の一つとして入って来てくれるでしょう。

　認知の問題だけでなく、信用面でもリアル店舗で築いた価値があります。誰でも、一度も入ったことのない店舗には入りにくいのが普通です。まして

図2-2

Q：あなたが初めてオンラインショッピングをするとしたら、どんなサイトで一番購入したいと思いますか？

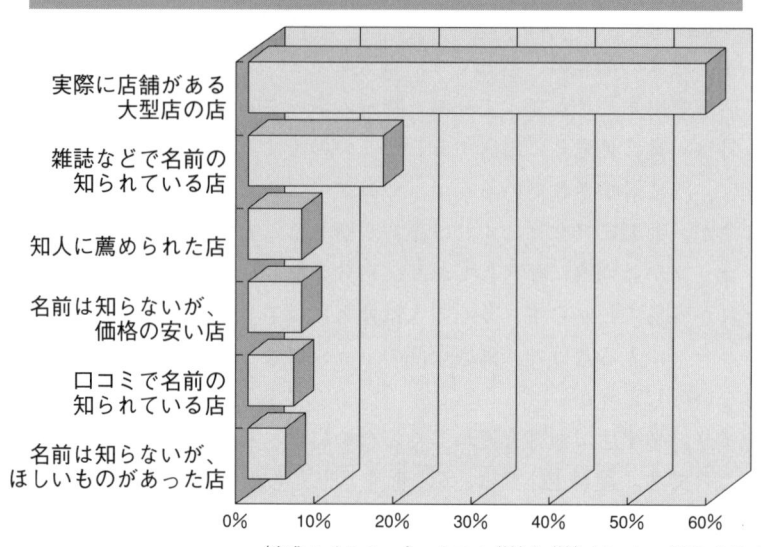

- 実際に店舗がある大型店の店
- 雑誌などで名前の知られている店
- 知人に薦められた店
- 名前は知らないが、価格の安い店
- 口コミで名前の知られている店
- 名前は知らないが、ほしいものがあった店

0%　10%　20%　30%　40%　50%　60%

〈出典：インターネットコム(株)と(株)インフォプラントによるオンラインショッピング未経験者に向けた調査〉

　初めての店で購入することは難しいものです。インターネットでもそれは一緒のはずです。たとえ、良い製品が安く案内されていても、それを無条件に信じて購入するにはそれなりの勇気がいるのが普通です。まして、店舗の様子や店員の態度が見えないECサイトです。ざっと商品を眺めるだけなら（実際の店でいうところのウィンドウショッピング）、誰でも楽しめますが、そこに入り、購入するためには高い敷居があると考えるのが普通でしょう。こんなに安いのは盗品ではないのか、ちゃんと送られてくるのか、クレジットカードの番号を入力すると悪用されるのではないか、様々な不安が注文の時に足枷になります。

　その点、リアル店舗の名前を冠したECサイトは、サイト名だけで顧客に十分な信用を与えることができ、純粋ECビジネスに対してスタート地点で大きなアドバンテージを持つことができたのです。

●顧客データベース

　店にとっての最大の財産は「顧客」です。

　ECサイトを立ち上げた瞬間、純粋ECサイトでは、顧客はまだゼロなのが普通です。そこから地道に顧客を集めていくこととなるのですが、クリック＆モルタルの場合、実際の店舗の顧客がいますから、最初から一定数の見込み客が存在していることとなります。少なくともリアル店舗を利用している顧客は、その店の商品に少なからず興味があるはずの人たちです。その方々に、WEB上の新しい店舗を案内することは、まったく関係のない人たちに告知するのに比べてはるかに効率的なのは想像できることです。

　しかも、そのコミュニケーションは、One to One的に、直接顧客の住所やメールボックスに、顧客の名前を使って、送り届けることができるものです。これは、純粋ECサイトが、興味があるかどうかわからない人に、自らのサイトの名前でなく、メール媒体者の名前でメールを送るのに比べて、大きなアドバンテージです。

　かつては、外部からリストを買って自らの名前でメールを送ることもありましたが、現在では、ECサイトが、相手の同意なく勝手に宣伝メールを送ることは、法律で制約を受けており、また、こういった相手方の承諾を得ないメール広告は、出会い系サイトなどからのメールと同様に「迷惑メール」として消費者に相手にされないのが現状です（第3章［3］（7）2「宣伝メール等を送信する場合の改正特定商取引法、特定電子メール送信適正化法」参照）。こういった法規制のなかった頃に比べて、既存の顧客を持っているリアルビジネスの優位性は一層高まっているといえるでしょう。

●リアル店舗との共存

　クリック＆モルタルの進出に二の足を踏んでいる企業の多くが、リアル店舗の売上げが減ってしまうことを懸念しているといわれています。本当にネットへの進出がリアル店舗の売上げに影響するのでしょうか。

　リアル店舗の例を見てみましょう。フランチャイズネットワークの店舗が新規店舗を出店する場合、その近隣に同じチェーンの店舗があるときに出店をあきらめるでしょうか。コンビニのセブンイレブン成功の一要因といわれているドミナント政策も、集中出店することで知名度を短期間に上げる方式

でしたし、近年都市部に集中出店しているコーヒーチェーンのスターバックスの、近接した集中店舗展開は私たちを驚かせます。

つまり、近隣に店舗ができると逆にその店舗の売上げが増えるのです。これは結局、前に触れた認知と顧客の使い分けの問題であると考えられています。

身近な店舗が増えることで利用機会そのものが増え、結果的に双方の店舗が売上げを増やしていくのです。

同様に、インターネット上に店舗を出すことは、もう一つ店舗を出すのと基本的に同じことですから、店数が増えることにより顧客接点が広がり、かえって既存のリアル店舗の売上げに貢献するようになることが期待されるのです。

逆に、リアル店舗の売上げが減ることを恐れてインターネット上に店舗を出すことをひるんでいるうちに、ライバルがインターネットに出店してしまうかもしれません。大事な顧客がお店に行けずに、インターネットで商品を探しているかもしれません。このチャンスを逃してしまっているかもしれません。

成功している店舗の多くは、リアル店舗の出店と同じ扱いにしている傾向があります。店頭で行われているポイントサービスも同じように使えるようにしていますし、価格体系、商品ラインナップも、基本的にリアル店舗と差がないようにするわけです。

つまるところ、「いつものお店でいつもの買い物」という環境を用意することが成功のポイントといえるのです。

3　リソース視点

リソース視点で純粋 EC サイトと比較してみますと、当然 EC サイトは、新しいビジネスとしてすべてを自前でそろえなければいけません。当然、売る商品を仕入れなければいけませんし、ある程度の数の在庫が必要です。そのためには倉庫も要りますし、数が多ければ、それなりの在庫管理システムも必要です。ちなみに、第一世代ネットビジネスの全盛期には、純粋 EC 企業の需要の高まりが予想され、倉庫会社の株価が軒並み上昇しましたが、今となっては笑い話です。

これに対して、リアル店舗を運営している企業がインターネットに出店を

するときには、もう一店舗支店を出すだけのことですから新たに用意するものは最小限のはずです。必要なシステムは既に揃っているでしょうし、既存店舗の在庫と一緒に管理できるのであれば、新たに揃える必要はありません。

そして、その企業には、何よりもそのビジネスにおける失敗、成功の蓄積があります。同じ商品を送るにも梱包の仕方によっては壊れることもありますし、故障しやすいところもあるでしょう。今までの仕事の中で、様々な失敗、工夫を繰り返して今のビジネスが作り上げられたはずです。このリソースを持っていることが効率的な業務をすることができる大きな要因なのです。

つまり、初めからこのビジネスのためのリソースをもっていることが、純粋ECサイトとの大きな差別化要因ということになります。

●カタログ作成

WEBサイトで物を売るには、必ずカタログを作成しなければいけません。売る商品について、画像データをつくり、スペックを一覧表にまとめ、宣伝文句を考えなければいけません。これを純粋ECサイトは一からつくらなければいけませんが、リアル店舗運営企業は、今あるものを活用できるはずです。それは新たにつくらないだけ、当然コストを抑えることができることを意味します。

さらに、そのハンドリングコストを、純粋ECサイトは小さいインターネットビジネスだけで永続的に負担しなければいけませんが、リアル店舗運営企業がインターネット店舗を出したときには、既に一定のサイズのあるリアル店舗ビジネスと分担することができます。

●仕入れ・在庫

商品仕入れは、スケールメリットの最も出るところの一つです。純粋ECサイトより、既に実績のあるリアル店舗ビジネスの方が、当然規模は大きいでしょうし、今までの実績も仕入先に対して有効に働くはずですから、仕入れ値をより小さくする期待ができます。

商品在庫も、リアル店舗ビジネスのほうが、回転がより速いことが多いでしょうから、在庫コストもリアル店舗と共通にできれば、単独で管理運用しなければいけない純粋ECサイトよりも安くなるケースが少なくなかったはずです。

4　経営環境視点

●店舗／人件費

　純粋ECサイトの場合、店員を置く必要がなく、人件費を大幅に削減できるということがいわれていました。ところが、実際に運営を開始してみるとかなりの人件費がかかるようになってきます。店頭に立つ店員は不要になっても、当然受注情報を元に商品を発送する人員は必要ですし、入金を確認したり、帳簿を管理したりする経理の担当者も必要です。利用者から商品の問い合わせもきますし、商品未着の問い合わせをはじめ様々なクレームがきます。これらに対応するためには、商品知識や流通ルートを熟知した人員を用意しておかなければいけません。

　結局、多くの純粋ECサイトにはカスタマーサポート人員も含めてそれなりの人件費が必要となり、コストが膨らんでいったのです。

　これに対し、リアル店舗には初めから専門知識を有した社員がいるはずです。ネットビジネスの規模にもよるでしょうが、一定の売上げが上がるまでは、リアル店舗の人員の一部がリアル店舗の仕事をしながら、インターネット上の店舗に入ってくる問合せなどのサポートも、一緒にすることもできるはずです。そうすれば、インターネット上の店舗だけに人を配置せずとも、この人件費を分担させることができるようになるはずです。

（3）第二世代のネットビジネス

　これまで述べてきたように、純粋ECサイトの失敗とは、インターネットビジネスという新しいマーケットに過度な期待を持ったネット・ベンチャーが、従来のリアル店舗のビジネスを無視して、新たなマーケットを求めた過大な投資が原因にあります。

　これに対し、クリック＆モルタルという言葉に代表される第二世代ネットビジネスは、既にリアル店舗において蓄積してきた、あらゆるリソースを活用し、様々な失敗・工夫を繰り返して獲得したかけがえのない膨大なノウハウを活用して、新たなネットビジネスの形態を築き上げたのです。

[4] そして第三世代ネットビジネスへ

　これまで、第二世代ネットビジネスの優位性を確認してきましたが、我々は、次に第三世代ネットビジネスの時代というものが到来すると考えています。これは簡単にいえば、クリック＆モルタルのビジネスの中にも成功する者と失敗する者との違いが明確になる段階が訪れ、生き残るべきネットビジネスの形態が明らかになった段階でのネットビジネスを指しています。
　既にクリック＆モルタルが純粋ECを淘汰し、いわゆる「勝ち組」となることが明らかになっているわけですが、既にその「勝ち組」であるクリック＆モルタルの中での、さらなる「勝ち組」と「負け組」との峻別化がゆるやかに進行しています。
　我々は、「勝ち組」としての要件を備えたクリック＆モルタル形態のネットビジネスを、第三世代ネットビジネスと呼びたいと考えています。
　ここではその第三世代ネットビジネスの概要の説明に留め、第3章で具体論を述べさせていただきます。

（1）法的整備

　ネットビジネスにとって大きな足枷になっていた法整備の遅れも、2001年から2003年にかけての法律制定ラッシュによって、ようやく解消されつつあります。ある意味で危険と隣り合わせであったインターネットの世界が、ようやく、技術の進歩と法律の整備によって平和と秩序を確立しつつあるわけです。
　かつて、ネットビジネスの経営者の中には、法制定時に想定されていなかったニュービジネスが法の規制を受ける合理的理由などないとか、法律に記載のないということは何をやっても良いということだ、といった意識を持って、積極果敢に経営を行い、成功を収める例もありました。確かに、ネット黎明期において、既存の法律に囚われていてビジネスの実行を躊躇していた

のでは成功は覚束なかったかもしれません。

　しかし、既に法を気にせずに自由にビジネスを展開できる時代は終わったのです。特に、本書が取り上げるBtoCビジネスの場合、非常に詳細な消費者保護立法、役所によるガイドライン等が整備されており、それらに対する配慮なく、今後ビジネスを行うことは不可能です。

　また、社会の意識の変化にも注意する必要があります。2002年の雪印食品、日本ハム等の相次ぐ不祥事によって、日本社会全体にコンプライアンス（法令遵守）の意識の高まりが生じており、ただ独り、ネットビジネスのみが、何をしても許されるアウトローでいられるわけなどないのです。従前、法体系の不備と相まって、法律に対する意識が低かったネットビジネスにおいても、法令遵守なくしてビジネスの永続的な発展はないとの意識が確実に芽生えてきていると考えられます。

　こういった観点に立ったとき、第三世代ネットビジネスにおいては、法といかにうまく付き合っていくか、つまり、法の内容をきちんと理解した上で、何を厳守しなければならず、何を切り捨てても良いかを的確に判断する必要が生じるわけです。

（2）技術的環境整備

　第一世代で不安視されていた技術的な側面もほぼ解消に向かっています。後述するSSLなどの技術をはじめ、顧客の情報を保護し、なりすましなどを防ぐ技術が成熟化し、安心してインターネットを利用できる環境が揃いました。

　さらに、従来構築に必要だったシステム要員や多大なシステムリソースに対する投資は、ASPサービスの登場・普及により、低額でアウトソーシングできる見込みもたってきました。

　かつては、ネットビジネスを始めるに当たって、独自のシステム構築が必要であったため、第一世代ネットビジネス及び第二世代ネットビジネスの担い手は、自らシステム構築を行うことができるインターネット技術者か、多額の初期投資を行い得る大企業が中心でした。

しかし、技術の進歩・普及、それに伴う低額化によって、第三世代ネットビジネスにおいては、誰もがビジネスの担い手たり得るのです。

（3）マーケティング側面

　第一世代ネットビジネスでは、インターネット上の顧客だけを考えていましたが、第二世代に入り、リアル店舗との連携を考えねばならなくなりました。他方、今までのリアル店舗の世界においても、売上げ向上のためには、店頭だけで行われていた顧客との関係を考え直さなければいけなくなり、CRM（Customer Relationship Management）の実践というものが必要になってきました。
　ところが、CRM自体は、必要とされながらもリアル店舗の世界でも、必要なコミュニケーションコストの面から、今まではなかなか実践に移れませんでしたが、近時の技術面の進歩により、CRMというマーケティング手法も、ようやくローコストで実現される環境になってきました。
　しかし、その中で第二世代までのネットビジネスにおいては、インターネットを利用するバーチャルな顧客とリアル店舗を利用する従来の顧客が、同一人物でありながら、それぞれ異なる対象としてしか把握されず、それぞれの売上げが向上することのみを目指したことから、ネットとリアル店舗との十分な補完関係を構築することができませんでした。
　本来のCRMというマーケティング理論では、一人の顧客から最大収益を上げていくというLTV（Life Time Value）という考え方が重要であり、一人の顧客として、インターネットでの利用も、リアル店舗での利用も、一緒に理解していく必要があり、両者を統合した形でのマーケティングをいち早く導入した企業が、第二世代ネットビジネスの中で生き残り、第三世代ネットビジネスの扉を開くことになるのです。

（4）ツールになったインターネットを使う第三世代ネットビジネス

　既に指摘したとおり、インターネット技術は、常時接続・ブロードバンドの普及フェーズに入り、「インターネットのある家／ない家」という区別がなくなりつつあります。

　もはや、インターネットを使って何かをするというより、何かをするときに、都合上インターネットを利用するようになりつつあります。

　あなたのビジネスで、電話を使わずにビジネスを考えることができるでしょうか。

　同じように、生活ツールになったインターネットを使わずにこれからはビジネスをしていくことはできなくなるのです。そして、電話をうまく使いこなした会社が成功してきたように、これからは、インターネットを活用した会社が生き残っていくのです。

　インターネットを活用していく第三世代のネットビジネスとは、第一世代の失敗に鑑み、第二世代の試行錯誤から得たノウハウを活用するビジネスです。また、法が整備された新たなステージにおいて、いかにうまく法律と付き合っていくかを十分にわきまえた上でのビジネスなのです。

　第三世代ネットビジネスを担うのは、インターネットを誰よりも早く吸収したネットベンチャーという名の特別な人々ではなく、また、ネットベンチャーに追随し、失敗を重ねることができた大企業でもありません。

　それは、法務・技術・マーケティング手法といったすべての面でネットインフラが確立した今日、現在行っているリアルビジネスにおいて、確固たる地位を築いた上で、その本業をより拡大するためにインターネットを上手に活用していこうとしている「あなたの会社」なのです。

　では、次の章で具体的な第三世代ネットビジネスの構築の手法を解説していきましょう。

コラム　インターネットはどこから生まれどこに向かっているのか

（1）インターネットとは

　1　インターネットはどこから生まれたのか？
　この本の趣旨として、インターネットの歴史を記述するのが目的ではないので、ここでその詳細を記述することは避けますが、他の通信手段のように、政府機関や公共機関が主導して構築したものではないことは理解しておくべきでしょう。

　NTTの公衆電話回線や電波を使った通信は、各々それに基づいた法律・公的機関が存在し、その利用方法を細かく規定・管理しており、様々な許認可が必要になっています。
　これに対し、インターネットは、具体的な法規制などのもとに構築された通信手段ではありません。まず、仕組みがあり、技術と暗黙のルールだけが存在し、今日まで広がってきたものです。
　インターネットは、元来アメリカにおいて、大学を含む軍事関連施設を結ぶ情報ネットワークとしてスタートしたといわれています。その際に、今までの拠点間を1対1でつなぐ［Point to Point接続］から、蜘蛛の巣状のネットワークに発展しました。
　これは、一拠点が通信不能になっても、1本の回線が切断されても、可能な限りデータを必要な場所に届ける技術として、軍事情報などを扱う上で非常に重要な性質となっていたのです。
　ここでは、この蜘蛛の巣状の形状から出てくるいくつかの特徴だけを覚えていただきたいと思います。

> オープンという特徴
> ボランタリーに運用されているという特徴
> 盗聴されるかもしれない、第三者がなりすますかもしれないという特徴
> レスポンスのスピードが約束できないという特徴
> データがなくなることがあるかもしれないという特徴

この五つの特徴があることだけ、まずは覚えてください。

2　蜘蛛の巣の構造

インターネットのネットワークはよく蜘蛛の巣にたとえられます。コンピュータ一つ一つが、複数のコンピュータと接続され、それを俯瞰的に見ると、蜘蛛の巣に似ているからでしょう。よくホームページのことをWEBページやWEBサイトともいいますが、WEBとは、ワールドワイドウェブ（WWW）のことで、まさに「世界規模の蜘蛛の巣」という意味になります。

この蜘蛛の巣を形成している「交わりの点」に位置しているのが、「ルータ」という機械です。コンピュータ通信は、あるコンピュータ（例えば、顧客のPC）と、もう一つのコンピュータ（例えば、必要な情報を持っているWEBサーバ）間で、データを交換して成立します。

インターネットの世界では、情報はすべて「パケット」といわれる単位に分解されて、梱包されてやりとりされます。ご存じのとおり、コンピュータの世界の情報は、「0:off」と「1:on」の二種類しかありません。この「0」と「1」だけの情報の羅列を相手に伝えるのですが、どこから始まってどこで終わるか、それがノイズなのか本当の情報なのかわかりません。そこで、一定のルールを双方で決めておいて、電気信号を意味のある情報に直すことになります。

手旗信号では、まず通信の初めに相手が反応するまで両手を開いた状態から上にあげる動作を繰り返します（詳細：http://www.tanutanu.net/report/r8_00.html）。「これからしゃべりはじめますよ」という合図です。また、

コラム

図2−3　インターネットの仕組み

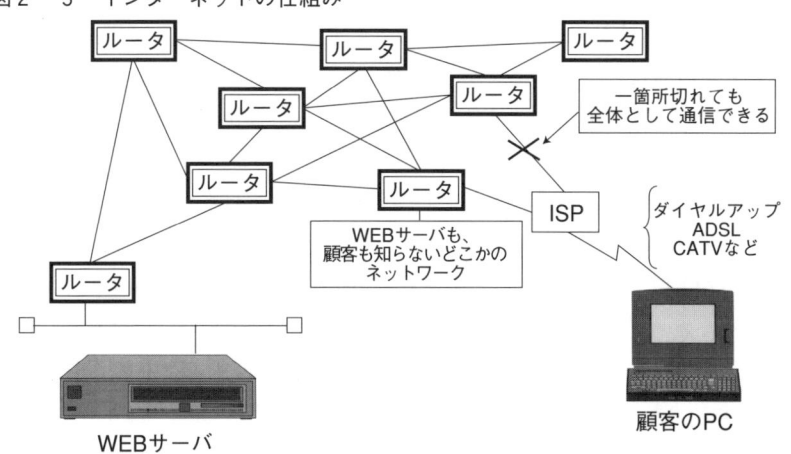

- ルータ同士がメッシュ状に接続
- 一箇所切れても全体として通信できる
- WEBサーバも、顧客も知らないどこかのネットワーク
- ISP（ダイヤルアップ／ADSL／CATVなど）
- WEBサーバ
- 顧客のPC

図2−4　パケットの仕組み

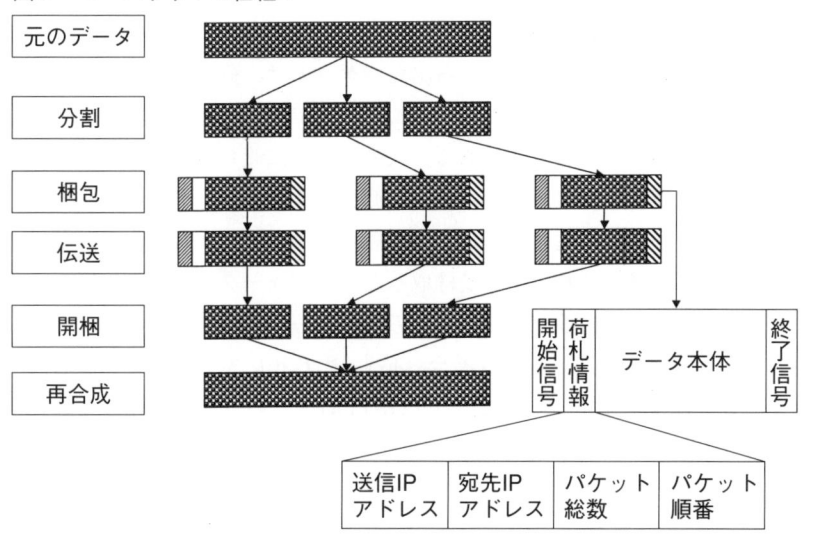

元のデータ	一つの大きなデータ
分割	複数に分割
梱包	ヘッダを付与
伝送	ネットワークを経由
開梱	ヘッダを除去
再合成	元のデータに戻す

パケット構造：開始信号｜荷札情報｜データ本体｜終了信号

荷札情報：送信IPアドレス｜宛先IPアドレス｜パケット総数｜パケット順番

第2章　ネットビジネスの背景とトレンド

コラム

　アマチュア無線のような一方通行の無線通信では、最後に「どうぞ」といいます。「こちらはしゃべり終えましたよ」という合図です。同様に、コンピュータの情報は、まず小さく分割され、「ここが始まり」という合図と「ここまで」という合図にはさまれたパケットとして梱包されます。そしてここに荷札がつけられます。

　荷札には、送り主と受取人、そして何個口の何番目かが書かれます。送り主と受取人は、IPアドレスという住所で特定されています。これは、「66.218.71.84」という数字で表記されたりします。これで世界中のどこにあるコンピュータか、ちゃんとわかるようになっています。ちなみに、IPアドレスの「IP」とは「Internet Protocol」の略であり、このアドレスは、「.」（ドット）で区切られた4つの数字の集合体となっています。そして、この4つの区切りの中には、「0～255」の数字が入ることになっており、従って、IPアドレスは「0.0.0.0」から「255.255.255.255」までの数字の羅列が考えられ、理屈からいえば、2の32乗の42億9496万7296個のIPアドレスがあり得るわけです（ちなみに、現在IPアドレスの不足からIPv6という、新しい規格に移行されつつあります）。

　さて、あなたのコンピュータから出たパケットは、荷札をつけられて、一番身近なルータに渡されます。ルータは、荷札の受取人のIPアドレスを見て、最も近いと思われる方向にある、次のルータに渡します。受け取ったルータは、また荷札を見て、次のルータに渡します。そして最終的に、宛先のコンピュータが直接接続されるルータに届きます。そこから宛先のコンピュータにパケットは渡されます。受け取ったコンピュータは、次々に届くパケットを開梱し、順番に並び替え、もとの情報として組み立てるのです。

　ところで、データ通信をする場合、必ずIPアドレスを知らないと通信できないことになります。しかし、「66.218.71.84」といった、意味のない数字を覚えることは人間には難しいことですし、変更などがあると修正が大変です。そこで、インターネットではDNS（Domain Name Service）という形で意味のある文字列と、IPアドレスを結び付けているのです。「URL」（Uniform Resource Locater）という形でおなじみの、www.yahoo.com とか、aaa1234@nifty.ne.jp と呼ぶものの内、「yahoo.com」とか、「nifty.ne.jp」と

コラム

　いう部分をドメインネームと呼び、これがまさにIPアドレスを意味しているのです。先ほどの「66.218.71.84」は、yahoo.comを意味しているのです。ブラウザの「アドレス」の欄に、この数字を入れて［ENTER］キーを押すと、ちゃんとYahoo!のトップページが表示されます。
　本来、コンピュータは、IPアドレスを人間によって入力してもらいたいと考えています。しかし、人間には容易に覚えられないので、意味のあるあだ名をつけることを許しているのです。そのあだ名が、ドメインネームです。これをDNSという名の共通の住所録に登録しておくことによって、あだ名をコンピュータに入力するだけで、正しいIPアドレスでコンピュータは、データをそのアドレスのコンピュータに届けることが実現されているのです。

3　オープン・ボランタリーであるインターネット
　まず、インターネットで大事なのは、これらがみなオープンであり、誰でも知っている技術であるということです。これまでの通信は、その「秘話性」を確保し、安定して技術を提供するために、提供側の企業がそれぞれ独自の技術を構築し、ブラックボックス化していましたが、インターネットはすべてがオープンになっています。
　もちろん、その中で通信されている「内容」については様々な手法を使って「隠蔽」される工夫はなされますが、その採用されている技術に関してはオープンであることが今までの通信技術との最大の違いであり、これだけ広く、早くインターネットが普及した最大のポイントだと一般に考えられています。
　次に基本的に「ボランタリー」であることが、インターネットの大きな特徴です。もちろん、通信をするインフラである電話回線を用意し、契約し利用することは、コストがかかります。このコストはこの回線を用意した企業・機関が負担することとなりますが、そこを通るパケットは、誰のものでも無償で通すことが前提になっている点が、ボランタリーなネットワークといわれる由縁です。
　私たちがパソコンを購入し、自宅からインターネットを楽しむ場合、ISP（Internet Service Provider）に、接続料を支払っていますが、それは私たち

が利用するパケットが通るすべての路線のコストを払っているわけではなく、あくまでもあなたのパソコンとISPのサーバまでのコストだけを支払っているのです。そこから先は様々なルートを通り、パケットは目的のコンピュータに届けられます。あなたが直接、その都度、通っている経路に対して支払いをするようなことはありません。

4　盗聴・なりすましという問題

　インターネットといっても、良いことばかりではありません。盗聴という問題があります。これは、前記のように、通信時にパケットが様々なコンピュータを通過するという特徴から来るものです。そこでは、覗き見することが可能になってしまうわけです。かつて、インターネットでクレジット番号が流出するなどという話が出ましたが、これはごく普通にインターネット・ショッピングを楽しむ顧客のデータが、悪意をもったサーバを通過する可能性があり、パケットの中身をここで覗かれる可能性があったからです。

　悪意を持つ者にとっても、パケットのルートは、随時変更されるため、特定のパケットを捕まえることは非常に難しいわけですが、偶然自分のルータを通過したパケットの中身を解析し、「VISA」という文字列の近くに16桁の数字があれば、それをクレジットカード番号として抽出することが可能だったのです。

　また、「なりすまし」という危険性も考えないといけません。インターネットでは、顔が見えないため、相手が本当に正当な相手なのか、誰かがなりすましているのかわからないことがあることを忘れてはいけません。

　現在では、第3章で詳しく説明する「SSL」(Secure Sockets Layer) という技術が一般化され、途中で覗かれることなく、お互いの「正当性」を確認し、なりすましを防止しながら通信をできる技術が確立されています。当然、インターネットでビジネスをする場合、こういう対策を学び、取り入れていくことが必要となります。

コラム

5 約束できないインターネット

　また、パケットは様々な回線を自由に旅行し、しかもその道がボランタリーであるため、レスポンスのスピードやデータ送信の確実性を「約束できない」という問題もあります。

　最近では、ADSLや光ファイバーといった非常に高速な回線が広まりつつありますが、あなたのパケットがそういう高速回線だけを通るわけではありません。回線だけでなく、それを中継する機器もいろいろな機器である可能性があるので、その途中の品質によっては、非常に時間がかかる可能性があるのです。

　従って、「必ず何秒でレスポンスが返ってくる」という約束をすることはできません。

　従来のPoint to Pointでは、コンピュータリソースに大きな投資をすることによって、このレスポンスを保障することが理論上可能でしたが、インターネットはこの約束をすることができないのが特徴なのです。

　また、途中品質の悪いところを通ったり、偶然故障している機械を経由したりするため、パケットが到達しないこともあります。これも「必ず届く」約束ができないのです。メールが届かなかったり、ファイルのダウンロードを失敗して、もう一回やったら、簡単に成功したりと、インターネットでは、こういったトラブルが発生し得るのです。

　このようにインターネットをビジネスで使う場合、どうしても「約束できない」部分をどうやって補うかを常に考えないといけないこととなります

コラム

（2）インターネットの普及スピードと、その方向性

1 インターネットの普及スピード

毎年、7月に発刊されるインプレス刊「インターネット白書」は、日本におけるインターネット普及の足跡を伝えています。白書によると、2002年度末には、5430万人がインターネット利用者ということになります。これはほぼ国民の半分です。今やどの家庭にもあるカラーテレビも、世帯普及率が60％を超えてから、90％になるまでに3年しかかかっていません（内閣府消費動向調査）。それを考えると、この数年でほとんどの家庭にインターネットは入り込むと予想されます。

2 ネットビジネスを支えるインフラの変化

このように、急速に広まってきたインターネットですが、この急速な広がりこそが、第三世代ネットビジネスを支えるインフラストラクチャーとして確たる地位を占めていくことになると考えられます。

かつて、電話のある家、ない家という区分がありました。様々な記入用紙などにも、電話欄には「自宅／呼出」という区分があったものです。ところがいつの間にか、電話は、電気・水道と同様に、あるのが当然の社会インフラとなり、今日の記入欄には区分がありません（もちろん、ご存じのとおり、携帯電話の普及により、既に固定電話も「ない家もある」という状況に進みつつあります）。

インターネットもしばらくすると、使える家、使えない家という区分がなくなり、意識して設置しているかどうかにかかわらず、すべての家庭に入り込むものとなるでしょう。そのステップとして、近年いわれる二つのキーワード「ブロードバンド」「常時接続」があります。

●ブロードバンド

従来、家庭からインターネットに接続する場合、パソコンに接続されたモデムやISDNを利用して、30K～64Kbps程度の接続をするのが一般的でした。

コラム

図2－5　日本国内のインターネット利用者数推移（1998～2002年）

グラフ数値の＊は推計、※は予測

（万人）

年月	利用者数（万人）
1998.2	1,009.7
1998.6	1,147.0＊
1998.8	1,228.8
1998.12	1,430.0＊
1999.2	1,508.5
1999.6	1,666.0＊
1999.12	1,830.0＊
2000.2	1,937.7
2000.6	2,307.1＊
2000.12	3,040.0＊
2001.2	3,263.6
2001.6	3,504.3＊
2001.12	4,383.0＊
2002.2	4,619.6
2002.6	5,012.0※
2002.12	5,430.0※

〈出典：インターネット白書2002　©Access Media/impress,2002〉

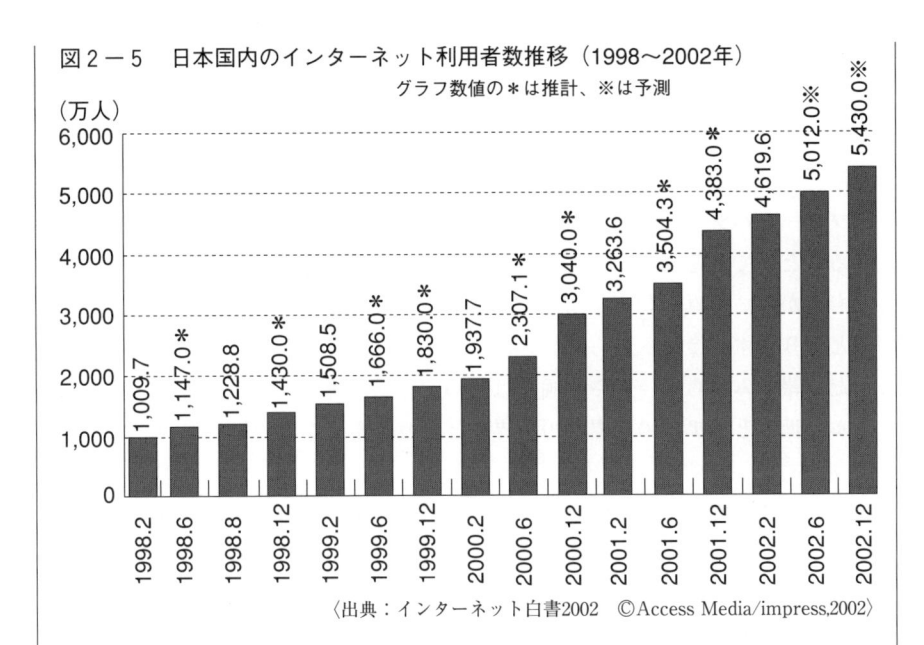

図2－6　インターネットの世帯浸透率（2002年）N＝43,709

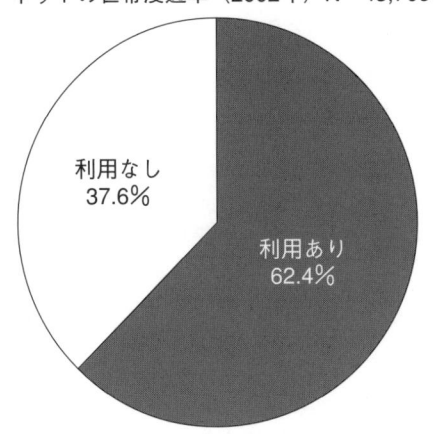

- 利用あり　62.4％
- 利用なし　37.6％

〈出典：インターネット白書2002　©Access Media/impress,2002〉

コラム

　ところが、CATV 接続、ADSL 接続などという新しい技術から、Mbps 単位の高速な接続が可能になってきました。これらの技術を総称して、ブロードバンドといっています。この普及の速度は次第に伸びており、特に2002年以降、ADSL の普及により加速されています。

　ブロードバンド化することにより、コンテンツは、より内容の濃いものを送ることができるようになります。従来のテキスト（文字）を中心にしていたものから、写真・動画をふんだんに使ったものに変化してきたのはご存じのとおりです。今後、さらに高速になるインターネットは、文字・画像といった情報のみならず、音や動画をはじめ、五感に訴えたものになり、バーチャルの世界とリアルの世界との境界をどんどん希薄なものにしていくのでしょう。

　それに加えて、今までのいわゆるコンピュータ間での情報をやりとりするに留まらず、様々な情報を通る道として広がっていき、今後の使い方が変わっていきます。実用化されつつあるインターネットを使った電話（IP 電話）もその一つですし、家庭につながる様々な電気機器がこのネットワークを使って多様なコミュニケーションをとることが可能になっていきます。

　例えば、自己診断機能を有する電気機器は、自分が故障の予兆を発見すれば人間を介することなく、インターネットを用いて、修理を依頼するようになるでしょうし、必要なソフトウェアも自分で調達するようになるでしょう。電気機器を頻繁に買い換えることなく、常に最新のサービスを提供されるようになるかもしれません。

　面白い例では、「ケンブリッジ大学のコーヒーメーカー」のライブカメラの例があります。コーヒーメーカーが離れた場所にあったために、学生がライブカメラを設置してインターネットで残量を確認できるようにしたのがきっかけで始まり、いつの間にか世界中の人が見に来るようになり、累計260万人がアクセスしたといわれています。

　この例のように、さして重要でないことでもブロードバンドの広い帯域を使って様々な情報をタイムリーに流すことが可能になってくるのです。

コラム

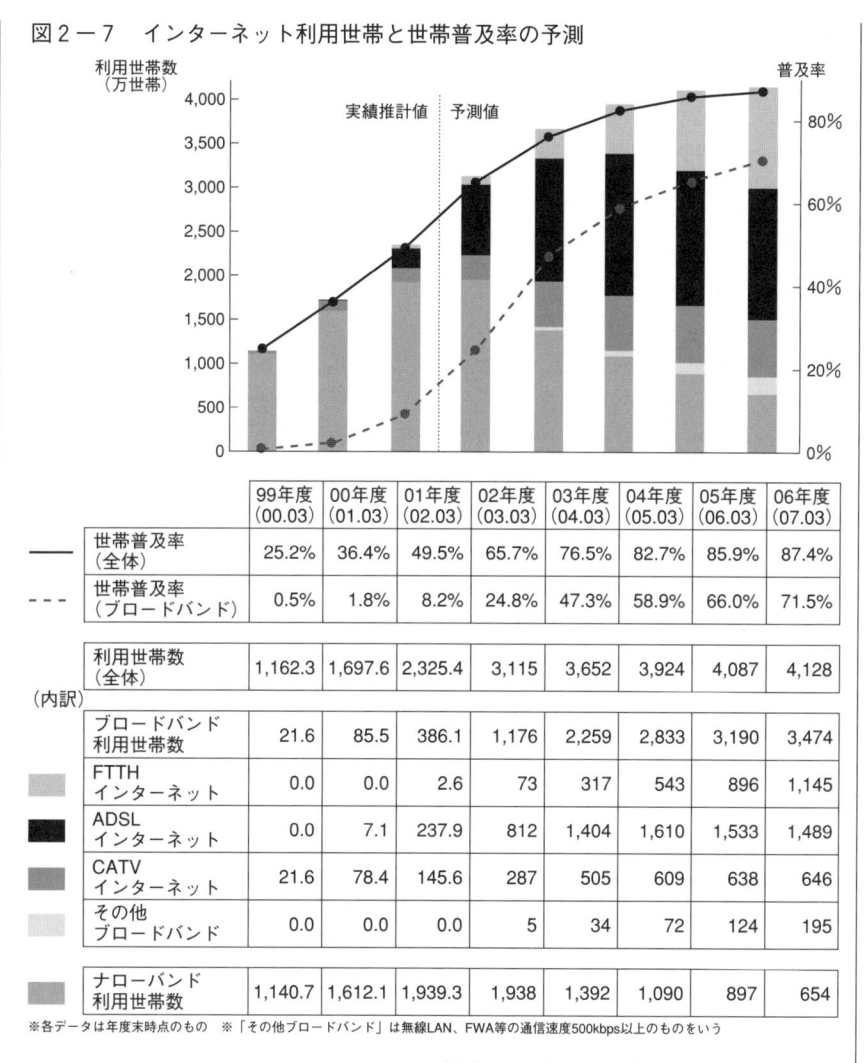

図2－7　インターネット利用世帯と世帯普及率の予測

	99年度 (00.03)	00年度 (01.03)	01年度 (02.03)	02年度 (03.03)	03年度 (04.03)	04年度 (05.03)	05年度 (06.03)	06年度 (07.03)
世帯普及率 (全体)	25.2%	36.4%	49.5%	65.7%	76.5%	82.7%	85.9%	87.4%
世帯普及率 (ブロードバンド)	0.5%	1.8%	8.2%	24.8%	47.3%	58.9%	66.0%	71.5%
利用世帯数 (全体)	1,162.3	1,697.6	2,325.4	3,115	3,652	3,924	4,087	4,128
ブロードバンド 利用世帯数	21.6	85.5	386.1	1,176	2,259	2,833	3,190	3,474
FTTH インターネット	0.0	0.0	2.6	73	317	543	896	1,145
ADSL インターネット	0.0	7.1	237.9	812	1,404	1,610	1,533	1,489
CATV インターネット	21.6	78.4	145.6	287	505	609	638	646
その他 ブロードバンド	0.0	0.0	0.0	5	34	72	124	195
ナローバンド 利用世帯数	1,140.7	1,612.1	1,939.3	1,938	1,392	1,090	897	654

※各データは年度末時点のもの　※「その他ブロードバンド」は無線LAN、FWA等の通信速度500kbps以上のものをいう

〈出典：2002年5月21日(株)情報通信総合研究所〉

コラム

● 常時接続

　もう一つのキーワード「常時接続」は、今までの家庭のインターネットの考え方とは根本的に変わるものです。

　今まで利用者は、どうしても接続時間のことを常に頭の片隅において利用していましたが、常時接続になると、接続時間に関係なく、より質の高い、自分に必要なコンテンツを求めるようになります。

　つまり、従来インターネットの利用者は、「時間」を意識していましたから、本当に欲しい情報は読んでも、「ちょっと興味がわく」というレベルの情報は切り捨てていました。例えば、何かの商品を探しているとき、文字の情報と、その商品の画像情報があっても、文字の情報だけで判断し、ダウンロードに時間のかかる画像情報は、「見てみたいけど、もったいない」ということで切り捨てられていたはずですが、常時接続ではそのようなことはありません。

　この意識変化は、ネットで物を販売する場合、大きな変化です。今まではどうしても「接続時間」に制約があったため、ネットは「目的買い」が中心になると考えられていました。目的の商品を検索し、それを購入し、さっさと接続を切ってしまう使い方です。ところが、時間を意識しなくなれば、ぶらぶらとネットサーフィンし、その中で見つけた物を「衝動買い」する可能性が広がります。つまり、販売チャンスがより広がるわけです。

　さらに、コミュニケーションチャンスも広がるでしょう。目的の商品を買われた顧客に「これもどうですか？」というお勧めを別のウィンドウで開いても、今までは「時間がもったいない」という理由で消されてしまったものも、これからは見てもらえる可能性が増えるはずです。

　利用者の意識レベルだけでなく、情報の提供者側からは、受動的発信に留まらず、能動的に情報を提供することができるようになります。これまでのダイヤルアップでは、受信者側が能動的に接続している間しか通信ができなかったわけですが、常時接続ということは外部からも常に情報を送り込むことが可能になることを意味しています。

　いつでも呼び出すことができるIP電話はその典型例でしょうし、外部から室内の様子を確認したり、ビデオ録画を指示したりすることができます。

コラム

携帯電話や外部の PC を使って、ペットに餌をあげる機器の販売も行われています。飼い主はどこからでも、家に残したペットの顔を見ながら餌を与えることができるようになるのです。これも、常時接続とブロードバンドが実現した、今までと違うインターネットの使い方でしょう。

以上のように、ネットインフラの変化によって、当然のことながら、それを利用するネットビジネスは大きな影響を受けるのであり、第二世代ネットビジネスが第三世代ネットビジネスへと飛躍する大きな契機となることは間違いありません。

第3章 第三世代ネットビジネスの実践

[1] 第三世代ネットビジネスを支える技術

(1) インターネット技術の進歩と第三世代ネットビジネス

　インターネットに関わる技術は、まさに日進月歩で進んでいます。ブロードバンド、常時接続という新しい世界にあわせて、様々な技術が実用化され、今までと違う世界が現れてきます。

　これらの技術はすべて、それを扱う中心人物が、旧来のインターネットの専門家から、コンピュータ技術者ではない普通の人へという方向に進んでおり、誰でもその恩恵を受けられるように進化しているのです。かつては、WEBページをもつことなど、かなりのマニアでないとできないことだと思われていましたが、今は、コンピュータとは到底縁のない芸能人も、まるで日記を公開するかのようにホームページを使っていますし、小学生のつくるホームページもたくさんあります。

　ホームページというレベルだけでなく、様々なサービスがインターネット上で実現されています。これらのサービスは、インターネットの特性を生かしたビジネスではありますが、コンピュータの専門家が作り上げたものというばかりでなく、彼らが用意したプラットフォームの上に、あまりコンピュータの知識はないが、そのビジネスに精通した人が工夫することで実現されているものが多く見受けられます。

　第三世代ネットビジネスを支える技術は、コンピュータの専門家だけでなく、また、多額の資本に支えられた大企業だけでなく、誰でも安価にネットビジネスを始められるための技術となったのです。

(2) ASPの利用

　近年急激に普及したビジネス形態のASPサービスは、第三世代ネットビジネスを支える技術の代表ということができるでしょう。このサービスを使えば、新しい技術を安価に、短期間に導入し活用することができます。

　ASP（Application Service Provider）は、コンピュータの専門家集団である提供サイドが、サービス提供に必要なハードウェアやソフトウェアを所有し、自身で運用して複数の顧客に対してサービスを提供し、利用料をとるビジネス形態です。

　従来のコンピュータ・システム提供方法には、委託開発（自社用のシステムを新規に開発してもらい、自社のハードで運用する方法）、パッケージ購入（自社のハードに汎用的なソフトウェアを購入して運用する方法）などがありました。ASPの利用は、これらに比べて自由度が低いものの、導入初期費用を抑えることができる方法です。

　電話番号を調べる機能を例に考えてみましょう。委託開発とは、全部自分用にシステムをつくることです。開発会社に依頼をして、電話番号帳を丸ごと入力し、自分で検索する方法を考えてシステムをつくることです。きっとこれには膨大な費用がかかることが想像できるでしょう。

　次に、パッケージ利用です。電話番号を既に入力してあり、検索エンジンつきのソフトウェアが売られています。これを購入して、パソコンにインストールして使います。これなら、パソコン代とソフト代で利用することができますから、いろいろな人がこの方法を利用しています。

　　パッケージソフトの例
　　　http://www.data-scape.com/top.htm

　これに対して、NTTの104に聞くという方法もありますが、これがいわばASPサービスです。これは、1回30円かかりますが、初期費用は要りませんし、聞きさえしなければ、継続的に費用もかかりません。NTTという提

供者は、コンピュータ・システムを構築し、リソースを保有し、維持管理しています。私たちはASP利用者となり、このサービスを利用したら、その分利用料を払うという形をとっているのです。

その代わり、104には自由度が余りありません。例えば、かかってきた電話番号からかけた人を探す「逆引き」はやってくれません。ところが、パッケージソフトには対応したものがありますし、委託開発すれば、電話交換機から、自動的にかけてきた番号を顧客データベースサーバに通知し、かけてきたお客様の顧客情報をパソコン画面に映し出すようなことまで自由につくることができます。

このように、委託開発では自由度が高くいろいろなことができますが、最も費用はかかります。ASPはもっとも費用がかからない方法ですが、自由度はきわめて小さくなります。

新しいことに挑戦するとき、それがどの程度の成功をするか見極めが難しいものですから、ASPは非常に優れた手法ということができるでしょう。もしあまり効果が上がらず撤退しなければならないときも、損害を最小限にすることができます。逆に成功した場合、より拡大するために次のステップで自社開発をする場合でも、ASPで一定期間実施しておけばその間に様々なことを学習できます。従来のとおり、実施する前にすべてをつくってしまうと実情と異なる仕様になってしまい、改善の都度費用が発生し、結局つくり直す羽目になることが多いのはご存じのとおりです。ASPの利用期間を経て、成功・失敗を踏まえて次の投資をすることで無駄な投資を防ぐことができるのです。

(3) WEBサービスの構築

1　自分でつくるのか、モールに入るのか

最初の選択肢として、自社でWEBサイトを立ち上げるのか、モールなどを利用するか、ということを考える必要があります。モールにも、各社のWEBサイトをリンクしたバナー集的なものと、様々なリソースを提供するASPサービスを持った楽天（http://rakuten.co.jp）などのスタイルのものが

あり、それぞれにメリット・デメリットがあります。

　自社のWEBサイトか、モールに入るかは、ちょうど、リアル店舗で単独の店舗を設けるか、ショッピングセンターなどのテナントとして出店するかを選択することに似ていると考えられます。当然、単独での店舗出店の場合、すべてを自前で構築する必要がありますし、自分で呼ばなければお客様がいらっしゃることはありません。これに対して、テナントとして入れば、いろいろな制約はあるでしょうし、テナント料も必要になりますが、必要なものはすべて揃えてもらえますし、集客は一括して広く行ってもらえます。インターネットの世界も同様に、モールに入る場合、出店料を支払わなければいけませんが（ASP費用とする場合もあります）、コンピュータリソースなどを提供してもらえたり、集客をある程度期待したりすることができます。しかし、多くのモールは、第一世代ネットビジネスの潮流の中で消えていきました。これは、多大な投資をしたものの、期待された販売サイズがなく、モール自体の集客力を発揮できなかったからです。結果、ISPなどのように最初からある程度の規模の会員がいたり、楽天市場のように、巨大な会員組織を構築できた一握りのモールが成功しているにすぎません。

　では、大きなショッピングモールに出店すれば安心なのでしょうか。

　現在残っているモールは巨大化しており、そこには大きな集客力があるものの、あなたのコンペティターもいっしょに入っていることでしょう。あなたが新しい店舗を出店しても、その巨大なモールの中で埋没してしまう可能性があります。

　出展する商品が非常に魅力的であったり、他店では買えないものであったりするのであれば、モールも良い手段となるでしょう。しかし、一般的には他の店舗でも購入できる商品であったり、金額的にも同等商品を似たような価格でしか提供できなかったりするのが普通です。そうなると、たとえ巨大なモールに出店できたとしても、そのモールの巨大な集客力が、あなたの開設したサイトに向けられることはそう期待できないこととなります。つまるところ、お客様は、こまめな告知や媒体の利用、リアル店舗のネットワークを利用するなどの活動がなければ集まってきませんし、その後のサポートがなければ、定着することはありません。

結局、期待される売上げと制作・運用やASP費用とを比較し、どのような形態を選ぶか考えることとなるべきなのです。
　本書では、自社サイトを構築し、必要に応じてASPサービスを利用して実現することを前提にして、以後記述することにします。今日では様々なASPサービスが案内されておりますから、必要なものをお選びになれば良いでしょう。
　インターネット支店構築のASPサービスは、出店側から見ると、自分でハードウェア、ソフトウェア資産を持つ必要がなく、一定のサービスを安価な利用料で受けることができるものです。その代わり、個別のカスタマイズは基本的に少ないかまったくないのが一般的で、利用者全員がほぼ同じようなサービスレベルになるということとなります。
　例えば、「楽天市場」(http://www.rakuten.co.jp)のような、モールタイプのものや、経理・在庫管理などのパッケージに連動した、奉行シリーズでおなじみのオービックビジネスコンサルタントの「EC奉行21」(http://www.obc.co.jp/PRODUCTS/WEBSOLUTION/EC21/)のようなサービス、ＮＴＴコミュニケーションズの運営する総合型の「.com Market」(http://www.emart.ne.jp/)などのような例があります。
　これらのようなASPサービスでは、出店したい店側にインターネットに接続できるPCがあれば、他に必要なものは何もありません。PC上のブラウザで、提供者の出店用のページにアクセスし、WEBページを構成する部品を選び、文字を変更し、商品を配置していくだけでWEBページは完成し、出店することができるようになります。
　提供者側も、必要な機器、ソフトウェア、開発費を利用しているすべての店舗の負担で割ることができますから、非常に安価な利用料で提供できることとなります。
　本書は、自社サイト運用を前提にしてはおりますが、楽天市場をはじめとするモール出店を否定するものではありません。楽天市場などでは、ECサイト構築のASPサービスを含んでも非常に安い料金設定になっていますから、初めてインターネット支店を出す場合には、費用を抑えることができますので、とりあえずネットビジネスを始めて必要な情報を仕入れたりする場

合などはモールを利用するのも有効な手段だと思います。

一方で、モールなどを利用する場合、どうしても様々な制約があります。それを理解された上で上手に活用していただければ、モールの利用も良い方法であると考えています。

ただ、モールに期待される集客については、あなたの会社がインターネット支店を出す場合、既にお客様は、あなたの会社の名前をある程度知っていることが前提になり、モールにそれほど期待する必要はないと考えるべきでしょうし、数多い店舗の中で十分な集客はないことを前提にする必要があるでしょう。

2 コンピュータリソース

自社でWEBサイトを提供するためには、最低限のコンピュータリソースが必要です。もちろん、ASPサービスを利用していれば、サービスを利用するための、インターネットに接続されているPCだけで十分ですが、自社で運用される場合には、自前で用意しなければいけません。

顧客PCのブラウザ上に表示すべきデータを送信するWEBサーバ、WEBサーバが必要な情報を作成するアプリケーションサーバ、情報を格納し、いつでも提供できるようにするデータベースサーバ、顧客からのメールを受け取るPOPサーバ、送信するためのSMTPサーバ、そしてこれらサーバを相互に接続し、インターネットの世界につなぐネットワーク機器などが必要になります。

これらの機器は、それぞれ個別のハードウェアにすることもできますし、いくつかの機能を一つの機器に任せることもできます。第一世代のネットビジネスでは、最初からある程度のサイズの機器を、それぞれの機能に対して最初から揃えていました。しかし、今日の技術では、当初1台か数台で始めておき、利用頻度が上がるにつれて順次拡張（スケーラブルな拡張といいます）できるようになっています。例えば、最初は、1台のコンピュータにすべてをやらせておき、しばらく運用してから、データベースサーバだけを切り離し、さらに利用が増えてきたら、WEBサーバを切り離し、その後、WEBサーバを増やしていくなどの手法をとることがあります。こういった

例では、どのサーバの負担が大きく、お客様を待たせる原因（＝ボトルネック）になっているか分析し、その部分から効率的に投資していくことが可能になっています。

　もちろん、費用との相談となりますが、データベースサーバを外部のネットワークから遮断するということを検討しなくてはなりません。これは、法務編で詳しく説明している個人情報を管理していくために、漏洩しにくくするための工夫が必要になるからです。

　外部からアクセスできるWEBサーバをDMZ（DeMilitarized Zone）という緩衝地帯に設置し、個人情報を保管するデータベースサーバを異なったセグメント上に配置する手法が一般的に利用されています。こうすることで、外部から直接データベースサーバにアクセスすることを防ぐと同時に、データベースサーバの配置されているセグメントにアクセスできるコンピュータを制限していくことが可能になります。

　さらに、重要な機器は二重化するなどの処置をとられることがあります。1台のコンピュータが万が一故障した場合、それだけでサービス全体が停止してしまいますから、複数台に同じサービス機能を有しておいて、お互いを補完しあう方法がとられており、これを二重化と呼びます。二重化にも、同じ機能を有した1台だけを稼動しておいて、他方を休ませておき、万が一のときに切り替える「ホットスタンバイ」方式と、最初から複数台に同じ機能を常に実施させる「並行処理」方式などがあります。場合によっては、これらを組み合わせて実現している例もあります。もちろん二重化などにはコストがかかります。どこまで必要か検討しないといけませんが、あまり過大に考えるとコストばかりが膨らむこととなります。次項の管理場所との兼ね合いで、どこまで用意するか決めることとなるでしょう。

　いずれにしても、ハードウェアを用意し、それを運用することは、それなりのコンピュータ知識が必要です。既に述べたように、現代の技術では、専門家でなければできないものではなく、趣味的にやっている人でも十分用意することができますが、まったくコンピュータの知識のない人が、これらの機器を用意することはまだ困難です。また、トラブルが生じた場合、自分では対処できないケースも想定されますから、ASPを利用するのでなければ、

第3章　第三世代ネットビジネスの実践　　67

ある程度の専門化のサポートを受けられる環境を考えることが必要となるでしょう。

3　ハードウェアの所有と管理

　所有の形態を考えると、自社で購入する、リースする、ASPサービスを受ける、という選択肢があります。

　ASPサービスを受ける場合は当然提供者サイドがハードウェアを管理するので、24時間、365日の運用の心配をする必要はありませんが、独自でサービスを組み立てることを考えた場合には24時間・365日運用が可能な置き場所を考えなければいけません。

　自社オフィスなどに配置して運用する場合、手元にあるのでメンテナンスがしやすいという反面、一般的に高速な接続回線を用意するには費用がかかり過ぎる傾向にあります。また、一定以上の機能を持つコンピュータは稼動可能温度範囲が非常に狭く、特別な空調を用意しなければいけなくなります。また、個人情報を扱うこともあるので、一定のセキュリティレベルのコンピュータルームを用意する必要があり、それなりの工事などが必要になってきます。

　また、普通のオフィス環境では停電も想定されますから、無停電装置（UPS）が必要になりますし、賃貸ビルの場合など法定点検がありますから、その間、サービスを停止せざるを得ないケースが出てきます。

　そこで、コンピュータを専用の施設に配置することが考えられますが、インターネット向けのサービスを提供するコンピュータを専門に預かり、運用を代行するiDC（Internet Data Center）と呼ばれるサービスがあります。

---

iDCの例
CRCソリューションズ
　　　　　http://www.crc.ad.jp/service/idc.html
TIS　　　　http://www.tisidc.net/
NTTデータ　http://www.exfort.net/

---

iDCでは、防火、免震装置など、コンピュータ設置に向いた建物を用意し、ここに一定の温度に保つための空調が用意されています。電源の二重化など、安定した電源供給とインターネットへの高速な接続環境などといった、自社のオフィス環境では用意することのできない贅沢なインフラ環境を安価に利用することができます。

さらに、運用面においても、24時間の監視体制を委託できたり、日々の軽微な作業(データのバックアップや、テープの交換など)をお願いしたりすることもできます。一部のiDCでは、最もコスト変動の大きなデータの保管に関して、自社のハードディスク装置を持つことなく、ASP的にiDC側のリソースを使って提供する「ストレージ・オン・デマンド」サービスが始まっています。

Cable&Wireless マネージドストレージサービス
http://www.cw.com/

当初自社運用を行い、しばらくしてiDCに場所を移すケースや、iDCを変更したり、自社オフィスで運用してオフィスごと引っ越したりするケースなどがあります。もちろん物理的には引越しは可能ではありますが、一般的に、その際にサービスが止まるということを念頭においていかなければいけません。もちろん、コンピュータが移動する時間はサービスをすることができません。そのために複数台のサーバを用意し、順番に移動するなどの工夫や、転居先に新しい機器を配して、移設作業後、以前の機器を廃棄するなどの工夫をして、停止時間を小さくすることが考えられます。しかし、それだけでなく、移動に伴いIPアドレスが変わったり、変わらなくてもルートが変わったりするため、サーバとしてはサービスを再開してもしばらくクライアントがサーバを見つけられないことが発生します。これは世界中のルータが、変更の情報を受け取るまで混乱が継続するからです。以前はこのために1週間程度の期間が必要といわれていましたが、最近では、最初の10分で国内のアクセスであれば、かなり変更され、1日から数日でほぼ完了するといわれています。これはインターネットがボランタリーに構築されている一つの弊害ではありますが、このようなことが発生することを念頭に、できるだけ転

居が発生しないように用意する必要があります。

　コンピュータリソースをどう持ち、どこに置くかは、ネットビジネスにおいてコスト面で非常に大きな問題であります。期待される売上げとコストとの比較の中で決めていかなければいけませんが、

① 　スモールスタートで始める。
② 　スケーラブルに拡張できるようにする。
③ 　移転もあることを前提につくる。

ことが第三世代ネットビジネス成功企業のパターンと考えられます。

4　WEB開発

　WEBの画面は、html言語という特殊な記述方法で作成されます。これは、どこにどんな絵をどんな色で、どんな文字をどこに配置するか、記述された文字だけの情報です。いわば、ページの設計図という感じです。通常、この「設計図」は、設計されたままの情報として、そのままの形でサーバに保管されて、都度そのままの形でお客様のPCに送られます。しかし、この手法ですと、お客様が見るであろう画面のすべてをあらかじめ用意しておかなければなりません。

　もし、先頭にお客様の名前を表示したければ、1万人分の画面を全部つくっておき、その都度、修正していくことになりますが、それは現実的ではありません。そこで、必要なパーツを別々に保管しておき、必要なものをその都度取り出して、組み合わせて、その時点のhtml文書を作成して、お客様のPCに送って表示する方法があります。前者はいつでも同じ画面が表示されるため「静的画面」、後者はその都度変わるため「動的画面」ということがあります。

　動的画面を利用することによって、画面上にお客様のお名前を表示させたり、検索してお客様の必要な商品だけを並べた画面を表示させたりすることができるようになるのです。

　この動的画面を実現するためには、WEBサーバでの開発が必要です。開発にはCGI/PHP/javaなどの開発言語で開発することが必要です。もちろんご自身で勉強して作成することも可能ですが、基本的なところだけ開発会社に依頼したほうが効率的でしょう。

> ここでご紹介しているレベルのWEBの開発程度であれば、多くのソフトハウスで対応できるはずです。あなたの会社のシステムを扱われている会社で対応できるか、どこかを紹介してもらえるでしょう。もちろん、富士通、IBM、NECといった大手システムインテグレーション企業に相談されれば、総合的なアドバイスをいただけると思います。
> もし、心当たりのない場合には、WEBサイトに特化したシステム会社に相談する方法があります。マーケティング知識を持ち、サイト運用の経験のある会社であれば、WEBのシステム開発にとどまらず、その後の効果的なキャンペーンの提案まで一緒に相談に乗ってもらえます。
> マーケティング・WEB開発会社の例
> クールサイト　　http://www.coolsite.co.jp/
> アルファベータ　http://www.alphabeta.jp/

　ASPサービスの一部には、これらの動的画面をある程度意識したサービスもありますが、一般的には、カタログ機能の部分程度に限られているようです。この部分を本格的に検討するためには、ショッピングカート機能・決済機能をASPサービスに任せ、そこに至る画面については、開発をお願いするという方法をとることが考えられます。

●画面構成・デザイン
　画面構成は重要な店舗の顔です。あなたが新しい店舗をつくるときと同じくらいの神経を使ってください。もし、既にお客様に定着した店舗イメージがあるのなら、できるだけそれに近づけることが必要でしょう。「いつものお買い物」の感覚に、できるだけ近づけることが必要です。
　また、統一感も必要です。ページによって色がまったく変わってしまったり、文字の大きさが変わったりすると見難いだけでなく、お客様が迷子になってしまったような気がします。最初に統一的な色のトーンや使用する文字、色などを十分すり合わせておいたほうが良いでしょう。
　また、最近はブロードバンドの普及に合わせて、FLASHという動画を使用したり、画像をふんだんに使ったりするページが増えてきています。もち

ろん、そういったページづくりも強い印象を与えることができますから有効でしょうが、まだいわゆるナローバンドと呼ばれるダイヤルアップの利用者も大勢います。その人たちにとっては、なかなか画面が表示されない「つまらないサイト」という印象を与えてしまいます。特に、初期画面を表示するまでに時間のかかる「重いサイト」にしてしまうと、中身がどんなにいいサービスであったとしても、その前にお客様が切断してしまったり、それだけで「重くて使いにくいサイト」という印象を与えてしまったりすることとなります。

　そこで、初期画面の前に、利用環境別に選べるページを置くことも一つの工夫でしょう。あるいは、初期画面は軽くして、どんなページか理解していただいた後に、中に入るほど具体的でリッチな表現にするなどといった工夫が必要になります。

　FLASHとは、Macromedia社の開発した、動画や音声を用いた、インタラクティブ（一方通行の情報提供ではなく、見ている側の反応に応じて出てくるものが変わる双方向型の情報提供）ツールです。FLASHを使うと、非常に豊かな表現でアニメーションのようなものを映したり、音楽とあわせた動作を見せたり、マウスのクリックで動きを変えたりといったことができ、楽しい画面をつくることができます。FLASH形式のデータは、無償で配布されるFLASH PLAYERを、見る人がPCにセットアップしておくと、誰でも、またOSが違っても同じように見えることから、非常に広く普及しており、多くのPCでは、購入時にセットアップが終わっているものが少なくありません。このように広く利用されているので、表現力の高いものをつくる場合、標準的なツールとなっているのです。

　Macromedia社　http://www.macromedia.com/jp/

●画面遷移とナビゲーション

　デザインのトーンが決まったら、画面遷移とナビゲーションについて決めておく必要があります。ものを売るページの場合、商品を探したり、送り先

図3−1

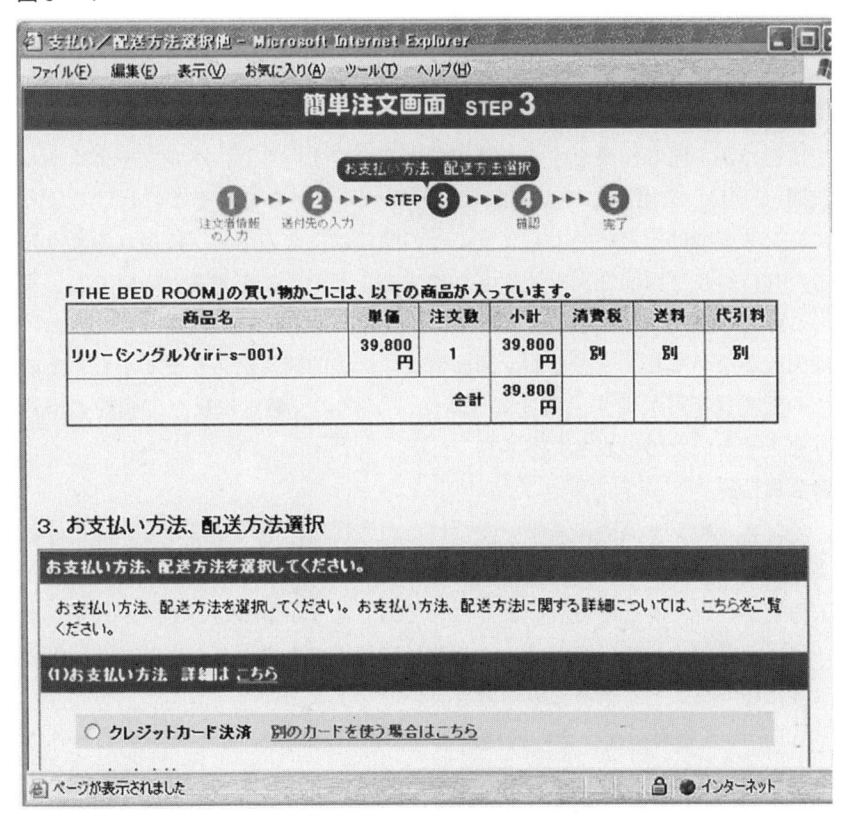

を入力したりと、どうしても一枚のページで完結せず、いろいろな画面を行き来する必要があります。そこで、今自分が全体の作業のうちのどこを操作しているのかわかるようにしてあげることが必要です。この今の作業をわからせることを「ナビゲーション」といいます。

　図3−1は、楽天で買い物した際の注文画面です。この上の部分がナビゲーションになります。購入までに五つのステップがあり、今その3番目をやっていることが簡単に理解できます。

　このようなナビゲーションをつけることで顧客は安心してサイトを見て回ることができるのです。

同時に、途中まで作業してやり直しができたり、ちょっと戻ったりできるように、遷移のボタンを工夫する必要があります。

どのページにも必ず「ホームに戻るためのボタン」「一つ前に戻るボタン」を、同じ場所につけておきます。そうすることで、迷った場合にも顧客はすぐに初めから同じ作業をすることができるのです。もし、ヘルプやよくある質問（FAQ）を用意しているなら、どのページからでもそこに行けるようにリンクをつけるといいでしょう。その際には、そのページに戻れるようにしたり、ヘルプ画面を別ウィンドウにするなどの工夫をするといいでしょう。

これらも細かい画面をつくりはじめる前に、流れをつくるようにしておけば失敗がないでしょう。なお、画面構成には法的制約がありますから、その点の配慮は不可欠です（第3章［3］（7）7の「●意に反して契約の申込みをさせないための表示」参照）。

●会員登録

インターネット支店に来ていただけたお客様は、全員登録していただけるようにしましょう。もちろんリアル店舗で既に会員登録の終わっている方は、入力していただかなくて良いようにしておくほうが望ましいですが、インターネット登録は、紙に書かせるより簡単に記入できますから、アンケートのように様々なことを伺ってみるのも良いでしょう。

WEBの入力画面は、その操作が容易であるため、どうしてもいろいろなことを伺いたくなってしまい、入力画面が何ページにも及んでしまう例も少なくありません。入力画面が複雑になり、入力項目が増えることは、当然、「入会しよう」と思っている利用者の興味をそぐこととなります。一方、一度入会していただき、コミュニケーションが始まれば、顧客情報の詳細を入手するチャンスは何度でもやってきます。入会時に聞かなくても、商品を送るときには当然住所・電話番号を入力していただけますし、入学シーズンには、お子様の有無をキャンペーンクイズの中で聞くこともできるでしょう。最初から全員のすべての情報を取るのではなく、最初の敷居を下げ、顧客情報は、順次育てていく形のほうが、結果的に新鮮で意味のあるデータベースにしていくことができます。

最初の登録は、コミュニケーションをとるための最低限の情報があれば良

いわけですから、極端に考えれば、eメールアドレスとリアル店舗の会員番号だけあれば良いわけです。この際に、メールを送信して良いか確認を取っておくことが必要です（第3章［3］（7）2「宣伝メール等を送信する場合の改正特定商取引法、特定電子メール送信適正化法」参照）。できれば、明示的に「キャンペーン情報などをお知らせして良いか？」「お店からお得な情報を送っても良いか？」などと表記しておく必要があります。こうやって、メール受信の確認をすることを「パーミッションをとる」というふうにいいます。

●店舗情報・商品情報・問合せ先

　購入に必要な画面をつくることはもちろんですが、あなたの会社のリアル店舗の情報も載せなくてはなりません。

　お客様は、明日あなたの会社の店舗に行く前に営業時間を確認するためにあなたのWEBページに来るかもしれません。引越しした直後に、近くの店を探すために来るかもしれません。それだけでなく、インターネットの検索サイトなどからあなたのWEBにたどり着いたお客さんが、これらの情報を見るかもしれないのです。初めてあなたのお店を見るお客様は、あなたがいくつかのリアル店舗で営業をしていることを知ると、一定の安心を得ることができます。リアル店舗が営業されているということは、それなりのお客様の支持があるということを意味していますから、一定の安心を得ることができるのです（図2-2参照）。

　いろいろなサイトを見ていると、住所が書いてなかったり、電話番号がなかったりするところがあります。問い合わせ対応の人員の問題だったりするのでしょうが、私たちはそういうサイトを見ると心配してしまいます。どうしてもインターネットはバーチャルの世界ですから、何をもって信用して良いかわかりません。ですからこそ、リアル店舗の情報をできるだけ載せることはバーチャルなお客様を安心させる効果があるわけです。

　商品情報も、同様にできるだけ掲載するようにしましょう。ここの商品に関する情報も、メーカーや問屋などからできる限り入手して掲載したほうが、お客様の商品に関する情報も深くなりますし、それによって、より購入意欲もわくことでしょう。また、商品情報をより詳しく掲載しておくと、検索エ

ンジンに引っかかる可能性が増えます。インターネットを利用して商品情報を入手する場合、どうしてもいつも利用する店での情報が足りないとき、検索エンジンで情報を集めることとなります。そうすると、あなたの会社をまったく知らないお客様がそのページにジャンプしてくることとなるわけです。そのまま購入してくださることもあるでしょうし、そうでなくても、情報が得られるサイトとして記憶されれば、その後の接点が広がっていきます。

　商品個々の情報だけでなく、業界情報、その製品群の手入れ方法など、できるだけ詳しい情報を載せておいたほうが、お客様は「その道のプロ」として安心します。リアル店舗と違って、店員の雰囲気を伝えることは難しいので、お店の信頼は、そういった工夫から伝えることができるのです。

　「よくあるお問い合わせ」というページをつくっておき、問い合わせ自体を減らす工夫があります。インターネットの世界では、FAQ（Frequently Asked Questions）と呼ぶことがあります。コールセンターなどを運用するところで伺うと、お客様の問い合わせの80％は、事前に想定できる内容だそうです。つまり、事前に想定できる質問については、あらかじめ回答を掲載しておけば、質問する前に理解できるので、わざわざ聞いてこないこととなります。問い合わせ回答の手間を防ぐ意味でも、FAQを設置することは効果がありますし、きちんと整理されたFAQのあるインターネット店舗はそれだけでお客様に安心していただく要因でもあります。

　回答することを考えると、できるだけフリーフォーマットで書かせるより、回答に必要な情報をもれなく書いていただいた方が回答しやすいですから、選択式の記入フォーマットを用意したほうがよいでしょう。

　問い合わせが来たときには、必ず一両日中に返事を入れるようにしましょう。もちろん、中には回答に時間がかかるものもあるでしょうが、その場合には、どのくらい回答に時間がかかるからしばらく待ってほしい旨回答します。場合によっては、最終的な回答までの間、途中経過を報告して、お客様を放置することがないようにすることが大事です。

　また、前述のとおり、一通の質問には200の同じ質問が隠れているといわれています。一度答えた質問は必ず他の方も聞いてきますから、FAQを頻

繁にアップデートしていきます。ただ、量の多いFAQのページ自体見るだけでいやになるので、効率的に分類したり、その中でもよく聞かれる質問をランキングしたりすることで、より効果的に参照してもらえる工夫をします。

今までは、一覧された質問から類似の質問を探させる形態のものが主流でしたが、新しい傾向として、質問を受け付ける窓口があり、顧客に質問を入力させ、その場で回答者が回答を与える双方向型のものが出始めてきています。ちょうど回答者が答えるように見えますから、いわば、エージェント型といえます。

図3－2

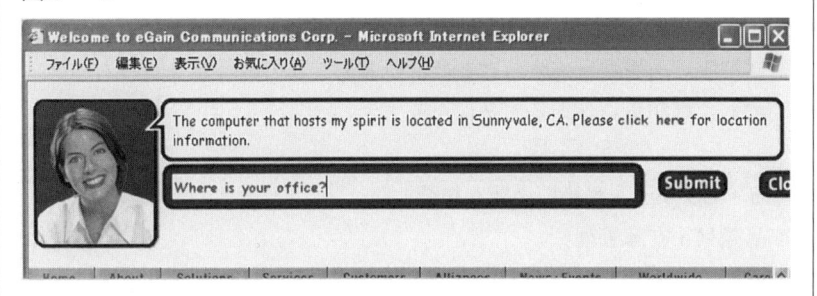

<画面キャプチャ：Welcome to eGain Communications Corp. - Microsoft Internet Explorer。女性の画像とともに「The computer that hosts my spirit is located in Sunnyvale, CA. Please click here for location information.」というメッセージと、「Where is your office?」という入力欄、Submitボタンが表示されている。>

このタイプでは、顧客の質問をある程度想定して、それに対する回答をその場で表示させるわけですが、例えば、「近くの店を知りたい」と入力されれば、回答の文章を表示するだけでなく、メインウィンドウを店舗一覧ページに自動的にジャンプさせたり、「入会方法を知りたい」と入力されれば、自動的に会員登録ページにジャンプさせたりといったことが可能になります。このようなエンジンの例として、

 eGain http://www.egain.com/egainassistant/（図3－2参照）
 CAIWA http://www.ptopa.com/technology1.html
などがあります。

いずれも、顧客の質問をAI（人工知能）で解析し、聞きたがっていることを解析するエンジンです。今後はこういったエージェント型が増えてくることでしょう。

●お客様相互のコミュニケーション

　可能であれば、掲示板（インターネットの世界ではBBSということもあります）を設けて、お客様が自由に意見を書き込めるようにすると良いでしょう。

　もちろん、お店に対する意見・質問ができるメールアドレスをつくったり、FAQを設けるなど、お店との接点をつくることも重要です。しかし、それ以上に、お客様相互の会話を見ることが、お店の信用という点で重要になってきます。

　お店のお勧め商品なども、お店の一方的な意見だけだと、見ているほうは、どうしても「売りたい」下心があるだろうと思ってしまいます。しかし、お客様相互の意見はかなり素直に浸透していきます。また、そういったお客様の声に即座に店側で対応することは、たとえ最初の内容がクレームであったとしても、好印象を与えることになります。

5　ECサイト構築に必要な技術

●商品陳列・在庫管理

　販売するものをまず見せることが必要です。ECサイトではカタログ機能と呼ばれることが多いようです。

　商品の並んでいるページを順番につくっていくことでカタログは制作できます。できればデータベース化して動的画面としてWEBページを作成するべきでしょう。データベースを先につくり、ここに必要な情報を書き込んでおき、プログラムでこれを読み込んで、その都度カタログをつくる方法です。そのほうが「探しやすく」「メンテナンスしやすく」なるからです。

　インターネットの店舗が、リアルの店舗より優れている一つの点は、探しているものをたやすく見つけることができる機能です。例えば、商品の名前の一部だけから見つけたり、ジャンル別にブレークダウンして見つけたり、同じジャンルのものを価格順に並べたり、メーカー順に並べたりと様々な観点から探すことができる点です。こういった機能は、データベースを構築し、そこからその都度WEBページをつくる手法によって初めて容易に実現されるものなのです。

商品の入れ替えの際も作業が軽微になります。一枚一枚のWEBページをつくる手法ですと、一つ商品が売り切れるたびに、関係するページをすべて直さないといけませんが、データベースならデータ上で欠品とすれば作業自体は終了となります。WEBページそのものは、お客様が見るときに、その都度つくられますから、その瞬間にデータベース上に在庫が残っていれば商品は陳列されますし、欠品となっていれば表示されないこととなります。タイムリーな商品の入れ替えのためにも、データベースを構築したほうが良いのです。

　ネットで扱う以上、在庫情報を同時に知らせることが必要です。お客様がネットに期待しているのはリアルタイム性であることを考えると、「欠品間近／欠品中／来週入荷」などの在庫情報をちゃんと伝えることが望ましいと考えられます。これは、在庫管理をちゃんとして、データベースに反映できるようにすればきちんと表示されるはずです。

　もちろんデータベースから自社で開発し、画面作成のプログラムを組むことも可能ですが、次に述べるバスケット機能や決済機能と合わせて提供しているASPサービスもあるので、これらを利用するという方法もあります。第三世代ネットビジネスでは、最初から投資を大きくするのではなく、導入当初は独自のページ作成とこれらのエンジンを組み合わせてページを用意するのが望ましいといえるでしょう。

●バスケット機能

　ショッピングカート機能とか買い物かご機能と呼ぶ場合もあります。ECの場合、送料が必ずかかるため、売り手も買い手もできるだけ一回の取引で複数のものを扱いたいと考えます。そこで、サイトの中を自由に探してもらいながら、複数の商品を選んでいただき、スーパーマーケットの中で、かごに商品を入れていくように、商品を登録していっていただくようになるわけです。

　バスケット機能では、後述の法務編で詳しく説明しておりますし、資料編では、通商産業省の作成した「インターネット通販における『意に反して契約の申込みをさせようとする行為』に係るガイドライン」を掲載しておりますが、消費者が惑わされないサイト設計が求められております。つまり、数

を自由に変更でき、購入の前に確認できるようにしていなければいけません。もっとも、たとえ規定されていなくとも、自身がスーパーマーケットで買い物をしているように、全量を常に確認でき、いつでも棚に返せるような仕組みがあったほうがサービス上好ましいことはいうまでもありません。

　カタログ上で商品を十分説明し、購入を希望する場合には「カートに入れる」ボタンを用意し、それを押すことによって、カートの中に商品を入れていきます。「カートの中身を見る」ボタンでいつでも何度でも確認できるようにしておく必要があります。

　カートによっては、Cookie を使って、その情報を PC 内に残しておく仕様のものがあります。Cookie とは、ブラウザが PC のハードディスク上に保管する情報です。これは、カタログを行き来している間に誤って、ブラウザを閉じてしまったり、PC の異常終了などで、買い物が中断したときに、最初からやり直させると購入者が面倒になって購入自体が失われたり、商品が減ったりする可能性を危惧したもので、ブラウザが終了しても、いったん PC の電源を落としても、カートの中身を保存しておくことができるようになっているものです。この機能を用いれば、たとえ途中でいやになっても、次回またカートの中を見れば、その時にカートに入れたものは残っているので、続きとして購入をしてもらうことができます。

```
バスケット機能を提供する ASP サービスの例
e ストア         http://www.estore.co.jp/
EC-TOOL         http://www.ec-tool.net/shienshop/
WEB Cruiser    http://www.surfboard.jp/asps/for_shop/
ESHOP－do      http://www.i-do.ne.jp/service/eshop/
ERS＠Basket    http://www.ivp.co.jp/ersbasket/
```

●決済機能

　カート機能を用いて商品が決まったら、決済機能の利用です。決済の手段は多彩なほうが顧客の選択肢が広がり、購入のチャンスが増えるといわれています。

図3－3　インターネット決済の使われている方法

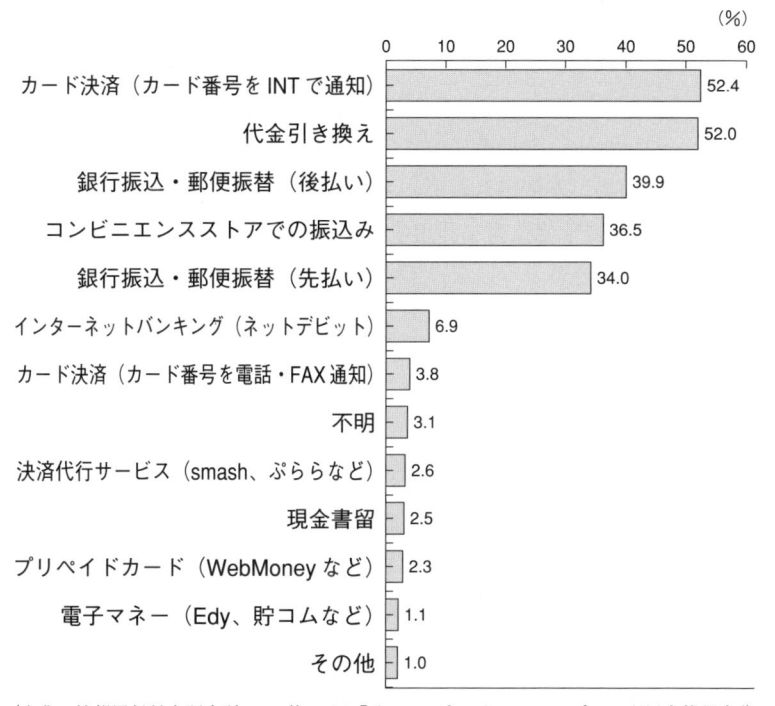

方法	%
カード決済（カード番号をINTで通知）	52.4
代金引き換え	52.0
銀行振込・郵便振替（後払い）	39.9
コンビニエンスストアでの振込み	36.5
銀行振込・郵便振替（先払い）	34.0
インターネットバンキング（ネットデビット）	6.9
カード決済（カード番号を電話・FAX通知）	3.8
不明	3.1
決済代行サービス（smash、ぷららなど）	2.6
現金書留	2.5
プリペイドカード（WebMoneyなど）	2.3
電子マネー（Edy、貯コムなど）	1.1
その他	1.0

〈出典：情報通信総合研究所 MIN 第30回「インターネット・ショッピング利用実態調査」〉

　ASPサービスの場合、選択肢は提供者側の用意したものから選ぶこととなります。選択肢によってはオプション料金が必要な場合もありますから、費用対効果を考えて選んでいきます。
○クレジットカード
　ネットショッピングで、もっとも一般的に使われているのが、クレジットカードによる支払いです。
　実際の支払のためだけでなく、副次的にクレジットカードが利用できることは、それなりに信用があるサイトであるという印象を利用者に与えられる効果があります。
　一方、クレジットカードはインターネットで利用するにはまだ不安という

人がいることは事実ですし、利用者の中にはクレジットカードを保有していなかったり、クレジットカードを使うこと自体を嫌っている人がいたりするので、支払のすべてをクレジットカードにすることは売上げを減らすリスクを伴います。

一時クレジットカードの番号がインターネットを通じて流出するという可能性から、その扱いが危惧されていました。現在ではほとんどのWEBサイトでSSLという暗号化技術を利用することができ、途中の覗き見をほぼ完全に防ぐことができるようになっています。逆にいえば、SSLをかけられない場合、クレジットカード番号を入力させるような画面をつくるべきではありません。SSLを使用している場合には、それを積極的に表明し、利用者から見て、安心してクレジットカードを使えるサイトであることを十分に認識していただく必要があります。

クレジットカードを利用する場合、直接または間接にクレジットカード会社と契約し、加盟店となります。加盟店になると、クレジットカード会社に売上げデータを送信することによって、売上金が支払われるようになります。その際に、あらかじめ定めておいた手数料が減じられて入金される仕組みです。

日本の場合、数多くのクレジットカード会社がありそれぞれに契約しないといけませんが、JCB/VISA/Master Cardのついたカードであれば、他の会社のカードでも決裁できる仕組みになっています。例えば、UFJカードと契約すれば、一社と契約するだけで、JCB/VISA/Master Cardのついたカードのすべてが利用できる店にすることができます。UCと契約すれば、VISA/Master CardのついたカードはVカえますが、JCBは使えません。その場合、別途JCBと契約しなければいけません。

JCB/VISA/Master Cardが使えれば、日本人のクレジットカードを持っている人の98％は、支払いができるはずです。もちろん、こだわって使っている人もいるので、AMEX/Dinersも使えるとより良いでしょう。

クレジットカード会社と契約すると同時に、ネット決済データを扱う会社と契約するのが一般的です。これは、クレジットカード会社にデータを送付する作業などを全部自社で開発し、接続することは非常に大変なので、これ

を介在するサービスを利用するわけです。

　日本カードネットワーク（http://www.cardnet.co.jp/）などのEC決済サービスを使って、インターネットを介したクレジット決済データのルートを確保します。

　または、決済代行会社を使う方法もあります。既にクレジットカード会社と接続・契約を終えた代行会社と第三者契約を交わすことにより、クレジットカード決済をすることができるようになります。第一世代ネットビジネスで参入した多くの純粋ECサイトはこの方法をとっていました。これは、日本のクレジットカード会社の多くが、リアル店舗を持たないと契約が難しかったり、非常に高い手数料を請求する場合が多かったりするからです。当然システム構築費用もかかりますから、仕組みが単純な代行会社を使うケースが増えることとなります。

　しかし、あなたの会社の場合には、リアル店舗で既にクレジットカード利用ができる場合がほとんどでしょう。クレジットカードの手数料は、扱い高などにより変動するため、当然、リアル店舗売上げと包括して契約を交わすことが望ましいといえます。

　代行会社を使って若干高い手数料を払うか、多少システム開発をしながらも、クレジットカード会社と個別に契約するかは、双方の見積もりを取ってあなたの会社にとって有利な条件を引き出すことが良いでしょう。

　バスケット機能のASPサービスを利用している場合、クレジット利用に関してもサービスに含まれている場合がありますから、その辺をよく確認しておく必要があります。

○代引き宅配

　次に利用されている決済手段が、代引き宅配です。商品を届けて、その際に宅配業者が代金を受け取ってくれる仕組みです。

　元来、インターネット通販で「代金をとられたが、商品が来ない」というクレームに対応するために考えられた仕組みではありますが、受け取り時とはいえ、所詮中身を見ずに金を払わせる仕組みですから、あなたの会社にある程度の信用がなければこの仕組みを使う意味がありません。

　むしろ、クレジットカードは使わない（使いたくない）が、早く商品を受

け取りたいという顧客のニーズにこたえたものといえるでしょう。クレジットカードを除くと、他の決済方法は、決済が確認されてから商品を発送する仕組みです。この決済手段は、発注後直ちに発送できることが最大の強みとなります。

　この決済方法では、販売側のリスクとして、受け取ってもらえなかった場合、まったく回収できない可能性があります。特に生鮮品・オーダーメイド（印章・衣服など）などの再利用の難しい商品の場合、多大な損害になる場合があります。できれば、そういう商品を扱う場合この決済手段はメニューに入れないほうが望ましいといえます。

　また、当然、回収手数料を宅配業者に払わないといけません。

> ヤマト運輸のコレクトサービス
> 　　http://www.kuronekoyamato.co.jp/corect/corect.html
> 佐川急便のe-コレクト
> 　　http://www.sagawa-exp.co.jp/business/ecollect-shukka04.html

○エスクローサービス

　代引きサービスの「返品保証」までしたのが、エスクローサービスです。まだ日本ではなじみの薄いこのサービスですが、本来、個人間決済（オークション）などのためのサービスです。売り手の知名度が低い場合、より買い手に安心感を与えるためにあえてエスクローサービスを利用する方法があります。

　エスクローサービスは、基本的に代引き宅配サービスと一緒ですが、エスクロー会社が売り手を特定しており、返品の保証をしているという点が違います。善良な売り手からみれば「ちゃんと届けるから安心していて良いのに」と思うかもしれませんが、相手の顔の見えないネットビジネスでは、より相手を安心させるサービスとして利用するのも良いのかもしれません。

> 企業サイトで利用できるエスクローサービスの例
> 　ヤマト運輸　http://www.kuronekoyamato.co.jp/escrow/escrow.html

○銀行振り込み

　確実な手法として、銀行振り込みを利用している EC サイトも少なくありません。現在でも 7 割以上のインターネットショップが決済方法として用意しており、大変一般的な決済方法といえます。ことに、法人相手の場合、どうしてもクレジットカードだけというと対象が限られますので、振込の手段だけは確保しておかないといけません。

　当然、銀行の入金データと注文の付け合わせの作業をしなくてはなりません。ネットビジネスの世界では「時間」が重要ですから、いちいち銀行に行って記帳して確認してから発送するのでは、満足な対応とはいえません。少なくともファームバンキングか、銀行のインターネットサービスを受けていないと効率が悪くなります。これらのサービスを利用すれば、いちいち銀行まで行かずとも、自分の事務所で入金を確認できますから、ある程度の時間でサービスを提供できることとなります。

　しかし、これらのサービスでは、基本的に振り込み人の氏名、金額で付け合わせをすることとなります。数の少ないうちは対応できるでしょうが、数が多くなってくると、その作業も大変になってきます。そのような場合、付け合せの作業を軽減化する三井住友銀行のペイウェブ（http://www.smbc.co.jp/hojin/eb/payWEB/index.html）のようなサービスを利用することも検討するとよいでしょう。

　このような銀行のサービスだけでなく、決済代行の会社の一部でも消し込み作業を代行してくれる会社もあります（http://www.aeonmarket.com/aeonregi/shoplus/bank.htm）。このようなサービスを活用することで、事務作業を効率化することができます。

　さらに、一般銀行だけでなく、ネット専門銀行の振込を受けることもメリットです。

　銀行振込の場合、明示的にお客様に振り込み手数料がかかってしまいます。この手数料がお客様にとって「余計な費用」と映りますから、少しでも敷居を下げるため、値引く方法などが考えられます。しかし、振り込む銀行によって手数料が異なったり、厳密に考えると、消費税の扱いなどがあったりして、スマートな取引にはなりません。このため最終的には振り込み手数料は

お客様負担となり、これもお客様にとって一つの障壁になっています。これに対して、ネット専門銀行の一部では、振り込み手数料を売り手側にする振込サービスを提供しています。

例えば、e-BANK のイーバンクペイ（http://www.ebank.co.jp/p_layer/corp/corp.html）というサービスがあります。これを用いれば、銀行振込であってもお客様側が振り込み手数料を負担する必要はなく、販売側に手数料がかかる仕組みになっています。ただし、お客様が口座を開いていることが条件になりますから、この方法だけを決済手段にすることはできないでしょうが、今後利用が広がることが期待されるサービスです。

いずれにしても、銀行振込の場合、振込を確認してからでないと商品を発送できません。さらに金融機関の営業日・時間が制約になります。注文からお届けまでの時間を気にする商品の場合は、それを明示するなどの工夫をすることが必須ということになります。

○ WEB 通貨

インターネット上で利用できる通貨として、様々な WEB 通貨のサービスがあります。これらを決済に利用する方法があります。

```
代表的な WEB 通貨
WEB マネー    http://www.webmoney.ne.jp/
デジコイン    http://www.digi-coin.com/
ちょコム      http://www.ntt.com/com-id/chocom/
```

これらのサービスは、インターネットに特化した仕組みであるため、その利用は売り手、買い手ともに使いやすくなっていますが、今までのところどれも知名度が低く、一般的になっているとはいえません。少額の決済の場合、お客様にとっても、売る側にとっても、手数料・手間の点からクレジットカードや、振込みという手段では障壁があるため、手軽に利用できる WEB 通貨は有効な手段ですが、一般的になるサービスが出てこないと、あなたの会社で用意する意味はないでしょう。近年、リアル店舗との乗り入れができるものが増えてきているので、その中のどれかが普及し一般化するかもしれま

せん。その時点で取り入れればよいでしょう。

　また、これに類似したものとして、ISPの決済ルートを使った決済があります。

代業的なISP決済の例
So-net　　SMASH　　　http://www.so-net.ne.jp/smash_service/
Biglobe　EMY Cash　　http://shopping.biglobe.ne.jp/emycash/
NIFTY　　iREGI　　　　http://shop.nifty.com/top/disp/iregi/

　これらのサービスは、もともとISPが、ISP会員の銀行引き落とし口座から利用料金を引き落としているところから、物品の販売など他の利用料も合わせて代金を回収してもらえるサービスです。最近では、ISPの会員でなくても、ISPの利用をせずとも、簡単な登録だけで支払いできるように各社工夫しており、支払手段として定着しつつあります。

　もともとは、シェアウェアと呼ばれる安価なソフトウェアをインターネット上でダウンロードして、その代金をやりとるする際にISPが間に入ったことが始まりです。従って、手数料はそう安くはありませんが、インターネットという特性を考えると非常に手間がかからないので、インターネットを活かしたサービスの提供、例えば、壁紙のダウンロードや小さなソフトの販売など、デリバリーが発生しない場合などには検討する価値もあるでしょう。

○ポイントという決済手段

　ポイントを決済に利用するという手法は、決済手数料が自社内に存在するという意味で、もっともコストの安い方法といえます。特に少額の場合などは便利に利用できることになります。

　発行したポイントはデジタルデータとして保存されている数字であり、その残高の範囲の中であれば、これを減じることで支払いに当てさせることができます。

　問題は、本人確認と他の支払手段との連携を考えなければいけないことです。

　本人確認に関しては、通常ログインさせ、パスワードを入力させることで

本人確認を行っています。当然会員管理を行っていれば、支払いの前にログインをさせる場合が多いので、支払いの時点では本人確認が終わっているとみなしてポイントを使った支払いを許しているサイトが主流です。しかし、離席などのリスクを考えて再度パスワードを入れさせるサイトもあります。また、さらに安全を期して、一度メールを送信させて、登録されたメールボックスを開ける権限まで持っているか確認するサイトもあります。いずれの場合でも、お客様の使い勝手と、お客様がポイントを無断に使われた場合のクレームに対応する面倒とのバランスになります。一般的にはポイントを他人に使われたとしても、そうたいした金額にはならないでしょうから、お客様にとって「私のポイントは大丈夫」という心理的なレベルで対策を考えることが重要でしょう。

　支払いの一部をポイントで許すか、全額のみの支払いだけにするかという判断がありますが、一般的には一部のみでも使えるようにしないと、あまりポイントでの支払いが利用されないことになってしまいます。発行したポイントが使われないことは、コストとして発生しないという面もありますが、やはり一度発行したポイントは利用されてこそロイヤリティ向上につながるわけですから、できるだけ利用していただいたほうが本来の目的でしょう。一部として使えるようにした場合には、当然他の支払手段との共用をシステム的にサポートしなければならなくなります。一般的には、システム的付加を小さくするために、先に利用させるポイント数を申告させます。その分をあらかじめ値引いた形で計算し、残額を他の手段で支払わせるという形をとることが多く見られます。これは、実施に利用される決済パッケージ、ASPサービスなどの利用可能な仕組みを確認して決める必要があります。

● 決済方法の選択

　以上のような特徴を考えて、また、採用した決済エンジンから可能な選択肢を選び、決済方法を用意することとなります。前述した通り、顧客サービスを考えると、一つの選択肢だけでなく、できるだけたくさんの選択肢から選べるようにしたほうが良いと考えられます。特に法人需要があるサービスであれば、振込みをはずすことができません。一方、選択肢が増えるということはそのまま手間が増えることを意味していますから、当初は最低限の選

択肢、例えばクレジットカードと銀行振込だけから始めて、徐々に増やしていくということとなりましょう。

●デリバリー機能

　商品を在庫し、そこからお客様の元へ届けることを考えなければなりません。

　リアル店舗ビジネスの場合、既に倉庫、デリバリーの仕組みを持っている場合が多いでしょう。少なくとも、これからネットビジネスを始める場合は、本社に一番近い店だったり、比較的人員の充実している店だったり、今営業している店舗の一部がこの機能を受け持つ場合が多いと考えられます。とにかくスタート時点でのコストをかけずに実現するために、今あなたの会社にあるリソースを最大限に利用する方法で用意されるべきです。

　もし、今あなたの会社で利用できるリソースがない場合、アウトソースする方法を考えなければなりません。佐川急便（http://www.sagawa-exp.co.jp/publication/src-j.html）のSRCサービスのように、在庫、ピッキング、梱包、発送を一括して受注してもらえるサービスもあります。もちろんこれらのサービスは便利ですが、費用もそれなりにかかるので、最初はある程度社員で汗をかき、実績を踏まえてから、これらのサービスを組み合わせて、活用することを考えてはいかがでしょうか。

　また、インターネットを利用する購入については、自分のための物だけでなく、贈り物にする場合も多いことを考えておく必要があります。ラッピングサービスや、のしのサービスも一緒に考えておくといいでしょう。さらに、領収書や価格の入った納品書を入れないことや、別の場所に請求書を送るサービスなども一緒に組み合わせる必要があります。特に法人利用が見込まれるサービスの場合には、領収書の宛名を指定できるようにしたり、一回の注文で複数の送り先を指定でき、それを保管して次回以降の注文時にも使えるようにしておくと、継続利用を期待することができます。

　また、商品によっては、中身が家族にわかっては困るものもあります。その場合には、中身がわからないように梱包するサービスや、局留めなどのサービスも追加する必要があるでしょう。

● 履歴確認機能

　顧客は、注文したものがどうなったか心配になるのが普通です。後述する注文確認メールなどはもちろん必要ですが、それ以外に自分の注文したものが今どうなっているか確認できる画面があることが望ましいといえます。

　特に、初めて注文した場合など、ちゃんと注文が入っているか確認できないと非常に不安になり、再度やり直した結果、二重注文になってしまうことも考えられます。

　また、注文後すぐに届けられるものはよいのですが、工場取り寄せなど時間のかかる場合では、お客様自身が注文したかどうか忘れてしまって、複数回注文してしまうことも考えられます。従って、メールの送信の有無にかかわらず、注文した商品の状況を画面で確認できるサービスは重要であるといえます。

　さらに、商品到着後も、顧客や商品によっては、その履歴が見られたほうが好ましい場合もあります。例えば、消耗品が必要な商品の場合、どのタイプを購入したらいいのか、購入した商品の型番を見たい場合もあるでしょう。また、食料品など、一度購入して気に入った場合、「前回と同じもの」を買いたい場合なども、記憶を頼りに探すよりも早くたどり着けるようになります。

　逆に、履歴を見られることがお客様を困らせる場合もあります。例えば、図3-4はインターネット書店のJ-Bookの例ですが、家族や友人に何を買ったのか偶然見られて困ることのないように、ステルス機能というものを搭載しています。このサービスは、会員の意思で今後履歴表示の際に商品名などを隠してしまう機能です。こういった工夫も、安心してご利用いただく一つの工夫でしょう。

● 集客機能

　いずれにしても、お客様が来ないとビジネスは成り立ちません。これまで述べてきたとおり、第一世代のネットビジネスの先輩たちと同じ轍を踏まないために、今のあなたのお店のお客様に、もう一つの店舗としてご利用いただくことが最優先となります。

　そこで、店舗をご利用になるお客様に認知いただくことがもっとも重要な集客になります。

図3-4

〈出典：J-Book のページより（http://www.jbook.co.jp/）〉

　一番重要なことは、インターネットコミュニケーションを実施して、WEB ページに誘導することです。店頭で会員登録していただく場合、e メールアドレスを取得しているでしょうか。入会お礼のメールをすぐに打ちましょう。そして、そこから WEB ページの存在を十二分に告知していくわけです。
　さらに、店頭でお渡しするものにはすべてネット支店の存在をお知らせしましょう。手提げ袋、中に入れるチラシ、レシートの中など思いつく限りの手段でインターネット支店の存在を告知していきます。
　もちろん、インターネットの世界で、今あなたの会社を知らない人たちへの告知も考えなければいけません。

第3章　第三世代ネットビジネスの実践　　91

インターネットからあなたの会社のサービスを知り、リアル店舗を知らずに利用し続ける人もいるでしょうし、そのうちの何人かは、将来あなたのお店に来るかもしれないのですから。ただし、第一世代の先輩たちの失敗を思い出し、そこに多大なマーケティングコストをかけることをしてはいけません。

第一世代のネットビジネスでは、ポータルサイトなど、比較的ページビューの多いサイトのバナー広告が告知の主流でした。しかし、現在では単純なバナー広告だけでは集客につながらないことから、様々な工夫がされております。動画を使ったバナー広告も多くなってきましたし、最近のポータルサイトでは、音も出ますし、囲まれた小さな四角い領域だけでなく、画面全体をキャラクターが動き回るバナー広告も利用されています。

その中で、アフィリエイトプログラムと呼ばれる手法は、第三世代ネットビジネスにとって、効果的な技術となっています。「Affiliate」とは、辞書には「会員にする・提携する」という動詞として記載されていますが、本来、強い関係を築いて仲間にすることを意味する単語です。インターネットの世界では、いわゆる成功報酬型の集客技術の一つです。

ポータルサイトなど既に大勢の方が集まっているサイトに従来同様にバナーなどを貼っていただき、そこからリンクしてきたお客様の購入額の数％を、バナーを貼っていたサイトに支払う契約です。従来のバナー広告は、提示するだけで実際に何人の人がそれを見て購入するかにかかわらず、広告費用が発生していました。これに対し、アフィリエイト方式では、実際に送客した人数、または実際に購入した金額に応じて広告費用が発生するため、「成果報酬型」と呼ばれているのです。

これを実現するためのプログラムをASP的に提供している企業があります。Linkshare（http://www.linkshare.ne.jp/）は、三井物産が運営するアフィリエイトサービスです。

Value Commerce 社（http://www. valuecommerce.ne.jp/）も同様なサービスを提供しています。これらのサービスは、初期費用の負担や、多少システムに手を加える必要などがありますが、従来のバナーのように売上げにかかわらず固定的に広告費用をかけるものでなく、売上げが発生してからその一部で支払う成果報酬型ですから、安心して広く告知することができます。

図3-5

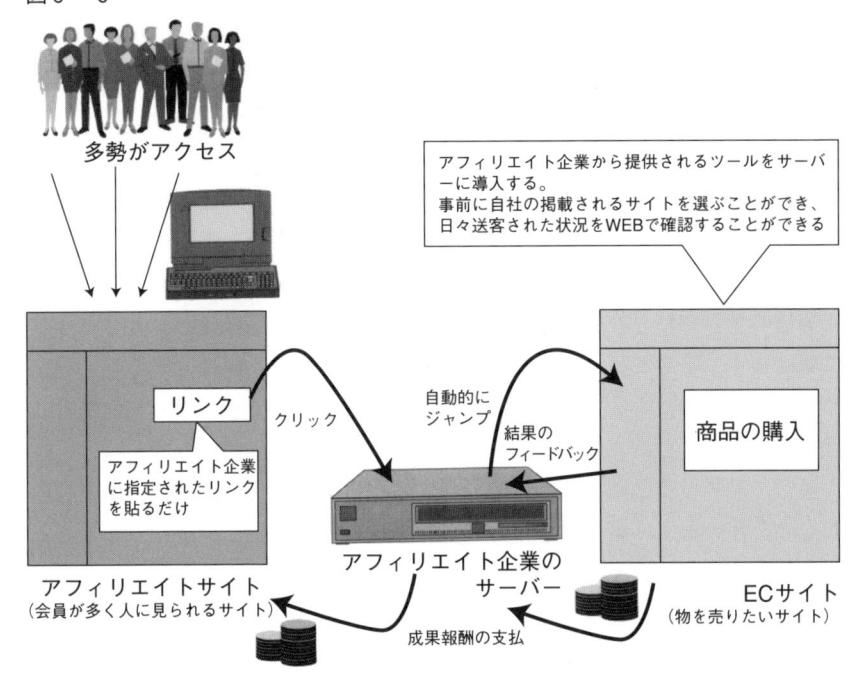

　実店舗から誘導しても、インターネットで見つけてきていただいたお客様も、必ず会員として登録して、以降継続的なコミュニケーションをとれるようにしておくことが必要です。当然、インターネット上で集客した場合であっても、インターネットだけに存在するお店ではなく、リアル店舗を持っていることを伝えなければいけません。

●セキュリティ機能
　インターネットは情報が漏れるから怖い、という固定観念が利用者の多くにありますから、第三世代のネットビジネスでは、お客様の情報を守っていることを利用者に理解していただくことが必要です。そのための技術としてSSLが一般化しています。
　SSLは、公開鍵暗号方式を利用して「盗聴」と「なりすまし」を防ぐ通信技術です。詳しい説明は他の文献に譲り、ここでは簡単に説明します。

第3章　第三世代ネットビジネスの実践　93

通常、情報を暗号化して送信する場合、その暗号技術は鍵にたとえて説明されます。平文（ひらぶん＝暗号化されていない、人間が判読できる状態のデータ）を暗号化（一定のルールで意味を理解することができない状態にすること）する作業を「鍵をかける」といいます。次に暗号を復号（暗号を平文に戻すこと）することを、「鍵を開ける」といいます。暗号処理とは、一般的には、文字などの情報を一定のルール（数学でいうところの関数）で変換することをいいます。従って、ここでいう「鍵」とは変換ルールであり、一般的には数学的な関数ということになります。

通信の世界で暗号技術を使うとき、送信者は平文を暗号化し、暗号を通信に載せます。暗号で送っていますから途中で傍受した人間は、この暗号通信に使う鍵をもっていない限り、この内容を知ることはできません。受信者は、鍵を使って復号し、元の平文を読むことができるという使い方です。

通常、ドアの鍵と同じように暗号化するときの鍵と複合するときの鍵は同じものを使います。暗号化するものと復号するもの、同じ鍵を使うやり方です。これを「共通鍵方式」といっています。この方式は、鍵を安全に共有し保管することができれば、単純でかつ安全な方式となります。

しかし、不特定多数と取引しなければいけないネットビジネスでは、安全な鍵をお客様一人一人に配ることなどできるはずもありません。そこで利用される技術が、「公開鍵方式」です。

この方式では、鍵は二種類あります。一対になった「公開鍵」と「秘密鍵」です。公開鍵でつくった暗号は、それと対になった秘密鍵でしか開きません。逆に秘密鍵でつくった暗号は、それと対になる公開鍵でしか開きません。

例えば、Aサイトが、秘密鍵を使って暗号化し、公開鍵を配布したとします。これを見たいユーザーは、誰でも配布された公開鍵でAサイトの情報を見ることができます。ユーザーはこれに回答するとき、公開鍵で暗号化し、Aサイトに送ります。途中傍受した人間は、公開鍵では開くことができないので内容を見ることができません。Aサイトだけは、秘密鍵を持っていますから、これを開いて中を見ることができるわけです。

図3−6

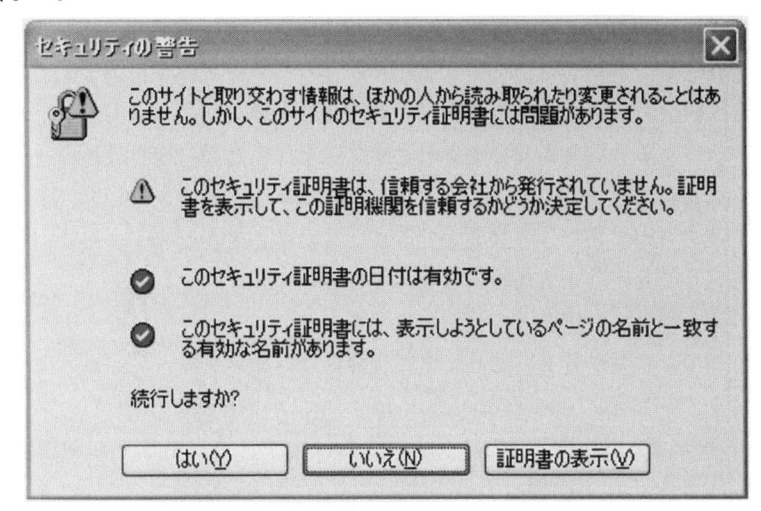

　SSLの仕組みは、公開鍵方式と共通鍵方式を組み合わせた複雑な方式です。このような技術を用いて、途中で盗聴されたり、改ざんされたりすることを防ぐ仕組みなのです。
　SSLは、単なる隠蔽技術というだけでなく、運用で「信用」できるかどうかを判断することができるものになっています。
　SSLでは、使用する公開鍵が「信用される機関」で認証されたものかどうか判断する「運用」がされている技術です。SSLそのものは技術ですから、そのプログラムを利用することで誰でも暗号通信を実行することができます。しかし、現在利用されているブラウザ（Microsoft Internet Explorer、Net Scape Navigatorなど）では、SSL技術を使う際に、その公開鍵が信用されるところで作成されたものかどうか判断するようになっています。
　認証局と呼ばれる機関が、発行された公開鍵を登録し、「公開鍵証明書」を発行しています。私たちは、無意識にSSLを使っていますが、もし認証されていない公開鍵を使おうとすると、ブラウザは「警告」を発します（図3−6）。
　SSLで保護されたWEBページは、「https:」で始まり、ブラウザでは鍵が

かかる絵で表現されます。このページを開く場合、お客様のブラウザは、サーバに電子証明書を要求します。この証明書には、証明書を発行した認証局が示されます。利用者はいつでも証明書を発行した認証局を確認することができます。認証局は誰にでも証明書を発行するのではなく、きちんとした企業か調べて、その確証の元に発行します。そして、この証明書は他のサーバが使うことはできません。つまり、この電子証明書を利用することによって、サイト運営者が信用できる企業かどうか、また他の者がなりすましていないか、ということがわかる仕組みとなっているのです。

　この認証局は、政府などの公的な機関が行っているわけではなく、この鍵技術に秀でた企業が行っております。世界的なシェアを持っているのは、ベリサイン社（http://www.verisign.co.jp/）や、ボルチモアテクノロジー社（http://www.baltimore.co.jp/）です。彼らは、インターネットの鍵技術を背景に大きなシェアを持っています。ところが、日本では、彼らのようなIT企業だけでなく、警備会社もこの認証局の運営を開始しました。これも、今まで述べてきたように、ネットだけでビジネスを考えてきた第一世代から、今までのリアル社会の実績の上にネットへの展開をしている第三世代のネットビジネスといえるでしょう。

　綜合警備保障（http://www.sok.co.jp）では、従来の外資系IT企業の認証に比べて、リーズナブルな価格設定と、該社の国内のネットワークを活用した迅速な証明書の発行が行われています。お客様にとっても、外資系IT企業の保障よりも、実社会でなじみのある警備会社が保障する「鍵」のほうが理解されやすいといえるかもしれません。

(4) インターネットを活用したコミュニケーション

1 メールコミュニケーションの特徴
●メールの特徴

　インターネットコミュニケーションは、コミュニケーションコストを劇的に下げる新しいツールとなりました。ちょうど、かつて直接出向くか郵送しかなかった時代に電話というツールが登場し、ビジネススタイルを一新したのと同じように、インターネットコミュニケーションは、これからのビジネスを刷新することとなるでしょう。

　メールの特徴は、時間と空間を越えたコミュニケーションということです。郵送すると、到着までに時間がかかりますが、メールはほとんど時間をかけることなく大勢の方にいっせいに送信することができます。さらに、受け取ったお客様はいつ読んでもかまわないのです。すぐに読んでいただいても良いし、忙しければ明日でも、週末でも、いつでも構わないのです。これに対して電話は、そのときのお客様の時間を拘束してしまいますから、不愉快な思いをさせたり、忙しくて聞いていただけなかったりしました。

　また、最近のメールは、お客様が開封した時間を追うことができるように工夫されています。近頃一般化しつつあるhtmlメールでは、お客様がご覧になる際に絵などを表示させ、どのお客様がいつご覧になったか、ログをとることができます（テキストメールでも、リンクをクリックしていただき、ログをとる方法も工夫されています）。今までのDMでは、お客様が開封したかどうかわかりませんでした。その点でもお客様のフォローがしやすくなるのが、メールコミュニケーションの特徴です。

　htmlメールは、WEB画面同等の表現力がありますから、非常に説得力があり、美しい情報提供が可能になっています。テキストメールは、多くの方に読んでいただけるメリットはありますが、やはり文字だけですから説得力に欠けます。テキストメールは速報などのようなものに使い、お客様に訴えたい情報はhtmlメールにするような工夫が望ましいでしょう。

　メールは、全員に同じ内容を送ることが可能ですが、できればデータベー

スを使って、差込のメールを送るようにしたほうが望ましいでしょう。CRMの説明で述べさせていただくとおり、お客様はその利用方法ごとにセグメント化することができ、セグメントごとに異なったコミュニケーションをとるほうが望ましいからです。たとえ、個別にすべてメッセージを変えることができなくとも、お名前を挿入したり、ポイントの残高を挿入したりするなどの工夫が望ましいでしょう。

●コミュニケーションの工夫

　店頭を持たないインターネット支店においては、コミュニケーションをどうやってとっていくかが、大きな課題となります。

　リアル店舗の成功例を見てみますと、顧客との関係構築について成功している多くの中・小規模の店頭の場合、「店長」を中心にコミュニケーションが組み立てられています。これはコミュニケーションというものが、具体性が乏しいと親近感がわかないからです。

　例えば、居酒屋などで「今日のおすすめ」メニューがありますが、「今日のシェフのおすすめメニュー」と書いてあると、ちょっと感じが違います。さらに、「今日の源さんのおすすめ」と、オヤジさんの名前が書かれていると、ずっと印象が変わります。

　また、最近スーパーマーケットなどでも、お客様の要望に対する改善の約束を店長が写真入りで掲示板に掲載している店が増えてきました。やはり、会社としての回答があるだけでなく、「私が改善します」という風に書いてもらったほうが、同じ改善の約束でも読む人は信用し、安心するのではないでしょうか。

　このように、具体的なコミュニケーションの相手先を用意してあげると、コミュニケーションが非常に近づきます。リアル店舗では、その場で働く店長がそこにいますし、そこで会話もできるので、説得力があります。しかし、ネットビジネスの場合、顔が見えません。もちろん、実在の人物でもかまわないし、架空の人物でもかまわないのですが、とにかくインターネット支店の店長、あるいはお客様係を創造して、店の「顔」にすることが大変重要です。第三者的に、人格のない人からのメッセージはすぐに飽きられます。まずは、「顔」の人格創造が必要になってきます。

ネット上のコミュニケーションは常に、この顔を中心に組み立てていきます。お客様が動いたときには必ずフォローのメールを入れるように考えます。

最近では、お客様の都合を考えたメール発信が必要になってきています。まずタイトルは、ほんとうに重要なメールか、単なる情報提供かわかるようにしてあげたほうが親切でしょう。どんな情報も読んでいただきたいのですが、いつでも「重要」とか、「緊急」という題名を使っていると、ほんとうに重要なときに開封してもらえなくなります。真摯に必要なタイトルを使うほうが好感を持っていただけるでしょう。

また、送信時間にも注意が必要です。従来は、メールは送信者の都合で発信して構わないということで、深夜などにも発信していましたが、最近は携帯メールが普及しており、携帯メールを登録する人が少なくありません。また携帯メールを登録していなくても、登録したメールアドレスから自動転送している人も少なくありません。携帯メールは深夜でも到着をお知らせする機能がありますから、深夜に送るメールは断られる可能性が増えます。できるだけ、朝や夕方に送るように工夫することが必要になってきます。

2　MYページ

● MYページ機能とは

WEBサービスを利用すると、画面の片隅に名前が出ていたり、ポイントの残高が表示されていたりすることがあります。これらを総称してMYページ機能と呼んでいます。

WEBサービスのところで説明したとおり、既に蓄えられていたhtml文書を表示するのでなく、その都度画面を動的に作成する場合、お客様情報をデータベースから読み込んで、その都度違うページを見せることが技術的に可能です。お客様ごとに違うページを創造して提供する機能がMYページです。

お名前やポイント残高を出すことだけでなく、最近購入いただいた商品名を出すこともできるでしょうし、いつもお使いの店の店長からのメッセージを出すこともできます。最近お調べになった製品に関するお勧めを出すこともできます。

● MYページで実現できること
　MYページ機能を使えば、店頭でベテラン店員がお客様の顔を見て、次々にお勧めしていくように、WEB画面を推移させていくこともできます。
　メールで情報を提供するだけでなく、来店いただいたお客様に個別に重要な情報を順番にお見せすることもできる。これがインターネットコミュニケーションの特徴なのです。

3　アンケートとランキング

● アンケートという販促
　お客様の状況を知るために、アンケートという手法は、別に新しい手法ではありません。しかし、従来アンケートというものは非常にコストがかかるため、頻繁に実施することができませんでした。ところが、インターネットというツールを使えば、非常に安価に実施することができます。
　従来のアンケートでは、紙に回答いただいたものを集計したりしましたが、インターネットの技術を使えば、集計は非常に容易になります。例えば、WEBサイトで、ラジオボタン（いくつかの回答のうち、クリックで一つだけを選んでもらうもの）や、チェックボックス（いくつかの回答のうち当てはまるものをチェックしてもらい、複数回答を許すもの）、セレクトボックス（県名など、数多くのリストを表示してその中から一つを選んでもらうもの）などを使ってアンケートページをつくれば、回答データは既にデジタル情報となっています。
　WEBサービス上でアンケートを実施した場合、お客様にそのURLを告知さえすれば、お客様はご自分の暇な時間を使って、気軽に回答いただけます。自由に記述できるフォーマットですと、当然すべて読まないといけませんが、上記のとおり選択式にした場合、答えるほうもマウスでクリックするだけですし、その場で回答状況をグラフ化して回答している方に見せることもできます。当然集計も既にデジタルデータですから、一瞬に終了することができます。
　これらの技術は、簡単なプログラミングで実現できる機能です。多くのWEBサーバーで利用できるcgiであっても実現でき、様々なサイトで利用

図3－7

```
ラジオボタンの例:「第三世代ネットビジネス」をご存知ですか?
    ◉ 知っている
    ○ 聞いたことがあるが、意味がわからない
    ○ 聞いたことがない

チェックボックスの例:この本は面白いですか?(複数回答可能)
    ☑ 内容が面白い
    ☑ 図が面白い
    ☑ 表紙がきれい
    □ テーマが面白い
    □ その他 [            ]

セレクトボックスの例 :年代: [20～24歳 ▼]
                        ～19歳
                        20～24歳
                        25～29歳
                        30～34歳
                        35～39歳
                        40～49歳
                        50～59歳
                        60歳以上
```

できるサンプルプログラムを紹介していますし、アンケートだけを実施するASPサービスもあります。

アンケートアウトソーシングの例
ピタゴラス　　　　http://www.pythagoras.co.jp/
ワンダークラフト　http://www.wonder-craft.co.jp/
　これらの企業は、アンケート回答数にかかわらず、非常に安い定額でアンケートを代行するサービスを実施していますし、もし必要であれば有償とはなりますが、回答者自体のリクルートも実施してもらえます。

さらにアンケートは、お客様に商品・サービスを最もよく理解していただくツールとして利用することができます。一般に新製品など、理解して買っていただきたい商品の場合、告知の文章や図をお客様にお見せするわけですが、一般にお客様はこれらのものをじっくりとは読んでくれません。ところが、アンケート形式にしてお渡しすると、回答しなくてはいけませんから、ちゃんと中身を読んでいただけます。

　そこで、新製品の告知などの場合、わずかばかりのお礼をつけて、アンケートを実施すると、お客様は最後まできちんとこちらで用意した案内を読んでいただけます。さらに、お客様の感想や購買動向を数字で追うことができるのです。まさに、インターネットを利用した新しい販促手段といえるでしょう。

●ランキングと参加意識

　アンケートに近い形のものに、ランキング表示があります。ご購入のランキングもあれば、「次に買いたいものランキング」もあります。いずれの場合も、日々刻々と変化することが重要です。お客様は、購入の一つの判断として、売れ筋かどうか、人気が高いかどうかをかなり重要視しています。他のお客様の意見が数字となって出てくるのがランキングです。これがあることによって、お客様は安心して購入することができますし、最初は必要のないものと思っても、他の人が買っているものについて、あらたな興味を持ってみてもらえますから、購入のチャンスが増えるかもしれないのです。

　また、ランキングの特徴として、お客様が参加しているという認識があります。自分が購入したものがランキングの上位に入ることはなんとなく楽しいし、人気ランクなど直接購入しなくとも参加できるものでは、たとえ今購入する予定がなくとも頻繁に見に来て、参加することができますから、来店頻度は向上しますし、商品に対する興味も次第にあがってきますから将来の販売拡大につながるはずです。

　これらの例のように、インターネット支店では、インターネットであることを活かしたコミュニケーションが可能になります。これらの工夫は、インターネット支店の販売額を上げていくことに利用されるだけでなく、リアル店舗と連動することができます。

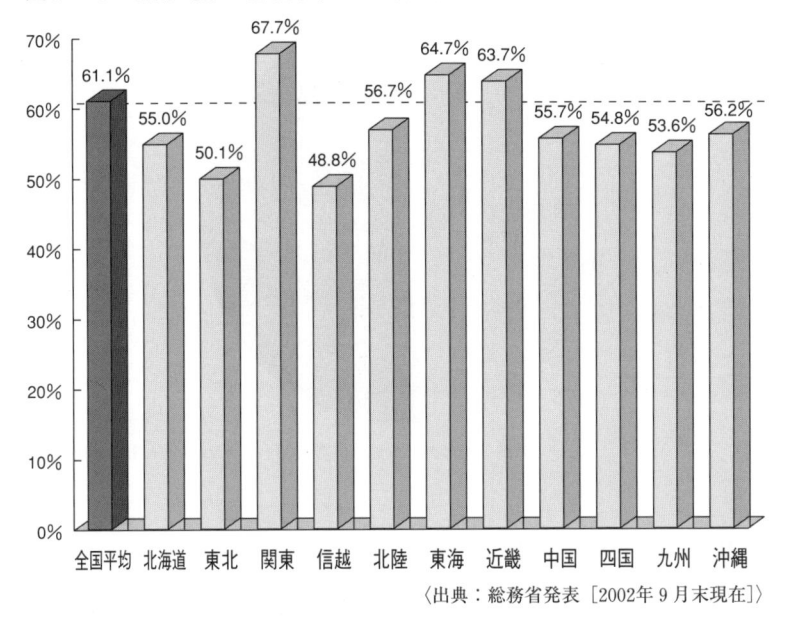

図3−8　携帯電話の普及率（PHSを含む）

全国平均	北海道	東北	関東	信越	北陸	東海	近畿	中国	四国	九州	沖縄
61.1%	55.0%	50.1%	67.7%	48.8%	56.7%	64.7%	63.7%	55.7%	54.8%	53.6%	56.2%

〈出典：総務省発表［2002年9月末現在］〉

　インターネット支店の売上だけを意識するのではなく、あなたの会社全体の利益向上のために顧客育成を日々実施することが第三世代ネットビジネスの成功者となる要因なのです。

（5）携帯電話とECサイト

　これからのビジネスを語る上で、携帯電話をはずすことはできないでしょう。
　図3−8は、総務省発表の2002年9月段階のPHSを加えた携帯電話の普及率です。既に61％の人がご利用されています。10代後半から30代に限ると、ほぼすべての人が利用しているといって過言ではありません。ご存じのとおり、この携帯電話は、ただ話すだけの道具ではなく、ネット端末として利用されるものになっています。

図3－9　携帯電話/PHS本体でのインターネットの利用有無　N=1,512

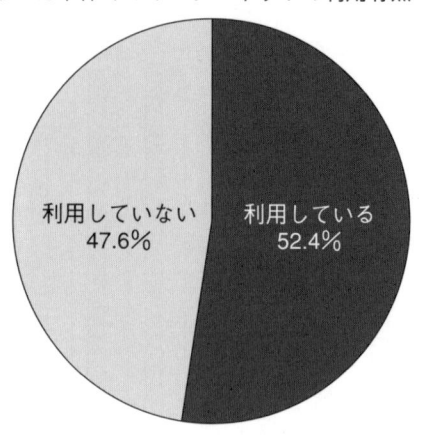

利用していない 47.6%
利用している 52.4%

〈出典：インターネット白書2002　ⒸAccess Media/impress,2002〉

図3－10　年代別携帯電話/PHS本体でのインターネットの利用有無

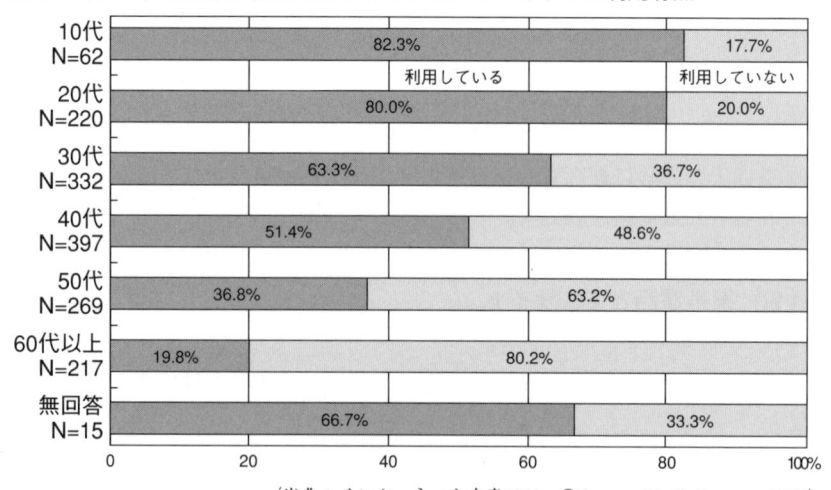

年代	利用している	利用していない
10代 N=62	82.3%	17.7%
20代 N=220	80.0%	20.0%
30代 N=332	63.3%	36.7%
40代 N=397	51.4%	48.6%
50代 N=269	36.8%	63.2%
60代以上 N=217	19.8%	80.2%
無回答 N=15	66.7%	33.3%

〈出典：インターネット白書2002　ⒸAccess Media/impress,2002〉

インターネット白書の調査では図3－9のとおり、半数以上の方がインターネット端末として利用しており、特に若年層を中心に利用されていることがわかります。これは、携帯電話を使ったコミュニケーションが今後大きな流れになることを示唆しています。

今後のネットビジネスを考える上で、携帯電話の動向は注意を払わなければいけない技術の一つといえるでしょう。しかし、急速にコミュニケーションの主流に躍り出た携帯電話ですが、いまだその技術革新スピードは、日々目を見張るものがある一方、キャリア別・機種別でサービスの格差がかなりあり、誰もが同じように最先端のサービスを等しく受けるにはまだ乗り越えるべき壁は多いといえます。

今すぐ最先端の技術を導入しようとしても利用できる人が限定されるのでは、結局それ以外の人のためのサービスと並行して持つ必要があり、コストは余計にかかってしまいます。そこで今は、あくまでもメールコミュニケーションの一つの機器としてとらえ、そこに利用を限定したほうがいいでしょう。しかし、今後のネットビジネスを担う技術ですから、その動向に注目し続けなければいけません。本書では、現段階の携帯電話の技術動向について簡単に紹介だけしておきます。以降は、読み物として目を通しておいてください。

1 携帯電話の特徴と方向性

携帯電話におけるネットコミュニケーションとは、まさに身につけているところにつきます。体と一緒に移動していますから、あらゆる瞬間がネットコミュニケーションの場になっているわけです。これは二つの方向性を示しています。

● "今"を知らせることができる

電子メールは時間・空間を越える通信手段と述べさせていただきましたが、さらに、携帯電話を使ったメールメッセージは、ほんとうに"今"を伝えることができます。受信者がほぼリアルタイムにメールの着信を知ることができますから、「たった今、一人分のキャンセルが出ました。先着一人だけにお分けできます」というメッセージを流すことができます。

図3－11　グーパスのしくみ

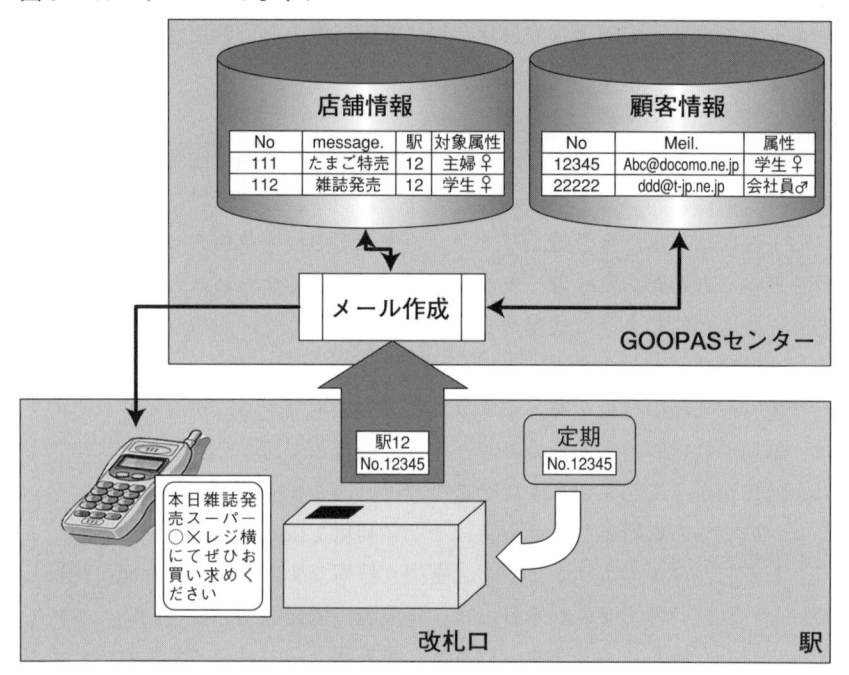

● "ここ"を知らせることができる

　近年の携帯電話のサービスでは、場所に合わせて情報を流すことができます。J−Phoneのステーションサービスでは、例えば、渋谷地区にいる方だけに、今渋谷で行われているイベントをお知らせすることも可能です。
　さらに、東急や小田急で行われているグーパス（goopas）は、登録した利用者が改札を通ると、その情報を元に登録者の利用しそうな旬な情報がメールで届くようになっています。会員は、あらかじめ属性情報を登録し、定期に会員番号を埋め込んでもらいます。自動改札を利用すると、改札機からセンターに会員番号が送られ、その情報と店舗から提供されたキャンペーン情報から、その会員向けのメールを瞬時に作成し、送信するというサービスです。
　このサービスで、会員は会社帰りに改札を出た瞬間に目の前の商店街の今

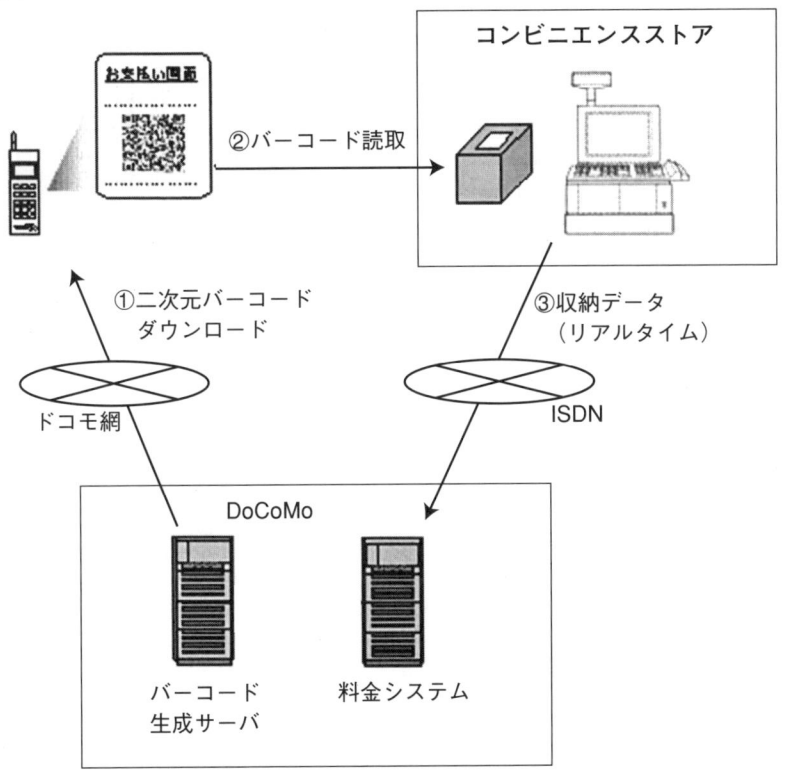

図3-12 combien?のしくみ

〈出典：NTTドコモプレスリリースより〉

日の売り出しの内容を知ることができたり、帰りにちょっと一杯飲む店の情報を仕入れたりすることができます。

●店頭機器につながる携帯電話

　携帯電話は、店頭POSとつながることで新しいサービスを模索する時期に入っています。例えば、2002年春には、コンビニエンスストアで携帯電話の利用料金を支払えるサービス「combien?（コンビエン）」が始まっています。このサービスは、画面上に表示された二次元バーコードを、POSに接続された読み取り機で読み取り、その情報から利用者の顧客番号と回収すべき金額を瞬時にPOSに引き渡します。

第3章　第三世代ネットビジネスの実践　107

図3−13 実店舗での赤外線通信を利用したクレジット決済

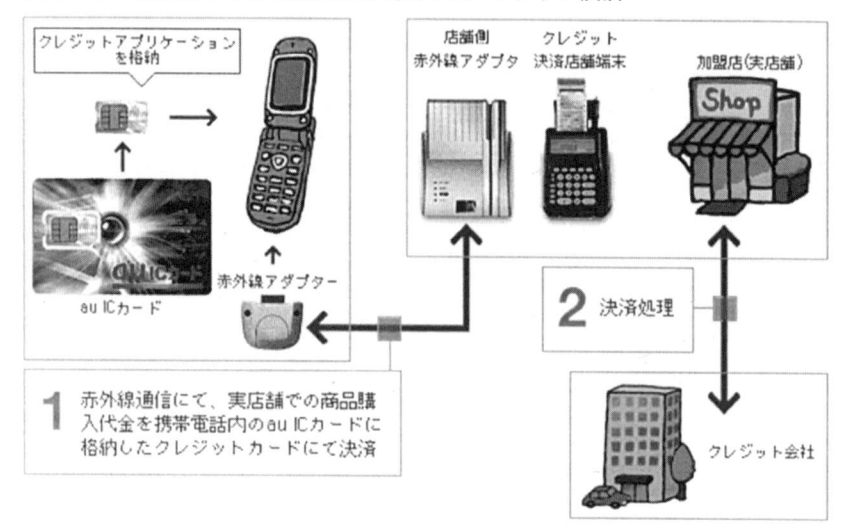

〈出典：KDDI ホームページより http://www.au.kddi.com/keicredit/〉

　このように、携帯電話の画面に表示された情報を POS で利用することが一般的になると、会員証を携帯電話の中に埋め込むこともできますから、たくさんのカードを財布から探すこともなくなるでしょうし、忘れる可能性も低くなります。
　さらに、携帯電話は、決済機能も近い将来持つことになるでしょう。
　KDDI と 4 社のクレジットカード会社が協力して、2003年からテストの始まった「Kei – Credit」サービスは、携帯電話に接続された赤外線ユニットで、店に設置された端末と通信し、まるでクレジットカードを出したのと同じように決裁ができるというサービスです。Goopas で説明したような機能を使えば、瞬時に、購入確認のメールの送信、与信枠の確認など、有益な情報をタイムリーに流す仕組みも難しくはないでしょう。
　このように、携帯電話は、様々な機器と通信することにより、さらに新しいサービスを展開していくことでしょう。そして、これからのネットコミュニケーションツールとして飛躍する可能性を秘めています。

（6）カード（ネットビジネスとリアル店舗を結ぶ技術）

　1　第三世代ネットビジネスにおけるカードの役割
　第三世代ネットビジネスにおいては、CRM が、きわめて重要な意義を持ってくることは、後段のマーケティング編で述べますが、その CRM において重要な技術は、個々人をいかに識別するかということです。
　第一世代ネットビジネスでは、WEB のことだけを考えていればよかったわけですし、それ以前のリアル店舗のビジネスでは、店頭でいかに識別するかを考えていたわけですが、この連動を考えなければいけなくなってきます。
　個人を識別するための ID ツールとしては、パスポート、通帳や学生手帳のような冊子形状のもの、社員バッジや弁護士バッジのような組織への帰属を表明するバッジ、特定の競技会などで選手が付けるゼッケンや背番号付きのユニフォーム等がありますが、個人を特定できる識別番号を表示し、それを自動的に読み取ることができ、同時に携帯に便利なコンパクト性と軽さを持ち合わせているという点で、カードが代表的な地位を築いています。既にあなたの会社で会員制度を敷いているなら、カードを配っていることでしょう。

　2　カードの種類
　カードは、この20年で、急速にその適用アプリケーションを拡げ、会員カード、ポイントカード、エリアアクセスカード、社員証カード等に活用されています。活用エリアを広げることでさらにその製造コストが下がり、非常に気軽に利用されるツールとして様々なシーンで使われています。
　店舗で利用するものに限ってみても、紙製のもの、クレジットカードのようなタイプのプラスチックカードや、薄手の PET 磁気カード（テレフォンカードや交通機関のプリペイドカードで爆発的な普及を見たタイプ）など、カードの素材は非常に多様かつ豊富です。
　さらに、データの保存方法としても、手作業で紙にスタンプしていくタイプから、カードの磁気テープに書き込むもの、カード表面に追記印字してい

くものや書き換えていくもの、カードに搭載したチップに書き込むものなど多様になってきています。

3　ICカードとは

キャッシュカードやクレジットカード等のプラスチックカードにICの機能を搭載したものがICカードです。ICカードは、ICの中には磁気カードの何倍ものデータを格納でき、同時にCPUや処理ロジックを搭載することで、データを管理するだけではなく、カード自体が判断することが可能となり、磁気カードに比較して格段の安全性を備えることに成功しました。

ICカードには、搭載されたICと外部のリーダ・ライタとの間を、カード表面の金色の接点端子を介して、電力の供給を受けたり、データをやりとりするタイプの「接触型ICカード」と、接点端子を持たず、アンテナを内蔵し、リーダ・ライタとの間で電力やデータを伝送するタイプの「非接触ICカード」があります。もちろん、その両方の機能を1枚のカードにあわせ持つこともできます。

図3－14　ICカードの種類

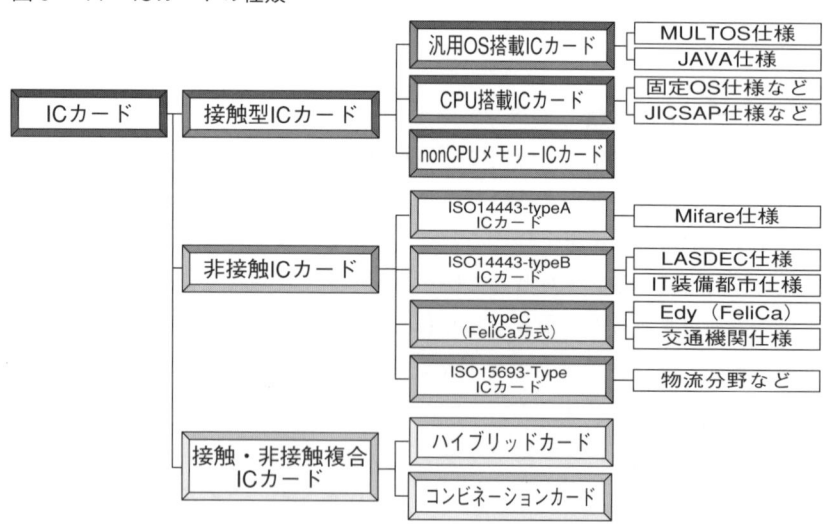

```
ICカード ─┬─ 接触型ICカード ─┬─ 汎用OS搭載ICカード ─┬─ MULTOS仕様
         │                │                      └─ JAVA仕様
         │                ├─ CPU搭載ICカード ──┬─ 固定OS仕様など
         │                │                    └─ JICSAP仕様など
         │                └─ nonCPUメモリーICカード
         │
         ├─ 非接触ICカード ─┬─ ISO14443-typeA ICカード ── Mifare仕様
         │                 ├─ ISO14443-typeB ICカード ─┬─ LASDEC仕様
         │                 │                          └─ IT装備都市仕様
         │                 ├─ typeC（FeliCa方式）─┬─ Edy（FeliCa）
         │                 │                     └─ 交通機関仕様
         │                 └─ ISO15693-Type ICカード ── 物流分野など
         │
         └─ 接触・非接触複合 ICカード ─┬─ ハイブリッドカード
                                      └─ コンビネーションカード
```

4　ICカードの役割

　第三世代ネットビジネスを考える上で、カードに期待する役割は何でしょうか。

　まず、一つ目は、先ほどまでに述べてきたとおり、お客様を個々人として認識する識別票として利用することです。

　二つ目は、識別からさらに一歩進めて、本当に本人であるか認証することです。

　三つ目は、お客様の決済手段としての期待です。

　最後に、他のサービスへの期待ということになります。

　これらを見渡したとき、今までの紙カードや磁気を利用したカードでは、これらすべての役割を満足させるものがありません。そこで次世代を担うカードとしてICカードが期待されるわけです。

　もちろん、一つ目の識別票としての機能については、リアル店舗においては、紙カードやプラスチックカードなど、様々なカードが利用可能でしょう。しかし、WEBを利用しているときには、カードに印字・刻印されている会員番号を手で入力してもらうなどの方法を取らなければ識別票として役に立ちません。もちろん、バーコードリーダや磁気リーダがPCについていれば、連動させることも可能でしょうが、家庭や会社のPCを見回してもそれは一般的とはいえませんし、今後普及するとも考えられないのです。

　二つ目の認証となると、後述のとおり、偽変造のたやすい磁気カードでは難しいといわざるを得ません。

　WEBサイトの場合は、相手と対面しているわけではなく、ネットで顧客を識別し、認知することが必要となります。その際、詳細な顧客データは、ホストから検索することもできますが、そのアクセスしてきた相手が、本当に大切なお客様なのか、それとも、単なる冷やかしか、はたまた、もっとたちの悪い意図を持って、アクセスしてきた不正客なのかを、顧客に負担をかけることなく、瞬時に見分けて対応することが必要です。

　そのためには、会員カードの中に、お客様の身分を証明できるような電子認証データを格納し、それが、ネットアクセスにより、随時検証できるという仕組みを採ることが必要です。

顧客は、店頭ではなく、自宅などの PC 上からアクセスしてくるわけで、その顧客との取引には、対面で取引するのとは異なる慎重さが必要となります。双方の認証と取引データの正当性検証のため、電子署名を付帯させた取引が一般化すると考えられますが、その際、IC カードは、個人の認証鍵を保有する便利なハンディツールになると考えられます。顧客にとって、ネットサービスを受ける PC が固定されていれば、認証鍵を PC 自体に格納してしまうことができますが、仕事先でも、旅先でも、いつでもネットサービスを利用しようと考えれば、認証鍵は持ち歩けることが望ましいでしょう。そういった意味で、IC カードの利用は現実的です。

　三つ目の決済については、IC カードで提供される電子マネーのアプリケーションを利用するという可能性が生まれます。

　販売やサービスの対象が極めて低額で、決済に手間とコストをかけたくない場合は、お客様にあらかじめプリペイドバリューの入力された IC カードを持っていただき、必要に応じて、そのカードバリューからネットを通じて、支払っていただくことができます。リアル店舗の POS が対応すれば店頭でも、また、PC にリーダ・ライタが接続されていれば WEB でも、同じカードを使って支払いをすることが可能になります。

　既に、ビットワレット社の提供する「Edy」や、NTT コミュニケーションズの提供する「SAFETY PASS」が、サービスを開始しています。

　そして最後の付加サービスですが、クレジット会社等と提携し、それらの会社が発行する IC カードの記録エリアを貸与してもらい、独自の顧客サービスアプリケーションを搭載することで、カード導入コストを低減できる可能性があります。

　クレジットカード会社は、2002年以降、一斉に磁気カードから IC カードへの転換をはかっていますが、後にも述べるように、クレジットカード会社自体として、IC を使った有効なコンテンツを企画搭載している例は多くありません。そこで、提携時にカードの機能をできるだけ開放させ、ネットビジネスに有効なアプリケーションを搭載した場合、カード運用コストの一部をクレジット会社が負担する可能性があります。

　このように、第三世代ネットビジネスにおいて、カードに期待する機能を

満たすのはICカードであると考えられます。しかし、その前提として、お客様の家庭や仕事場のPCにICカードリーダ・ライタを接続することが必要になりますが、近い将来、PCに標準装備されるようになるかもしれませんし、現時点であれば、接続するICカードリーダ・ライタも、会員にカードとあわせて、頒布することができます。機種によれば2000円〜5000円程度で入手することも可能です。

しかし、今現在、急速に家庭にまでICカードリーダ・ライタが普及するとは考えにくいですし、あなたの会社のICカード導入において、全顧客にICカードリーダ・ライタを配るだけのコストメリットが出るということも考えにくいでしょう。さらに、前述の「Edy」と「SAFETY PASS」では、前者が非接触型・後者が接触型と、ICカードリーダ・ライタのタイプが違っています。どちらかが覇権を握るとしても、今現在どちらが主流になるか予断を許さないところです。

従って、第三世代ネットビジネスの初期において、ICカードを必須のアイテムとすることには躊躇を覚えざるを得ません。しかし、将来において、主流の技術となることは間違いないので、どのような技術なのか、今現在あなたの会社で利用する価値があるかどうか、また、今後どのような方向に進むかという観点で本書は整理していきたいと思います。

5 ICカード導入の経緯と提携の可能性

まず、ICカードが出てきた背景を整理しておきましょう。

クレジットカードは、当初、紙製の冊子状のものでスタートしましたが、すぐに、現在のプラスチック製に代わり、磁気ストライプが付くことで、自動機対応を可能としました。

しかし、10年くらい前から、磁気カードの最大の問題が明らかとなってきました。それは、偽造・変造されやすいということです。磁気ストライプへの磁気記録方式は、リーダ・ライタユニットも秋葉原などの電器店で容易に入手でき、一部のマニア雑誌が、このようなカードの記録構造を特集するなどの影響もあり、少々コンピュータの知識のある人なら、カードデータの改ざんを行うことが可能となってしまいました。その結果、カードの偽造・変

造は、偽札をつくるより、よほどコスト対効果に優れた犯罪として注目されることとなってしまったのです。

　銀行やクレジットカード会社は、偽変造カードで最も損害を被る業界ですので、過去、様々な対策を取ってきましたが、ここ数年、いわゆるスキミングと呼ばれる他人のカードの磁気データだけを本人が気付かない間に読み取り、そのデータを別のカードにコピーして使用するという犯罪が、組織的に展開されるに及んで、根本的な対策を打たざるを得なくなりました。そこで、ICカードが、本格導入されたというわけです。

図3－15　ICカードの導入動向

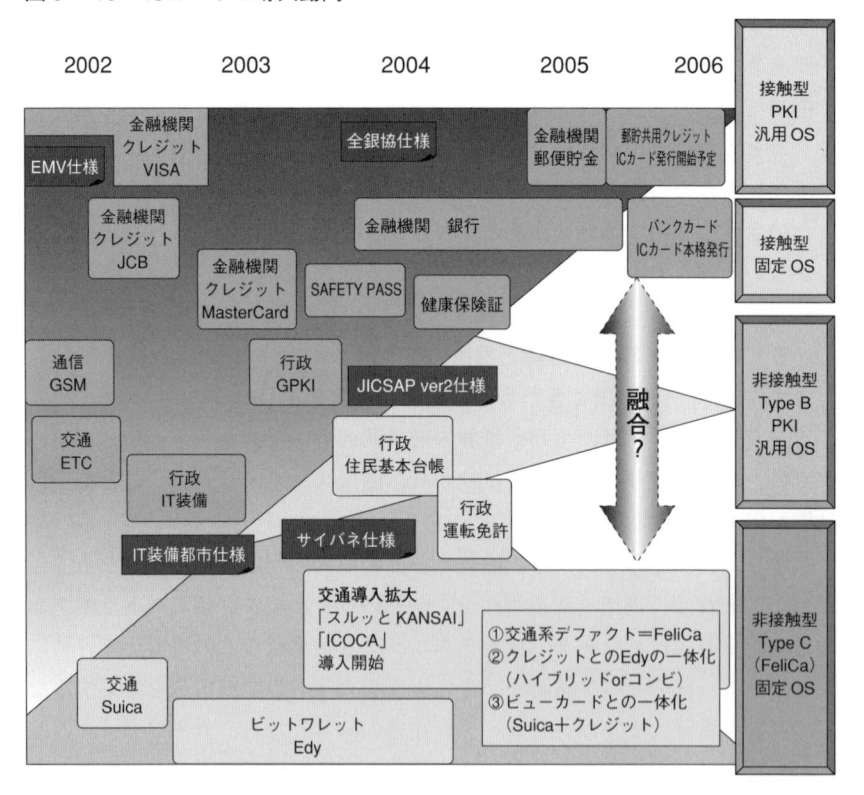

以下、カードの類型別に、ICカード導入の状況と、皆さんがICカードとどのように取り組んでいくべきかを見ていきます。

●クレジットカード

2002年、クレジットカード会社が、磁気カードからICカードへの本格転換を開始しました。

現在、クレジットカード会社が発行しているICカードには、ICの機能として、クレジットアプリケーションの他に、ポイントロイヤリティアプリケーションが付いているものが多くなっています。特に、特定の店舗、会社、業種に限定されない「加盟店なら、どこでも付与できて、どこでも還元できる」汎用ポイントサービスが付加されています。これは磁気カードにおいては、実現できなかったアプリケーションの一つで、日本ポイントアネックスの「Plet's」、三井住友カードの「Vポイント」、DCカードの「Dポイント」等がありますが、いずれも、まだ集客やカード利用率に寄与するような大きな効果をあげている状況ではありません。ICカードでポイントサービスを展開する理由は、ネットワークで結ばれていない、異なる経営主体の店舗間における即時ポイント流通を実現することにあります。ICカードの中にポイント残高と、一定の付与履歴を格納することで、後方のシステムでの確認なしに、ポイントを新たに付与、還元することが容易になります。ICカードのデータキャリアとしての機能を十分に活かしたアプリケーションの一つであるといえるでしょう。

流通・サービス業として、このようなポイントサービスに加盟することは、メリットとデメリットがあります。加盟店が少ない段階では、加盟店であるというステータスが新規のお客様を獲得してくれるかもしれませんが、そのポイントサービスカードが普及しているとはいえませんので、効果は限定されます。

逆に、加盟店が多くなった場合は、特に差別化の要素とならなくなり、あえて、そういった汎用ポイントに加盟しているメリットが薄くなります。

なお、仮にクレジットカードと提携しても、汎用ポイントサービスに加盟せず、独自のロイヤリティプログラムを構築することも可能です。

ロイヤリティプログラム以外に、ICカードに登載すべき有効な汎用コン

テンツは出てきていませんので、現在のところ、提携カードを検討されるなら、あなたのお店独自のアプリケーションを検討し、その上で取り組まれることをお奨めします。

●キャッシュカード

　キャッシュカードのIC化に関しては、全国銀行協会が、その規格仕様を詳細に制定し、カード、端末機を対象とした機能認定の仕組みを作り上げており、いつでもスタートできる技術基盤ができあがっています。

　当初、2002年4月頃から民間金融機関の一部で、2004年1月頃から郵便貯金カードで、ICカード転換が進められるとの観測がありましたが、金融機関の体制整備が進まず、現時点でも、キャッシュカードのICカード転換は遅々として進んでいません。

　このキャッシュカードにおいては、キャッシュカードやデビットカード（J-debit）といった既存の金融決済アプリケーションをIC化したもの以外に、オフラインデビットというアプリケーションの搭載が企画されています。いわば、銀行業界と郵政が主導する日本版電子マネーですので、ICカード導入メリットの二つ目である電子マネーの利用の可能性があるかもしれません。ただし、現時点では、実施展開の時期が読めませんので、その点注意が必要です。

　銀行や郵貯が、提携カードとしてアプリケーション搭載を広く受け入れるかどうかは未知数ですが、地域金融機関では、地域活性化のために、積極的に推進をはかろうとする構想もあります。銀行や信用金庫と連携して、金融サービスなどと連動したサービスプロモーションを仕掛けるのも面白いかもしれません。

●交通非接触カード

　接触ICカードが、当面のところ、クレジット中心に立ち上がりを見せる一方、非接触ICカードが、交通機関での利用を拡大してきました。JR東日本が「Suica」を導入し、自動改札機での利用を順次拡大しています。地方のバス会社が、積極的に非接触ICカードによる乗車システムを導入する一方、2003年からは、JR西日本が「ICOCA」を導入し、関西の私鉄の共通利用カードを発行する「スルッとKANSAI協議会」では、カードへの価値自

動充填や後払いという新たな仕組みを持った非接触カードの導入を開始します。

　交通機関は、非接触ICカードの導入で、自動改札機のメンテナンスコストを下げ、回数券機能と定期券機能を取り込み、キセル等の不正乗車を防ぐ仕組みをつくり、さらに新たなサービス追加を進めようとしています。これらの取り組みは、ICカードの本来の機能を十分に発揮しているといえます。

　交通カードは、定期券や回数券として、お客様が持ち歩いていただける可能性の高いカードですので、そのカードにあなたのお店のサービスアプリケーションが提携搭載されていれば、使っていただける可能性が高くなるかもしれません。

　その中で期待されるのは、先にも述べましたが、交通カードのデファクトとなっているSONY社のFeliCa仕様の上に搭載できるアプリケーションとして展開されている電子マネー「Edy」でしょう。まだ、市中に十分なインフラがあるとはいえませんが、将来性のある電子マネーツールとなりうると考えます。ただ、交通カードだからといっても、「Edy」の搭載を予定していないものもありますので、注意が必要です。

●公共カード

　公共機関に、個人を認証できる統一カードを発行する計画があるなら、それが代表的なIDカードとなり、第三世代ネットビジネスにおいても、それを利用できる可能性を検討しておく必要があるでしょう。

　2002年8月に仮稼働した住民基本台帳ネットワークシステムが、その1年後に当たる2003年8月に本稼働へ移行し、希望者にそのネットワークシステムを利用するための鍵ともなるICカードが発行されるようになります。

　住基台帳ネットワークシステムには、その安全性などの観点から、賛否両論が渦巻いていますが、2002年11月には電子政府関連3法案として、同システムを、自動車登録、不動産登記、厚生年金、旅券申請などの264事務で活用できる法律が可決されています。住基カードはICカードですので、住基アプリのために使用する以外に、余分の記憶エリアを保有することになります。その残余エリアには、条例で地方公共団体ごとに新たなサービスアプリケーションを搭載することが許容されています。

また、同じく2002年に、政府認証基板（GPKI）システムが、総務省での電子入札・開札システムの運用開始を受けて、いよいよ公的サービスにおける電子認証処理のインフラとして立ち上がります。このGPKIに使用する鍵を格納する役割はICカードが担っていますので、このような個人の資格や社会的身分等を、公的サービスを受けるに当たって証明しなければならない場合に、ICカードが、そのデジタル身分証明書の役割を果たすということになります。
　さらに、健康保険証が、世帯1枚から個人1枚に変更され、その形状が冊子型以外に、カード型を許容するようになったことにより、一部の企業健康保険組合で、ICカードによる健康保険証の発行が進められています。
　その他にも、投票制度への応用や運転免許証のICカード化などが、現実的な日程となりつつあり、行政統一ICカード構想も、経済産業省を中心として検討が進められています。
　それでは、その公共カードの残余エリアを、民間の流通・サービス業へ貸与するという構想はあるのでしょうか。経済産業省の主導したIT装備都市事業においては、商店街などで運営組織を設立し、ポイントカードを展開したところもあり、住民基本台帳カード構想においても、各地方公共団体に任せられている追加アプリケーションにおいて、民間サービスも視野に入っていることは間違いありません。
　しかし、問題は、地方公共団体が行政サービスの枠を越えて、民間サービスを前提としたカード発行、運用業務に対応できるかという点にあります。もし、カードを紛失したら、またICが壊れたら、役所へカードの再発行を申請しなければならなくなりますが、顧客本位の民間サービスと同等の対応が望めるとは思えません。その間、そのカードにアプリケーションの相乗りをしていた流通・サービス業は、お客様に別途サービスプログラムを提供できる手段を備えなければならなくなります。さらに、市町村を超えて、広域で展開する流通・サービス業にとって、個々の公共団体と追加アプリケーションの搭載を交渉していかなければならないという煩雑さを免れません。
　なお、住基カードの発行枚数は、ICカードに搭載されるアプリケーションが、現状の住民基本台帳サービスだけにとどまった場合、全国民の1％〜

2％、せいぜい200万枚どまりであろうとする声もあり、サービスのインフラとして、機能するかどうかは大いに疑問とされるところです。

　もし、行政統一カードが現実のものとなったとしても、自らの実印代わりになったり、公的な身分証明書であったりするものに、民間サービスのポイントや顧客管理サービスを機能追加しても、利用する側として、毎日持ち歩くことには抵抗を覚えるでしょう。

　行政サービス分野でのICカード化の動きが、官公庁間の様々な思惑や、一部のメーカーによる必要以上の高機能カードへの誘導等で混乱している状況の中、行政統一カードの普及を待って、そこにアプリケーションプログラムを搭載することで、カード製造費用や発行費用を無償で済ませようとする考えは、今のところ、困難であるといわざるを得ません。

　第三世代のネットビジネスを視野に入れた流通・サービス業におけるサービスツールは、自らの管理のもと、必要最低限の機能に絞り込んで、選択的に、その時代の技術の最先端のものを採用することこそ、有効な仕組みを構築するポイントです。

6　今、ICカードを使う意味があるか

　カードは、物理的にも数年の寿命しかもたず、一定の期間での再発行を予定せざるを得ません。再発行時点では、技術インフラが進化している可能性もあり、カード技術そのものをリニューアルする必要があるかもしれません。また、カードにあらゆるデータを集中した場合、カードの破損や紛失時のデータの復元に手間がかかるという問題もありますので、カードにどの程度の機能を期待するかは慎重に検討する必要があります。先に導入するカードを決めてしまい、せっかくカードがこれだけの機能を持っているのだから、使わなければもったいないとか、カードの記録領域を使い尽くすために、わざわざ他社にそのエリアを貸与するビジネススキームを検討するようなことは本末転倒です。

　そんなことは当たり前だと思われるでしょうが、ICカードの業界では、そのような事例が横行しているのです。自社が導入しようとするアプリケーションにおいて、最低限必要な機能、どうしても実現したい機能において、

カードが、どのような役割を果たせばよいかを吟味し、それを実現できる機能を必要十分に備えたカードを選択することが重要です。帯に短いカードは、当然使えませんが、たすきに長いカードも無用なばかりか、不必要なコスト増を招き、本来の効果を損ねる結果となりかねません。

それゆえ、実施しようとするサービスにおいて、後方にネットワークシステムが完備されており、カードからは、そのカードホルダーのID番号を自動認識するだけでよい場合は、磁気やバーコードなど従来の自動認識方法を有したカードであれば十分です。対面販売などで、店員がお客様の顔もよく知っており、偽造されたカードを悪意の第三者が使うなどというシーンをまったく想定しなくて良いリアル店舗のみでの会員カードとしてのアプリケーションの場合は、特にそうです。ID番号の桁数により、現行の磁気カードでもJIS附属書規格で約70文字の記録容量を持っています。バーコードも、近年、二次元化、細密化により、その容量を拡大しています。

ID番号の自動認識だけではなく、カードの中に現金に等しい電子的バリュー等を蓄積するためのカードとリーダ・ライタ端末が相互にその正当性を認証する仕組みをカードに期待したり、カードによる利用履歴をオフラインで検証する必要があるような場合には、磁気やバーコードではなく、ICカードを選択すべきです。

一般的に、考慮すべきICカード導入の前提は、次の2点です。

① 守らなければならない情報や、高度なセキュリティを要請される仕組みがあること。さらにそれは、カード以外のシステム構成要素だけでは、実現されにくいこと。

② IDコード以外に、磁気カードやバーコードカードでの記憶容量以上の個人が持ち歩かなければならない情報があること。さらに後方のホストや、店舗店頭の端末に記憶しておくだけでは、構築できないものであること。または、その情報は、随時即時的に更新され書き換えられなければならないものであること。

なお、先の分類で示したように、ICカードの中でも接触型ICカードと非接触ICカードの選択があります。カードを操作する環境が、屋外であった

り、通りに面したオープンな店舗形態である場合は、非接触ICカードの耐環境性という特徴が役に立つでしょう。また、お客様が一定の時間に集中し、可能な限り処理を短時間で済ませたいという業態の場合も、接触型より非接触の方がスピーディに対処することができます。非接触カードにおける家庭用端末も、大幅にそのコストを下げてきていますので、自社の導入しようとするリアル店舗でのアプリケーションや提携先を考えるなら、その業種での使いやすさで選択してもよいでしょう。逆に、カードとリーダ・ライタ間、さらにホスト間で厳重なセキュリティを実現したい場合は、今のところ接触型ICカードの方に優位点があります。

ただし、セキュリティに関して重要なことは、システム全体でいかにそれを確保するかという点です。例えば、正規のリーダ・ライタをどうやって管理し、不正に利用されることを防ぐかという問題があります。基本的なセキュリティ上の確認を、リーダ・ライタとカードの相互間で行う場合に、そのリーダ・ライタが盗難にあって改造されてしまえば、カード偽造とデータ改ざんができてしまう可能性があります。

このような危険性は、どんなにICカードの機能を高くしても、守り切れるものではありませんので、カードシステムを導入する場合に、そのシステム全体で守る設計が重要です。カードやリーダ・ライタの正当性を確認するための鍵は、誰が発行して、どこに、どのような手順で格納されるのか、それを更新するためには、どのような手順が必要か、正当性の認証は、どのような場合にカードとリーダ・ライタで済ませて、どのような場合にはカードとホストで認証しなければならないか、リーダ・ライタや通信線からデータが盗まれても大丈夫かなど、それら総合設計の中で、セキュリティを確保するという考え方が必要です。

ICカードの選択に当たっては、あたかもコンピュータを選ぶように、その記憶容量はどの程度か、暗号用処理は必要か、カード発行後、アプリケーションを新たに追加したり、削除したりする必要はあるかなどを検討の上、カードの印刷や、磁気ストライプ機能を併用するかどうか、カード券面へのID表示はどのような手法を取るかなどを含めて、詳細はメーカーと相談して決めることが望ましいでしょう。

7　ICカード導入のため費用

　繰り返しになりますが、導入されるアプリケーションでカードがどのような役割を果たすことを期待されているかによっては、ICカードでなくとも、バーコードカードでも磁気カードでも、十分にその機能を果たす場合があります。

　顧客管理用のIDカードにICカードを採用するかどうかは、顧客管理システム全体の構造と設計によります。バーコードカードや磁気カードの選択は、後方のシステム構築にコストが嵩む代わりに、IDカードの製造・発行のコストは低減化されます。

　後方のホストシステムと店頭がネットワークで接続されていない場合、さらに、異なった業種、業態間で共通のサービスを展開する為に、もともと、そのようなすべての店舗間でのネットワーク自体が想定されにくいような場合には、後方システムを準備するのに莫大な投資が必要となりますので、カード側にコストをかけた方がよいという判断となります。いわば、顧客管理システムのネットワーク化のコストと、IDカードをIC化することによるカード製造費、発行費のコストアップの比較により、IC化の検討が必要なのかどうかを判断してもらえればよいと考えます。

　なお、第三世代ネットビジネスにおいては、先に述べた理由によって、ICカードの選択にもメリットがあると考えますが、ネットビジネスといえども、個人との金銭的なやりとりがないような場合で、厳密な電子認証という手段を取る必要がないものもあります。やはり、サービス内容を十分に吟味した上で、先に述べた二つの前提条件に照らして検討を進めて下さい。

　次に、ICカードの価格は、カードに搭載されるチップの種類により異なります。ICカードに大容量や高機能を求めれば、必然的に高いチップを採用することになりますので、この点でも、必要最小限の機能に絞り込むことが大切です。

　なお余談ですが、ICカードには、カードの極めて薄く小さなエリアにチップを搭載し、それが、生活の中で様々な衝撃や圧力を受けても、安定して機能していかなければならないという要請があります。もともと、チップはシリコンでできているものですので、その面積が大きくなるほど、カードが

曲げられたときに、割れやすくなります。もちろん、外部からの衝撃を受ける機会も飛躍的に増大します。現在の技術レベルですと、一般的にカードに格納されるチップサイズは、チップを保護するために、いろいろな工夫をしても、せいぜい4ミリ角程度が限界だといわれています。まだ、ICカードが一般化していませんので、統計的なデータが出ているわけではありませんが、それ以上の大きさのチップに関しては、発行した後、お客様が持ち歩いている中で破損する可能性を考慮する必要があるでしょう。

搭載予定のアプリケーションによって、接触型・非接触型の選定、ICチップへのCPU搭載、暗号処理専用のプロセッサ搭載の有無、ICチップの記憶容量の選定、ICカードの機能としてのアクセス制限や、セキュリティレベルといったことを確定していくことになりますが、詳細は技術的な専門内容に及びますので、ICカードを取り扱っているメーカーへ確認されることをお奨めします。

これらのカードの仕様によって、カード製造価格は、1枚当たりローコストの100円のものから、場合によっては5000円程度の高価なものに分かれます。カードのデータ入力、発行処理費用も、50円から1000円程度と幅があります。

8　ICカードの将来

最後に、日本では登場したばかりのICカードについて、その将来像に触れたいと思いますが、本書の趣旨とは離れますので、読み飛ばしていただいても結構です。

ICカードの将来はどうなるのか、ICカードというツールは、磁気カードが、約30年間社会システムのインフラを支えた後、次のツールにその主役の座を譲り渡そうとしているのと同様、いずれ特定のアプリケーションを除けば、時代の主役から脇役へ回ることになるのでしょうか。それとも、かつてパソコン・ワープロ環境で外部記憶装置の代表格であったPCメモリーカード（最初の頃、シャープはザウルスの初期型でこれをICカードと呼んでいました）のように、技術の進展とともに、その舞台から完全なる退場を余儀なくされるのでしょうか。

顧客管理システムにおいて、導入を検討するためには、ツールとしての技術寿命を想定し、もし、技術インフラの動向が変われば、どう対応するかを考えておくことも重要です。

　先に述べてきたように、IC カードの本質は、ID 鍵とパーソナルデータキャリアであることに尽きますが、その本質は、いずれ、別のツールに受け継がれる可能性を持っています。既に、携帯電話で自動販売機から物品を購入できたり、鉄道の自動改札機に携帯電話をかざして通過したり、銀行の ATM に携帯と赤外通信をさせて、キャッシュカード無しで取り引きしたりする実験や小規模な実用化が始まっています。まさしく、ID 鍵とパーソナルデータキャリアという特質は、携帯電話に受け継がれており、さらに携帯電話は、小型リーダ・ライタや端末機無しで、データの中身を表示する機能を持っているという優位性により、現在の IC カードが担うであろうアプリケーションの多くは携帯電話に置換することが可能だと思われます。

　また一方で、本人が意識せずに、周辺のデジタル家電や情報機器と自動的にデータをやりとりしながら、生活環境を最適化していく、いわゆるユビキタスネットワークが実現したときに、ID 鍵とパーソナルデータキャリアに置換されるものは、携帯電話のような通信機としての機能をメインに据えた端末ではなく、IC-Tag、電子タグと呼ばれる小型の非接触 IC ツールになると想像されます。いわば、IC カードの機能面での本質が、カードという外形を捨てて、携帯電話のように、より機能的な、また IC-Tag のように、より携帯しやすい形状に変化していくことは、避けられないことでしょう。

　この場合、非接触 IC カードを前提として、リーダ・ライタが最初から媒体の形状にこだわっていなければ、顧客管理としての機能を果たす側のシステムは、媒体がどのように変化しようとも、その設計と設備は大きな影響を受けません。接触 IC カードにおいては、その IC カード単体ではなく、それを装着して、カードデータを外部と通信できる非接触ユニットが一般化することで、その変化に対応するでしょう。いわば、IC カードは、その機能の本質である ID ツールとして、よりその活躍の舞台を拡げると考えられます。

　さらにここで、ユビキタスネットワーク社会において ID ツールが果たすべき役割について見ておきましょう。ユビキタス社会においては、コンピュ

ータが、あらゆる家電や照明器具、カーテンの自動開閉やホームセキュリティ設備、バスや洗面所にいたるまで、あまねく組み込まれて、それがご主人様である居住者の快適な生活環境を演出するというのが、コンセプトです。「ユビキタス」なんてわかりにくいと、どこかの首相がいったとかで、最近「e-Life」という言い方を積極的に使うお役所もあるようですが、過去80年代には、1社、もしくはもっと多くの人に1台だったコンピュータが、一人に1台になったのが90年代だとすれば、2000年もなかばにして、一人にたくさんのコンピュータが関与する時代がやってくるということから「遍在する」というラテン語「ユビキタス」から名付けて提唱された次世代コンピュータ社会像です。そこに秘められたコンピュータ、家電、ICチップ、ネットワーク技術など、多くの産業界を巻きこんでのビジネスチャンスが明らかになるにつれ、経済産業省が主導しての産業界の推進大合唱が起きています。

　しかし、この「遍在する」という概念は日本人にはわかりにくく、また、家電や照明器具やカーテンや窓や玄関や、いろいろなものがコンピュータ化されるというのは、すべてのものに「神の意志」を感じる欧米ならではの概念かもしれませんが、日本人にとっては、家電や照明器具やいろいろなものに、それぞれ固有の神様が宿っているという概念の方がわかりやすいと思います。日本人の思想宗教観の根底にあるアミニズム、いわゆるどこにでも「八百万の神」がいるという概念です。

　実は、ユビキタスネットワーク社会といいながら、それぞれのものに組み込まれるコンピュータは、実は自立した固有の意志を持っており、何か一つの意志があまねく宿っているというわけではありません。技術的にも、その通信とデータに普遍的なルール、いわば標準語を採用できるかは不明で、いくつかの方言が残ったり、その本来の機能ゆえの独自表現が残ったりすると思われています。それらの、異なった言語や方言の間を通訳し、それぞれとの間で居住者のIDと状態を翻訳しながら、コミュニケートし、居住者の最適化をはかっていくための翻訳機構が必要となりますが、それこそ、将来のICカードが担うべき機能であると思います。

　そのためには、ICカードとして、通信距離を伸ばしたり、データ処理機能を強化するなどの開発要素が出てきますが、そのような「八百万」ネット

ワークの中におけるIDツールとして、ID鍵とパーソナルデータキャリアという機能における新たな展開にも期待したいところです。

[2] 第三世代ネットビジネスにおけるマーケティング手法

（1）現代のマーケティング手法のトレンド

1 CRM

　CRM（Customer Relationship Management）という言葉を聞かれたことがあるでしょうか。近年のマーケティング理論の中心に置かれている考え方です。

　CRMの考え方の基本は、ドン・ペパーズとマーサ・ロジャーズが1993年に唱えたマーケティング理論の「One to One マーケティング」に端を発します。その後、様々なマーケティング理論が、マス・マーケティングから「個々のお客様との関係強化」という方向に変わってきて今日の考え方を築いているのです。

　残念ながら、日本において、CRMの成功例は多くはありません。「難しい学問的なことはわからない、今はまず今日の売上げだから」ということなのでしょうか。

　しかし、そもそも「商い」というものは、一人一人お客様を見て、それぞれ個別の対応をするべきであるという考え方は誰も否定しないものでしょう。事実、欧米のOne to Oneマーケティングの教科書には、富山の薬売りの話が出てきたり、大福帳の話が出てきたりします。すなわち、今欧米の大学で最先端として教えられているマーケティング技法とは、日本の江戸時代の商店ではごく当たり前の手法であったのです。

　お客様は、誰でも一人一人異なった環境で暮らしているわけですし、それぞれの個性をお持ちですから、お店にいらっしゃるお客様が全員同じ考えで、同じことを望まれるはずがないのは容易に想像がつくことです。お客様一人一人とお話をして、一人一人に満足してご購入いただければ、一番商いとして良いことは、誰にでも理解していただけるでしょう。問題は、このような商いをどのように実践するかです。

江戸時代の商店では、番頭さんが毎日店の奥に座り、お客様のご購入の履歴を、すべて大福帳にしたためていました。丁稚はお客様を一人一人お名前で呼んでいたでしょうし、たとえ忘れていても、番頭さんがサポートしていたのです。番頭さんは、丁稚を呼び、「あの、今入ってきたお客様は久兵衛さんだ。先日買っていただいた着物のことを聞いてみるといい」と耳打ちしていたのです。
　CRMの基本は、お客様一人一人とのコミュニケーションです。コミュニケーションは、そのツールと話題、すなわち、お客様の購入履歴が揃って初めて成立します。
　今日まで、マス・マーケティングという考え方が闊歩したのは、効率化を図る上で、業務の標準化とスケールメリットの増大が至上命令であったためです。このため、店員は、お客様一人一人を覚えることができず、平等に扱うしかなかったのです。全てのお客様を平等に扱いますから、40個のハンバーガーを買うお客様にも、「こちらでお召し上がりですか？」と聞くことが正しい手法だったのです。
　ところが、コンピュータ技術の進歩が、ローコストでの一人一人とのコミュニケーションを実現しつつあります。
　既に、先進的な店頭POSでは、過去の購買データを一括してデータベースに保存し、お客様が精算する際に、POS上に過去の購入データを表示することができるようになりました。新しい店員でも、POSの画面を見ながら、「佐藤様、先日お買い上げになったお洋服はいかがでしたか？」といえるようになったのです。大福帳と番頭さんが、POSという姿になって、今日のビジネスに甦りつつあるのです。

2　CRMという考え方の出てきた背景

　CRMという考え方が出てきた背景には、先ほど述べたように、コンピュータ技術の発展を忘れることができません。江戸時代の老舗（しにせ）で番頭さんが果たしていた役割を、現代の店舗においては、経済規模の変化により、また扱う商品数も増加したことにより、人間のレベルで実現することはできないでしょう。POSという機械と顧客データベースがあって初めて実現できるよ

うになってきました。

　一方、リテーラーの競争は、拡大成長のフェーズから成熟期になり、さらに厳しくなってきました。厳しい競争の中、販売促進費を半分にして、売上げを維持していかなければ、生き残れない状況に陥ったとき、企業のマーケッターを救ったのが、CRMという考え方です。もちろん、販促費を単純に半分にするだけでは、今までと同じやり方で、同じ売上げを確保することができるはずはありません。実は、多少やり方を変えたところで、売上げは維持できなかったのです。しかし、CRMの考え方を活用することにより、販促費を半分にしても、「利益」を維持し、さらに伸ばすことができるという風に転換できたのです。CRMは、今までの売上総額偏重から、利益重視に切り替えることで、企業の生き残りを実現する考え方だったのです。

　先ほど述べたとおり、日本においてCRMという考え方の成功例は多くはありません。これは、まだ欧米に比べてリテール業界の競争が厳しくなかったからかもしれません。欧米の例を参考にしてCRM的な手法を取り入れた多くの企業は、技法だけを模倣し、根本的な構造改革には着手せず、単に今までの販促に上乗せして、ロイヤリティプログラムの名の下に単なる景品配布をしたにすぎませんでした。従って、コストはより増えてしまったため、多少の売上げ向上に貢献こそすれ、利益向上にまでは至らなかったのです。

　しかし、欧米の企業参入をはじめ、さらに厳しくなる競争の中で生き残っていくためには、販促費を削りながらも利益を上げることのできるCRMの考え方は、今後の主流になっていくに違いありません。

3　キーワードは顧客育成

　本書では、CRM実践に関する詳細を述べることはしません。書店に行けばたくさんの本がありますから、参考にしてください。

　その中で、CRM実践のキーワードだけ整理しておきましょう。

　新規顧客を集めてくることを「アクイジション」（Acquisition）といいます。新聞にチラシを入れたり、テレビコマーシャルを打ったり、新しい顧客をどんどんお店に呼ぶことをいいます。これに対して、今いらっしゃるお客様が、他社にとられないようにしたり、今まで以上にご利用いただくように

したりすることを「リテンション」(Retention) といいます。もちろん、販売の現場ではアクイジションとリテンションは並行して行われているはずの活動です。どちらが欠けてもビジネスは成長していかないでしょう。

ところが、マス・マーケティングという手法では、お客様を広範囲からどう効率よく集めてくるか、というところに主眼が置かれており、それで効果が上がっている間は、リテンションのほうには目が向けられていませんでした。従って、販売促進は、いかに集客するかという点に絞られていたのです。

一方、CRMは、リテンションを中心に考えたマーケティング手法です。同じ１万円の利益をもたらすお客様を考えたとき、新規に獲得するコストより、今、利益をもたらしているお客様を逃げないようにするコストは、新規獲得コストの10％〜15％にすぎないといわれています。つまり、リテンション中心のマーケティングのほうが、コスト効率が良いのです。

CRMを理解する上で重要なのが、

① 顧客セグメンテーション
② パレートの原理
③ コミュニケーションサイクルの確立

という三つの概念です。

●顧客セグメンテーション

CRMでは、お客様一人一人と個別のコミュニケーションを実施しますが、お客様はお一人ずつすべて異なっているので、個々にまったく異なる対応を用意することは困難です。そこで、グルーピングして対応することとなります。このグルーピングをすることを顧客セグメンテーションと呼びます。

もちろんマーケティングの世界では昔から顧客をセグメンテーションして考えてきました。特に1970年代のコンビニ業界の成功から、多くの方は、顧客セグメンテーションというと、「性別・年齢別・店からの距離」などといった、属性での分類を意識してしまうのが普通です。ところが、CRMの世界では、「お客様の行動をベースに分類する」ことを考えます。

図３-16は、ある分類の例です。コーヒーショップを例に考えてみましょう。この町に住んでいる人はすべて「一般消費者」です。コーヒーショップの前を通るお客様はすべて「見込み客」です。まずは、アクイジション＝集

図 3 - 16　購買情報を基に分類

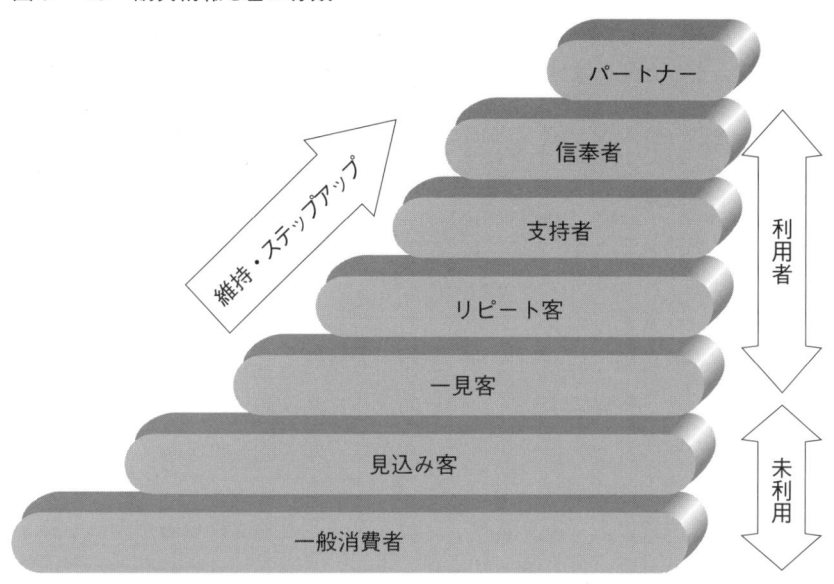

```
                    パートナー
                    信奉者          ↑
                    支持者          利用者
                    リピート客       ↓
                    一見客          ↑
                    見込み客        未利用
                    一般消費者       ↓
維持・ステップアップ ↑
```

客です。お店の前を通る方に、割引券を配ったりして、とにかくお店ができたこと、おいしいコーヒーが飲めることを告知していきます。そのうちの何人かの方は、ちょっと寄ってくれるかもしれません。「一見客」です。さらにそのうちの何人かは、気に入って、もう一回来てくれるかもしれません。「リピート客」です。その中の何人かは、気に入ってくださって、友人の方を連れて来てくれるかもしれません。この方々を「支持者」と呼びます。さらに「この店でコーヒー飲まないと一日が始まらないんですよね」といってくださる方がいます。いわゆる常連さんです。ここでは「信奉者」と呼んでいます。さらに「マスター、この店は、時計がないからつい居すぎるんだよね。うちにいいのがあったからもって来たよ」と時計を持参してくれたり、「飲みすぎた翌朝用に牛乳たっぷりのメニューつくってよ」と、意見を寄せてくれたりする方も出てきます。彼らは「パートナー」と呼ばれます。

　マス・マーケティングでは、お客様を分類しても、未来店客と来店客の二種類で、その中では、できるだけ同じ扱い、標準化した対応をするように考

えていました。しかし、上のコーヒーショップでは、毎日飲んでいただけるお客様と一見さんとが同じ対応で良いのでしょうか。現場では絶対に同じ対応をしていないと思います。

　このように、お客様とあなたの会社の関わり具合で分類することが、CRMの世界では大事と考えています。

●パレートの原理

　二つ目のキーワードは、「ニッパチの法則」とか、「20－80の法則」ともいわれるパレートの原理です。これは、「20％の優良顧客が、80％の利益をもたらす」という考え方のことです。

　これは販売の現場で話を伺うと、どなたも感覚的にわかっている話のようです。もちろん、業界によって、10－90だったり、30－70だったりするようですが、どのお店でも少数の顧客がほとんどの売上げに貢献しているようです。

　さて、図3－17にも「キャンペーンハンター」と呼ばれる層が入っていますが、欧米の教科書には「チェリーピッカー」という言葉で紹介されています。キャンペーンの時だけやってきて、目玉商品だけを買っていく人たちのことですが、こちらの言い方のほうが、なんとなく感じが出ています。彼らは売上げには貢献してくれますが、利益には貢献してくれないことがあります。例えば、目玉商品で赤字覚悟で用意した商品だけを購入されるお客様はその取引だけ見ると、赤字ですから来ないほうがうれしいお客様ということになります。つまり「すべてのお客様が神様」というわけではないということなのです。

　マス・マーケティングという手法は、客数に対してコストが発生する仕組みでした。チラシは、優良顧客ほどたくさん見たり、併用客ほど、テレビコマーシャルをたくさん見たり、などということはないでしょう。誰でも平等にチラシを見たり、コマーシャルを見ていたりするはずです。目玉商品も、先着でお渡ししていたはずですし、どんな方でも「平等に」購入できたはずですから、優良顧客だけに渡すことはできていなかったはずです。つまり、今までは、顧客数に対して平等に販促費を使っていたことになります。

　これに対し、CRMでは「パレートの原理に基づき、販売促進費を再分配

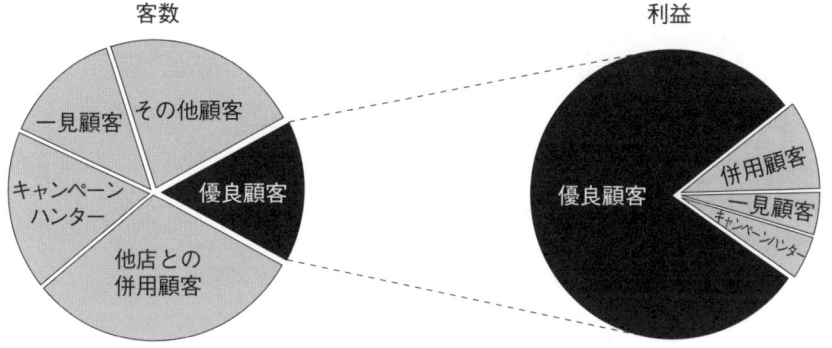

図3−17　パレートの原理　「20％の優良顧客が80％の利益をもたらす」

客数　　　　　　　　　　　　利益

すべての顧客が「神様」であるわけではない

すべき」という考え方があります。つまり「利益貢献する人にコストをかけて販促するが、そうでない人は、それなりに扱いなさい」ということです。極端に考えると、今までの客数に対してかけていた販促費を20％まで削減して、優良顧客だけに今までと同レベルにかけたとき、利益は80％守られるということです。もちろん、従来の半分の販促費をもらえれば、20％の時より拡大できるでしょうし、より効果的な手法を取り入れることにより、利益拡大を狙えるはずです。

CRMという考え方では、利益貢献度に応じて、販売促進費をお客様にかけていくことで、利益を守り、収益を向上させていくこととなります。

●コミュニケーションサイクルの確立

CRMという考え方は、名前のとおり、顧客関係を大事にします。関係を維持するためには、コミュニケーションが非常に重要になってきます。

単に、情報を発信するコミュニケーションでなく、その情報をお客様がどのように受け止め、どのように理解し、どのように考え、どう行動したのか、といったフィードバックを受ける必要があります。この双方向のコミュニケーションが、コミュニケーションサイクルです。

情報を発信することは可能でしょう。問題は、お客様のメッセージをどうやって受け止めるかです。

もちろん、コールセンターで電話を受けたり、アンケートを実施したりし

図3－18

顧客

Voice
・購買行動（データ）・ユーザアンケート
・WEB閲覧
・電話・E-mail
・会員カード情報
・キャンペーン応募…etc.

適切なコミュニケーションサイクル

Action！
・商品開発
・加盟店開発
・マス広告 ・メールマガジン
・キャンペーン実施
・会員システム
・DM/チラシ…etc.

貴社

て情報を収集することもあるでしょうが、お客様の購買データこそがもっとも大きな声のはずです。

　今まで毎週来店されていたお客様が急に来なくなったら、引っ越しされたかもしれません。もしかしたら、最後にご購入いただいた商品に何か不具合があったかもしれません。

　キャンペーンのお知らせをして、今まで購入いただけなかったジャンルのものが買っていただけるようになっていることもわかります。

　どのお客様が、何を、どのように購入されたかを常に「聞く」ということがCRMの世界では重要です。

4　今後のビジネスにおけるCRM

　これからますます激化する競争と限られた資源の中で最大の効果を出さなければいけない環境下で、生き残っていくためには、今までどおり売上総額を考えるのではなく、利益効率を考えなければいけません。そうなりますと、

従来どおりのマス・マーケティングでアクイジションだけを目指すやり方でなく、今あなたのお客様になっている方々から、どのように利益を継続的にいただいていくか、ということに方向転換しなければいけないのです。

つまり、これからのビジネスにおいて、利益をもたらす顧客を見つけ、育てていくことは非常に重要なことなのです。そこで目指していくのは「顧客シェア」という考え方です。お一人のお客様がその業界で利用する金額というものはある程度決まっていると考えられています。そのうちのどのくらいをあなたの会社の利益にすることができるかという考え方です。

従来の売上総額主義から顧客シェアへ。その発想の転換が重要になってきます。

5　第三世代ネットビジネスがもたらすもの

これから生き残っていくためには、CRMという考え方が重要であることはご理解いただけたと思います。あなたの会社は、すべてのお客様を常時見渡せる番頭さんがいれば話は別ですが、これらの理論を実践に移す場合どうしても、コンピュータ技術の恩恵を受けなくてはいけません。

さらに、お客様とのコミュニケーションを考える上で、インターネットは、今日のあなたのビジネスにおいて電話が重要なツールになっているのと同じように、必要不可欠なものになってきているのです。

本書で提案するのは、まずはインターネット支店をネット上に設けていただくことです。インターネット支店は、あなたのお客様が、あなたの会社の店舗に行けないときに購入する場だけでなく、店舗で扱う商品に関する情報を仕入れる場でもあるでしょうし、購入した商品の使い方を仕入れる場かもしれませんし、メンテナンス情報を仕入れる場ともなるでしょう。

このためには、単にサイトを立ち上げるだけではなく、今のお店を含めた顧客管理を実施し、それと連動したマーケティングも考慮していかなければならないということになるのです。

第三世代ネットビジネスでは、実際の店舗の顧客管理をネット上でも活用していくことが、非常に重要になってきます。

（２）インターネットがもたらしたコミュニケーションコスト破壊

1　DMのコスト

　CRMではきめの細かいコミュニケーションが必要です。かつて、きめの細かいコミュニケーションをとるためには、店頭でお客様の顔を覚えて声をおかけするか、個別にDMをつくって郵送するか、お客様一人一人に電話するしか方法がありませんでした。店頭で声をかけるには、お客様がいらっしゃることが前提ですから、未来店の方に情報を提供することはできませんし、タイムリーな情報を提供するのは困難です。一方、郵送や電話の場合多大なコストがかかってしまいました。

　例えば、郵送DMを使って、1万人にキャンペーンをお知らせする場合、単純に送料／印刷代で、100万円以上必要になります。100万円以上の利益が上がる内容でなければ、このようなメッセージを送ることができなくなる計算になります。これらに代わって提案されたFAX-DMの場合、郵送DMなどに比べて通信費用が安く済ませることができましたが、お客様のFAX用紙を消費する仕組みでしたので、「その間大事な電話が取れなかった」「紙代をどうしてくれるのか」などといったクレームにつながり、あまり定着しませんでした。

　アウトバウンズと呼ばれる、コールセンターから電話する手法もあります。これは、それなりに生の声でお話できますし、お客様が疑問に思われたことに対して、その場で対応できますから、非常にきめの細かいコミュニケーションといえるでしょう。しかし、人件費が膨大にかかりますし、お客様にとって都合の良い時間帯に電話がかかってくるとも限らないので、非常に難しいコミュニケーションになってしまいます。

　これを、eメールで実施すれば、どうでしょうか。デザイン費用など、eメールをつくるために多少のコストが必要となりますが、送料などのコストはほとんど発生しません。受信者側の通信コストは、お客様が負担しており、構造的にもその費用の転嫁を求めてくることはないでしょう。無意味なeメールを大量に送りつければ、お客様も辟易するでしょうが、お客様にとって

興味のある内容のeメールであれば、不快を与えることはないでしょう。また、eメールはお客様がご自身にとって都合の良い時間にお読みになることができます。電話のように、忙しいときにかかってきて、不快に思うこともありませんし、FAXのように、そのために大事な情報が欠落してしまうこともありません。

お客様に不快を与えず、しかも、コストを劇的に下げるコミュニケーションツール、それがeメールなのです。

2　頻度

コストがかからないということは、密度の高いコミュニケーションを期待できることを意味します。例えば、自社で制作し、自社の仕組みでメールを送信する場合、メール送信コストはほとんどかからないといえます。先ほどの例では、郵送DMしか手段のなかった今までは、100万円規模の売上げを期待できる内容でないとお客様にメッセージを送れませんでしたから、年末のイベント、ゴールデンウィークのキャンペーンなど、年に数回の特別なイベントの時にしか情報発信するしかなかったはずです。ところが、メールを使うのであれば、数万円の商品が2個売れ残り、それを明日までに売りたいようなときでも、「先着二名様への特別価格。明日までにWEBページでご購入ください」というメールを送ることができます。

今まで郵送DMで行っていたキャンペーン告知などの一斉通知の代替はもちろん、様々なタイミングで顧客接点を広げることが可能になります。

例えば、ご来店され、商品について質問されたお客様に「後一押しメール」、注文の直後に「確認メール」、発送した時点で「発送ご報告メール」、購入いただいたお客様に「サンキューメール」、しばらくたったら「ご機嫌伺いメール」、さらに「オプションお勧めメール」、1年後に「消耗品お勧めメール」、耐久年数後に「買い替えお勧めメール」など、いくらでもお送りするタイミングがあります。

郵送では、コストが理由でできなかった、細かい気配りのメッセージをローコストで送ることが、メールでは可能になってきます。さらに、コンピュータの仕組みを使うことで、ある程度これらのメールを自動的に送ることが

できます。「確認メール」や「発送ご報告メール」など、お客様のアクションや当方のアクションをきっかけにできるものは、自動的に送るプログラムを組むことが可能です。このような仕組みでは、雛形になる定番の文章をつくっておき、そこに様々な個人情報を差し込んで、お客様だけのメッセージを作り出すことができます。お名前を先頭で呼びかけることはもちろん、ポイント残高やご注文いただいた商品などを差し込んで、お客様にとって有用な情報をお送りすることができ、よりきめの細かいメッセージを送ることができます。

のみならず、今までコミュニケーションコストの都合から、足が遠のいているお客様に対しては、来店をただ待っているだけになりがちでしたが、こういったコミュニケーション頻度をあげることで、来店しなくても一定の情報を提供することが可能になってくるのです。こうして、顧客接点を広げることで、「顧客シェア」は高まっていくことが期待できるはずです。

（3）「顧客シェア」は、必ず高まる

1　常に大事なのは、顧客シェア

CRMという考え方を進めていくことで重要なことは、顧客シェアをいかにあげていくかということです。

「顧客シェア」とは、マス・マーケティングが目指した「マーケットシェア」に対向する概念で、一人の顧客の消費額に占める自社の割合をいいます。「シェア・オブ・パース」という言い方をすることもあります。

前述したとおり、お客様は様々なシチュエーションにおいて様々な店舗を使い分けているのが普通なのです。例えば、いつもあなたの会社を使ってくれるお客様であっても、旅行先にあなたの会社の店舗がなければ別の店を使いますし、急に思い立ったときに近くにあなたの会社の店舗がなければ、あきらめて買わないかもしれないのです。

つまり、そのお客様の行動範囲のいたるところにあなたの会社の店舗があれば、顧客シェアを100％に近づけることも夢ではありません。その点、インターネット支店を出すことは、顧客接点を広げるというだけでも非常に有

意義であるはずです。

　これに加えて、コミュニケーションコストの小さいメールを用いたコミュニケーションを活用して、さらに利用のチャンスを増やしていくことができます。そして結果的に、実店舗の売上げをも同時に増やすこともできるはずです。

　リアル店舗ビジネスからクリック＆リアル店舗ビジネスへ、新たなステップアップであなたの会社の顧客シェアは向上させることができるはずなのです。

（4）顧客とのコミュニケーション確立

1　顧客識別から始まる

　第三世代ネットビジネスにおいて、リアル店舗とネット上で、同じお客様を同じお客様として認識することが、最初の作業になります。通常の店舗では、お客様はご自分の名前を名乗って購入することはありません。レンタルビデオや保険業、クリーニング店、ホテルなどは、住所・電話番号をたやすく聞くことができるビジネスですが、一般の小売店舗では、普通お名前を聞きませんし、お客様の顔をその場ですべて覚えることもできません。そこで、顧客識別を会員証で実行する場合が多く見られます。プラスチックカードや紙カードなどが配られることとなります。

　一方、ネットビジネスの場合には、むしろ簡単に個人情報が取得できます。もともと、ネット上ではお互いがバーチャルな存在ですから、商品を届けるために、決済をするために、お客様の個人情報を何がしか提供してもらわないと取引が成立しません。そこで、購入の都度、一定の情報を聞くことができます。さらに、その都度入力する手間を省くというメリットで、お客様情報をあらかじめお預かりすることもできます。

　もちろん、リアル店舗でも、インターネット支店でも、お客様は必要ないところでは、個人情報を話したくないのが普通ですから、どうしても、それに引き換えになる特典が必要です。特定のサービスが受けられなくなったり、割引が利かなかったり、ポイントがつかなかったりといった交換条件があっ

て、初めてお客様はご自分が誰か名乗っていただけるようになります。今日その手法として最も一般的なのは、ポイントサービスです。カードなどの識別証を「忘れたら、ポイントがつきませんよ」と告知することで、精算前にカードを提示していただくことができます。そのカードをPOSに通すことで、この購入がどなたのものか認識することができ、POSは、過去のデータベースを参照して、様々な情報提供をできるようになるのです。

2 リアル店舗とインターネット支店の結合

　あなたが開設するインターネット支店は、すべてのお客様にとって、日頃利用されているあなたの会社の店舗と同じように、つまり、「いつものお店」での利用と同じように感じていただく必要があります。顧客識別のためのカードがすでに配布されているのであれば、ご利用時にカードを提示していただきます。もちろん、直接提示することはできませんから、カードに表示されている会員番号を打ち込んでいただくこととなります。会員番号を打ち込めば、「佐藤様、いつもご利用ありがとうございます」と、画面に出すことができます。お客様は、面倒な住所などを入力することなく、すぐに買い物を始めることができます。

　さらに、画面に、「先日ご購入いただいた××の調子はいかがでしょうか」というメッセージを出すことができます。まるで、お店に出向いて、番頭さんに声をかけられているかのようではありませんか。

　このようなことを実現するためには、まず、リアル店舗とネット上で、共通の顧客データベースを持つことが必要です。あなたの会社が、既にリアル店舗で顧客データベースを構築されているなら、このデータベースをいかにネット上で共用できるかを検討されると良いでしょう。現在の情報資産との兼ね合いになりますが、できれば、これからの顧客管理はできるだけネット上のものを優先して考えていったほうが良いでしょう。なぜならば、ネット上の情報は、お客様自身が必要に応じて修正をしていただけますが、店舗側で得られる情報はなかなか更新されることがありません。さらに、更新する場合、店舗側に作業が発生してしまいます。店舗側でお客様情報を利用する場合、お客様との会話などにより、直接情報が取得できるので、顧客情報の

修正が必要になっても、翌日までに修正できれば十分なケースが多く、あまりリアルタイム性は求められません。ですから、ネット上のデータベースのコピーを使って、リアル店舗は営業することで問題ないはずなのです。

　あなたの会社が店舗で「恒例」にしていることはできるだけインターネット支店の店舗でも実施することが望ましいでしょう。もし、店舗で会員カードを配って、ポイントサービスを実施しているのならば、会員カードを持ったお客様には、同様のポイントサービスを提供するべきでしょう。また、クリスマスセール、バレンタインセール、新入学セールや、毎月第一日曜日特売など、恒例のイベントを定期的に実施されてきたのであれば、同様にネット上でも開催すべきでしょう。

　さらに、リアル店舗で購入した商品に使われる消耗品の販売をネット上で展開するなど、できるだけ実店舗とネットビジネスの差をなくすコミュニケーションを活用することで、さらに連動を高めることができるでしょう。

　例えば、リアル店舗でプリンターを購入されたお客様に、即座に「サンキューメール」を送信します。お礼の意を届けると同時に、その使い心地などを確認することができます。もし、おかしなところがあれば交換するという話題に限らず、「インクカートリッジは、足りなくなりそうなら、いつでもネットでご注文ください。翌日にはお届けできます」といったメッセージを添えることで、いつでもお客様のそばにいるあなたの会社をアピールできます。その結果、次の販売チャンスを増やすことができるはずですし、その時すぐにネットをご利用されなくても、次の機会の来店時に思い出して購入していただけるかもしれません。

　さらに、リアル店舗を可能な限り組み合わせていくことも工夫できます。例えば、ネットで販売する際どうしても、送料をいただかなくてはならないケースでも、店舗に取りに来ていただければ無料にするサービスも考えられます。「それならば、来店して買えば良いだろう」と思われるかもしれません。しかし、今までも電話で人気の商品などを取り置くサービスをしていらっしゃったはずです。

　お客様は、せっかく出かけていっても、ほしいものが売り切れているリス

クがあれば、それだけで足は遠のきますし、もしかすると買うこと自体をあきらめてしまうかもしれません。インターネットで予約すれば必ず届いているので安心できますし、到着自体をメールで知らせることができれば、より安心して受け取りに行けます。店舗に取りに来ていただければ、目的のもの以外も買っていただけるかもしれません。

3　カードの利用

　クリック＆モルタルをベースにした第三世代ネットビジネスにおいて、リアル店舗とインターネット支店間での顧客の共通管理の重要性はご理解いただけたことと思います。その二つを橋渡しする顧客識別票が必要になりますが、現段階でもっとも可能性が高いのがカードでしょう。
　現段階では、機能的に分類すると、ポイントカードだけのものとクレジットカード連動のもの、素材から分類すると、紙、PET、プラスチックなどがあり、そのIDの読み取り方法から、バーコードタイプ、磁気ストライプ、ICカードタイプなどがあります。

（5）リアル店舗のCRM実践

　リアル店舗のCRM実施、インターネット支店、それをつなぐカード。順番に考え方をお話させていただきましたが、本書ではネットビジネスに話を絞っておりますので、リアル店舗のCRMについては簡単にご紹介させていただきます。
　もしまだあなたの会社が、CRMに着手されていなければ、まず、POSメーカーにご相談されることをおすすめします。POSメーカーは、早くからCRMという考え方について勉強され、数多くの提案をされていますから、あなたの会社に合った仕組みを提案していただけることでしょう。
　また、先ほど述べましたように、コミュニケーションサイクル構築の最大のポイントは、購入履歴の管理です。そのためには、絶対にPOSの力を借りなければいけません。従って、POSメーカーの協力は絶対に必要なのです。

図3-19

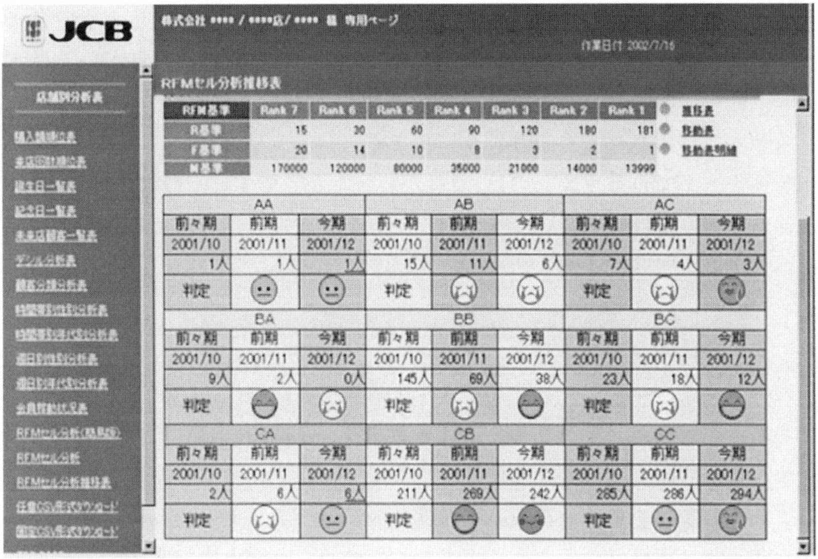

　ASPサービスでCRMを実現するのであれば、JCBが提供する「J-TIMESコンパクト」(http://www.jcb.co.jp/merchant/jtimes.html)などといったサービスがあります。このサービスは非常に安価に顧客管理を始めることができ、ネット上のサービスと連動することも可能になっています。

1 顧客管理と入会

　CRM実践に一番必要なのは、顧客データベースをきちんとつくることです。いわばコンピュータの世界の大福帳を作成することです。どのお客様が、いつどの店にいらっしゃって、何をお買いになり、いくら使ってくれたかを記録していくわけです。

　そのためには、お客様に名乗っていただかないといけません。最初の来店時に「会員」になっていただき、その後のコミュニケーションに必要なお名前や電話番号、eメールアドレスなどを伺わなければいけません。

2　購買データ

　POSで集めた購買データを顧客別に整理して大福帳に書き込んでいきます。一般にPOSデータは、経理処理・在庫処理のために使われているはずです。従って、これら基幹システムからPOSデータをコピーして、CRMのシステムで利用させてもらうようにします。

　購買データで一番重要なのは、「誰が買ったか」です。一般にこの情報は、基幹システムでは必要ないですから、これをきちんと受け止められるようにPOSに対応してもらわないといけません。

3　継続的なコミュニケーション

　大事なコミュニケーションサイクルを構築するために、定期的にお客様とコミュニケーションをとります。従来どおり、定期的にDMを打っても構いませんし、店頭でどういう声掛けをするかマニュアルをつくることも良いでしょう。しかし、ネットを使った頻度の高いローコストのコミュニケーションを継続的に実施できるように工夫をしていくことが大事です。

4　サービスメニュー

　お客様の会員組織をつくっても、お客様にメリットがなければ、意味がありません。お客様、しかも、よりご利用いただくお客様にメリットのあるサービスメニューを考えないといけません。

　会員専用のレジのあるスーパーマーケットもありますし、会員価格を提示されているお店もあります。様々な会員優待を考えてみてください。

　ポイントサービスは非常に有効なサービスメニューの一つです。まず、メリットを訴えることができれば、会員になろうという動機になりますし、そもそもポイント自体が、優良顧客に優先的に利益還元をする構造になっているからです。先ほど述べたとおり、識別票を忘れたらポイントがつかないことをちゃんと訴求しておけば、お客様から識別票がレジで必ず出てくるようになります。そうすれば購買データに「誰が」買ったかという情報が正しく記載されていくことになるのです。

（6）第三世代ネットビジネスのマーケティング

　CRM という考え方が、リアル店舗で現実に実践できるようになったのは、単価が安く、頻度を上げた個別コミュニケーションを可能にした、インターネットをはじめとするコンピュータ技術の発展、普及によるところが大きいのは、前述のとおりです。
　CRM というもの自体、競争が激化した欧米の小売業が生き残るために考え、実践してきた考え方です。さらに競争が激化する日本の小売業界において今後必要となってくる考え方であることは間違いありません。小売業界にとどまらず、消費者を相手にするすべてのビジネスがその考え方を学ばなければいけないものといえます。その根幹において、リアル店舗と、チェーン店の一つであるインターネット支店を個別に考えるのではなく、一緒に考えていくことが、第三世代ネットビジネスのマーケティングにおける中心になると考えられます。
　既に述べたとおり、小売業であれ、サービス業であれ、製品であれ、顧客はできる限り既知のブランドを利用する傾向があり、予想以上に同一ブランドの店舗やサービス、製品を横断的に利用しています。
　この事実を明確に捕捉し、次のマーケティング活動に生かすために、顧客別購買情報の一元管理が絶対に必要となるのです。
　そして、コミュニケーションの一元化です。あなたの会社から顧客一人一人に情報を発信し、その声に耳を傾け、次のビジネスに結び付けていくことです。
　様々なシーンで利用していただける顧客を、いかに同じ人としてとらえ、その情報を集め、それを一カ所に集中したデータベースに蓄えていき、その情報を基に、きめの細かいコミュニケーションを適正な頻度でとっていくかが、あなたの会社と顧客の新たな関係を構築していくこととなります。
　繰り返しにはなりますが、CRM という考え方は、その場限りの販売を目的とする考え方ではなく、LTV という、非常に長い目で見た関係構築を主眼にする考え方です。優良顧客と適正な関係が構築できれば、安定したビジ

ネス展開が可能になるはずです。
　CRMという考え方を実現させたコンピュータ技術、それを活用する第三世代ネットビジネスが、今後のマーケティングの世界の主流になっていくのでしょう。

コラム　ネットビジネス進出の必然性
小売業の方のために

　あなたの会社が今、ネットビジネスに手をつけていないなら、直ちに明日からネットビジネスを始めなければいけない必要性はおそらくないはずです。少なくとも、あなたの会社は今までネットビジネスを実施せずとも生き残ってきて今日の姿があるのですから、今まではその必要性はそう高くなかったということになります。

　しかし、次に掲げるいくつかの項目のうちに、一つでも適合するものがあればネットビジネスに参入することを検討する意味があると考えられます。

① 支店展開を行っている。
② 顧客から営業時間・休日・店の場所に関して不満を聞いたことがある。
③ DM、電話などお客様のコミュニケーションコストが非常にかかっている。
④ 商品の問合せの電話を日々たくさん受けている。
⑤ 現在通信販売を行っている。
⑥ 単純な規格品の製造・販売ではなく、オーダーメイドなど一つ一つ異なった商品を扱い、マス告知に向かない。

1　支店展開を行っている

　あなたが、既に支店展開しているなら、もう一軒、インターネット支店を開くことをお勧めします。

　まずは実際の店舗のことを思い出してみましょう。お客様はあなたが想像している以上に、あなたの会社の店舗を複数並行して使っていることが多いものです。これは、前述したとおり、私たちは一度も入ったことのない店に入るには非常に大きな勇気が必要ですが、どこかであなたの会社の店舗を利用したことのあるお客様は、別の場所であなたの会社の店舗を見つけたときに大きな安心感を持って来店し、購入していただけるからです。

コラム

　あなたの会社の店舗を利用したお客様が、引っ越されて、またあなたの会社で扱っている商品を購入したいとき、近所に使い慣れたあなたの会社の店舗を探し求めるのが普通なのです。近くにお店を見つけられないときに初めて勇気を持ってあなたのライバルの店を探し始めるのです。

　ところが、もしそのお客様が、あなたがインターネットに支店を出していることを知っていたなら、そこを安心のよりどころとしてアクセスしていただけるかもしれません。もし近所にライバル店があったとしても、価格的にそう差がないなら継続的にご利用いただけるかもしれません。

　また、あなたのお客様が、たとえば仕事場にいるときなど家の近くにいないときに、急にあなたの会社の商品を思い出すこともあるでしょう。普通なら、「今度行ったときに買おう」と考えて、そのまま忘れてしまうかもしれません。そして、このお客様が会社帰りにライバル店の前を通って、ふと、そちらで買ってしまうかもしれませんし、そのまま忘れてしまってこの商品を当分買わないかもしれません。しかし、あなたがインターネット支店を出していたなら、昼休みにちょっとアクセスしてもらえるかもしれません。そして「忘れる前に注文してしまおう」と思ってくれるかもしれないのです。でももし、あなたがインターネット支店を用意しておらず、ライバル店が出していたら、どうなるでしょうか。

　例えば、コンピュータをはじめとした電化製品を扱う多くのチェーン店の場合、既にインターネット支店を用意し、それなりの成功を収めています。彼らのサイトを見ていただき、インターネット支店の可能性を検討されてはいかがでしょうか。

ヨドバシカメラ	http://www.yodobashi.com
ヤマダ電器	http://www.yamada-denki.jp/
コジマ	http://www.kojima.net/
デオデオ	http://dcc.deodeo.co.jp/
ソフマップ	http://www.sofmap.com/shop/

コラム

2　顧客から営業時間・休日・店の場所に関して不満を聞いたことがある

　ふと思い出して店に行ったとき、たまたま定休日だったり、営業時間が終わったりしてしまって、入れなかった経験はないでしょうか。私たちが店にわざわざ出向いて行くとき、常にそのリスクを考えないわけにはいきません。当然開いている時間帯だったり、絶対に買わなければいけない商品だったりすればとりあえず出向くでしょうが、そうでないときは、あらかじめ電話をかけて確認してから出かけたり、逆に、電話する前に「まぁ、いいや」とあきらめてしまったりすることがあります。

　これに対してインターネット支店は安心していつでもアクセスしてもらえる24時間営業店舗です。朝起きたときに気付けば、パジャマのまま見られますし、化粧する必要もありません。駐車場の有無を問い合わせる電話も必要ありませんし、道に迷って貴重な時間をつぶすこともありません。たとえ、何らかの理由でサービスを停止していたとしても、お客様は交通費を使って時間をたくさん無駄にしたわけではないので、そうがっかりはしないでしょう。

　このように、インターネット支店は、気楽に来店できますし、時間的余裕もできますから、お客様とあなたの会社の間にある空間的距離と時間的距離を調節して顧客接点を広げる可能性があるのです。

3　コミュニケーションコストが非常にかかっている

　今、お客様とのコミュニケーションコストが非常にかかっているなら、インターネットコミュニケーションを考えるべきでしょう。前述の通り、インターネットコミュニケーションは、従来のコミュニケーションコストを爆発的に下げてしまう新しいコミュニケーション手法です。

　もちろん、インターネット店舗を構えず、今までのDM送付をやめ、メールを使ってコミュニケーションだけインターネットを利用するという手法も考えられます。しかし、コミュニケーションだけインターネットでやっても、やはり購入できないと顧客はフラストレーションがたまります。タイムリーにほしい情報が来ても、それをタイムリーに買えないからです。

　例えば、あなたの会社で在庫になりそうな商品を特別価格で売りつくそうとしたとき、「限定3台。早い者勝ち!!」というメールを打つことができま

す。しかし、これを見た人のほとんどは、「明日は行けないよ。せっかくのチャンスなのに……」と思ってあきらめてしまうでしょう。それが不満になるのです。急いで来店された方が、「あっ、さっき売り切れました」といわれたらどうでしょう。ところが、ネットで販売していれば、わざわざ出向くことはありませんし、後二台。後一台。と、今の情報を提供できるのです。やはり、今の情報で、今その場で売ることができるということも大きなサービスなのです。

4　商品の問合せの電話を日々たくさん受けている

　お店に商品の問合せの電話がかかっていませんか。私たちは購入する前に、その商品について知識を得ようとします。本当に必要なものなのか、必要だとすれば、どんなものなのか、数ある中から何を選べば良いのか、安くするためにはどうすれば良いのか、などなど。電話以外にも、来店して店員に話を聞いたり、本を買って調べたりする人もいます。

　一般的に電話でカスタマーセンターを設けているところでは、1本の電話の後ろには、200本の同じ問合せが隠れているといわれています。私たち自身、何か気になった商品があったときに、すぐに電話するでしょうか。ほとんどは電話せずにあきらめているでしょう。この数字を考えると、もし、今日あなたの会社に20本の問合せ電話があったなら、20×200=4000人のお客様が商品に興味を持った見込み客としているということになります。

　この4000人のお客様をどうやってお店に誘導したら良いでしょうか。多くの場合、「電話をかけるまでもない」というレベルでしょうから、電話をかけるための「敷居」をいかに下げるかということを考えることになります。

　私たちが興味を持っても深く調べないのは、まず、コストという障害があります。電話をかければ電話代、出かけて店で聞けば交通費がかかります。次に時間的制約があります。電話をするにしても店に行くにしても、先方の時間に合わせないといけません。たいていはわざわざ時間をかけて調べるまでもないケースがほとんどでしょう。さらに先方の手を煩わしたくないという心理も働きます。同時に、下手に聞くと無理やり買わされてしまうかもしれないという不安もあるでしょう。

コラム

図3-20

　相手の手を煩わすことなく低コストで、時間の制約がなく情報が手に入る手段があれば、お客様はご自身で商品情報を調べてくれるかもしれないではありませんか。インターネット支店に製品情報を置いておけば、お客様は、ご自身でいらしてくれるかもしれません。常時接続の環境では、コストを意識することなく、また、店の営業時間や店員の手間などを考慮せずに、必要な情報をご自身の都合で安心して調べることができるのです。

　詳細な情報がわかればわかるほど、その商品に対する興味がよりふくらみ、購入意欲がより高まることが期待できます。さらに、詳細情報と一緒にキャンペーン情報や特別価格のご提案ができれば、より販売チャンスが膨らみます。これは電話問合せでは難しいところです。そして購入意欲が高まった瞬間に購入ができれば、これが一番のビジネスチャンスとなるのです。

コラム

　さらに、インターネットの仕組みを利用すれば、お客様がご自身で調べることをお助けすることができます。キーワードで商品を検索することができますし、ある商品を調べているお客様に関連する商品の情報を提供することもできますし、さらに、対抗商品との比較を見せることができます。例えば、家電量販店のソフマップのショッピングサイトでは、図3-20のとおり、特定の商品を検索すると、その右側に、「他にこんな商品が売れています」と、付加情報を提供してくれます。
　こういった仕組みを使えば、お客様の商品知識をより高めることが容易にできるのです。
　もちろん、インターネットで商品知識を得られることは、インターネット支店の売上げに貢献するでしょうが、すぐに購入とならなくても、集めた知識がより購入意欲を高めますから、インターネット支店の売上げだけでなく、実店舗の売上げにもかなり貢献することが可能になると考えられているのです。

5　現在通信販売を行っている

　もし、あなたの会社が既に通信販売を行っているのでしたら、これはすぐにでもサイトを立ち上げるべきでしょう。なぜなら、インターネットを介した販売と通常の通信販売では、その必要な機能がまったく同じであるにもかかわらず、最もコストのかかる受注作業を顧客側のコストでやってもらえるからです。
　通信コストというだけでも、その削減効果は期待できます。通信販売では、多くの場合フリーダイヤルを設けるなど、受注に関わる通信コストを店側が負担することになりますが、インターネットの場合、構造上顧客負担で苦情になるケースはありません。
　また、直接的な通信費というだけでなく、データ作成コストの削減はさらに大きくなります。通常、通信販売の受注は、電話、FAX、郵送で受けることになります。電話の場合相当数のオペレータを常駐させなければなりません。多くの場合、受注は時間的に集中するため、その最大のタイミングにあわせて人員を配置しなければならず、人件費コストは大きいものになって

コラム

図3-21

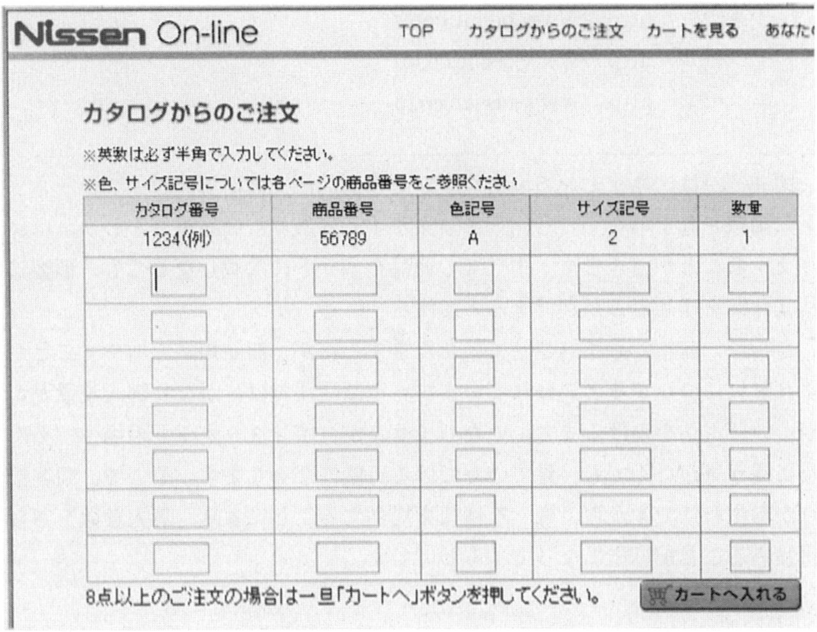

います。オペレータは、電話を受けながら受注情報をインプットして受注データをつくることになります。FAX、郵送の場合、時間分散は可能になるので人件費の平準化は可能なものの、結局注文データをコンピュータにインプットする作業が必ず必要となり、その人件費コストが必要となります。

　ところが、インターネットで受注する場合、顧客が直接データ入力するので受注の瞬間からデジタルデータとして扱うことができるようになります。うまくデータベース管理を実行すれば、受注の瞬間にデータベースにデータが入力され、在庫情報がメンテナンスされると同時に、発送情報が物流センターに届けられるようになります。こういったコストダウンと時間短縮が期待されるので、多少のWEB作成コストをかけてでも、インターネットで受注する仕組みを構築する意味は大きいと考えられ、大手通信販売業者はこぞってインターネットへの移行を実行してきました。

千趣会	http://www.bellne.com/
セシール	http://www.cecile.co.jp/
ニッセン	http://www.nissen.co.jp/

　図3−21は、ニッセンのカタログからの商品注文画面です。インターネットに掲載されていなくても、カタログが手元にあり、商品番号がわかれば、注文することができます。すべての商品をネットに掲載しなくても、顧客に注文作業を任せることができるのです。

　さらに、前項でも述べさせていただきましたが、商品知識を増やすことがより購入につながるといわれています。電話受注では、かなり購入意欲がわかないと電話をかけるまでにいたりませんが、インターネットの場合、そんなに買う気がなくても、見ていただける可能性があります。そこで、顧客接点が増すわけですから、様々な情報を提供することにより、購入意欲をさらに強めることが可能になってくるわけです。

6　単純な規格品の製造・販売ではなく、オーダーメイドなど一つ一つ異なった商品を扱い、マス告知に向かない

　たった一つの在庫を売るために、告知費用を多大にかけることはできません。もちろん、たった一つでも多大な利益を上げるマンションといったようなものであれば、一軒のために、チラシをつくることもあるでしょうが、一般の商品は、一つの在庫のために告知することはコスト的に見合わないのが普通です。このため、今までは店頭に来て実物を見て決めていただくために「来店促進」を考えるしかありませんでした。

　例えば、粗利500円の商品が一つだけあったときに、掛けられる販促費は最大で500円のはずです。10万円掛けたチラシを配るためには、チラシに200個商品を並べないと合わないこととなります。商品によるでしょうが、チラシに200個の写真を並べたら、一つ一つをちゃんと識別することは難しいでしょう。そこで、とにかく来店していただく告知をするしかなかったのです。

　しかし、インターネットを使ったビジネスの場合、一つの商品を販売品目

コラム

に加えるコストは、非常に小さくなります。自社のサーバーで、自社の仕組みでサイトを立ち上げ、社員だけで運用している状況であるならば、ほとんどコストは掛からないといってもいいでしょう。本当に一つずつ違う商品を低コストで売るために、オークションサイトを利用している企業もあります。

　ネットビジネスは、比較的利益の薄い一つ一つ異なる商品であっても、来店いただくことなく、その商品の特徴を消費者に伝え、購入させることができる特徴を持っているのです。

7　インターネット支店検討のおすすめ

　私たちは本書を通じて、あなたの会社で何か新しいビジネスをインターネットで始めていただきたいのではありません。今、あなたの会社がやっているあなたの本業を、さらに拡大するために、インターネット支店を開くことを考えてほしいのです。

　それは、インターネットを使って、売上げを増やすだけでなく、あなたの、今のお店の売上げを増やす可能性を秘めています。さらに、お客様との接点を広げ、コミュニケーションコストを下げる可能性を秘めているのです。

[3] 第三世代ネットビジネスの法務

(1) ネットビジネスに関連する法整備の急速な進展

　インターネットの発展に伴い、数多くのいわゆるネットビジネスが立ち上がりました。既に様々なデータを引用してきましたように、日本国内における個人向け電子商取引（BtoC）の規模は年々飛躍的に増大しており、今後もこの新しいビジネス市場は大きな展開を見せてくれると思われます。
　本書において取り上げているクリック＆モルタルもインターネットと現実の店舗や流通機構を組み合わせるネットビジネスの一手法にすぎません。
　こうしたネットビジネスの促進を図るために、政府は、「高度情報通信ネットワーク社会形成基本法」（IT基本法、2001年1月6日施行）に始まり、「電子署名及び認証業務に関する法律」（電子署名法、2001年4月1日施行）、「書面の交付等に関する情報通信の技術の利用のための関係法律の整備に関する法律」（IT書面一括法、2001年4月1日施行）等のように規制緩和的側面をもつネットビジネスのインフラ整備を行ってきた反面、EC利用者保護の観点から、「電子消費者契約及び電子承諾通知に関する民法の特例に関する法律」（電子契約法、2001年12月25日施行）、「特定商取引に関する法律」（特定商取引法）の改正（2002年7月1日施行）、「特定電子メールの送信の適正化等に関する法律」（迷惑メール防止法、2002年7月1日施行）、「古物営業法」の改正（改正案の一部につき2003年4月1日施行。改正案のどの部分が施行されたか、未施行部分の施行時期については、警察庁のサイト（http://www.npa.go.jp/pub_docs/index.htm）を参照してください）、「個人情報の保護に関する法律」（個人情報保護法、2003年5月23日成立）等と、立て続けに、いわば規制強化立法を行いました。
　これらの法律は、インターネットによって生まれたネットビジネスの多くが民法をはじめとする現行法の予定していなかったものであったため、その結果生じた法律と現実との間のギャップを埋めるために制定されたものです。

しかし、こういった新法制定、法律改正等によっても、これらのギャップを埋め切れたとはいえず、経済産業省は、電子商取引に関して現行法の解釈を示すために、2002年3月に「電子商取引に関する準則」（http://www.meti.go.jp/topic/downloadfiles/e20329cj.pdf）を発表しました。

同準則の冒頭にも記載されているように、本来ならば、現行法の解釈に関して不明確な事項があれば判例の積み重ねによって合理的なルールが自ずと明らかになるはずですが、当面、そういった司法による判例集積が迅速に進むことを期待することができません。同準則は、取引当事者の予見可能性、取引円滑化に資するように作成されたものであり、単なる解釈例にすぎませんが、有力な解釈指針として、今後実務に影響を及ぼすことが予想されます。

そして、このような官公庁によるガイドラインや準則等が当分の間、ネットビジネスの規制をリードしていくことになることが予想され、これからのネットビジネスの実践に当たっては、法制定の動向や、司法判断の動向に止まらず、こういった官公庁の動きを常にウォッチする姿勢が欠かせないものとなります。

（2）BtoCビジネスを巡る法的リスクの高まり

ネットビジネスの黎明期においては、明確にビジネスを規制する法律がなく、民法をはじめとするインターネットの存在を前提としない旧来の法律がどのように係わってくるかも不明確であり、ある意味、無秩序の中でビジネスが進行した面があります。

例えば、ネットビジネスを開始するのに欠かすことのできないドメインネームに関していえば、信販会社であるジャックスが、「jaccs.co.jp」というドメインネームを登録して携帯電話等の販売広告を行っていた業者に対して、その差止めを求めて提訴したのは1998年12月のことですが、この当時は、不正競争防止法がドメインネームを保護する明確な規定などなく、結局、最高裁でジャックスの勝訴が確定したのは2002年2月8日であって、裁判に3年3カ月を費やしました。そして、実は、訴訟継続中の2001年12月25日に「不正競争防止法の一部を改正する法律」が施行され、ドメインネームの不正使

用に関しては立法的に解決されてしまいました。かように、グレーゾーンに関しては、現実の紛争の方が先行し、それを後から規制が追いかけるという図式がネットビジネスの世界では往々にして見られました。

しかし、2001年から2003年にかけての、ネットビジネスに関連する新法制定、法律改正ラッシュの中で、概ねBtoCビジネスの法整備は一段落したのではないかと思われます。そして、その一連の流れの中で目に付くのは、IT基本法制定以来続いてきた規制緩和立法の流れが、完全に逆転して、現状で制定される法律等の多くは、EC利用者保護を目的とした事業者に対する規制立法であるということです。

つまり、当初は、ネットビジネスの興隆を最優先として、規制を緩和し新たなネットビジネスが生まれる土台づくりに奔走したわけですが、現在では、むしろ急速に発展しているネットビジネスについて規制強化を図るという動きが目立つようになってきたということです。

2002年11月20日成立の改正古物営業法では、「古物の売買をしようとする者のあっせんを競りの方法により行う業者」（古物競りあっせん業）という、インターネットオークション事業者を想定した概念を新たに設けて、同法の規制対象とすることを明らかにし、販売元の確認、売却対象物が盗品である疑いがある場合の警察への通知義務などが新たに設けられましたが、これなどは近時の法規制の流れを象徴的に示すものといえるでしょう。

今後は、「新しく生まれたビジネスだから……」という言い訳は通用せず、ネットビジネス業界もコンプライアンス（法令遵守）が求められる新たなステージに到達したといえるでしょう。

すなわち、ネットビジネスにおいては、ドッグイヤーといわれるほど変化が激しいがゆえに、法の整備が遅れ、法と現実のギャップが歴然と存在する中で、業界では余りコンプライアンスという観念が重視されてこなかった傾向がありますが、法律の整備がある程度進んだ現在においては、むしろ、ネットビジネスの事業者は、ビジネスで成功するために、法整備の動向を常に追いかけておく必要があるということです。キャッチアップを怠ると、ビジネスに思わぬ支障が発生する可能性が出てきたわけであり、この法的リスクに対して、ネットビジネスの事業者は正面から向き合う必要があるわけです。

前記改正古物営業法に関していえば、同法改正を主導した警察庁とネットオークション大手との間の軋轢が報道されたりもしましたが、今後はむしろ、ネットビジネス業界全体として、法的リスクを事前に回避する目的を持って官公庁と協調し、積極的に立法に参画していく姿勢が必要となってくると予想されます。

（3）法的リスクにどう向き合っていくか

1　情報収集

　では、前記法的リスクにどのように向き合っていくかですが、これといった万能薬はありません。ただ、こまめに官邸ホームページや官公庁ホームページを閲覧して情報収集をしていれば、法律や各種ガイドライン等の制定状況に関する相当量の情報を入手することができます。すべての官庁を見る必要はなく、下記程度のサイトでも十分です（もちろん、特殊な商品等を扱っている場合には、それに応じた所轄官庁のサイトを見る必要があります）。

　なお、特に近時は、法律の制定・改正の際に、ネット上でパブリックオピニオンを求めることが多く、自ら意見を述べる機会さえも与えられていますので、積極的に自己の意見を発信するのも良いかもしれません。

官邸：http://www.kantei.go.jp/
経済産業省：http://www.meti.go.jp/
公正取引委員会：http://www.jftc.go.jp/
総務省：http://www.soumu.go.jp/
国土交通省：http://www.mlit.go.jp/
法務省：http://www.moj.go.jp/

　さらに、ある程度注目を集めている問題であれば、新聞報道がトピックな素材として扱ってくれるので、毎日、ネットで閲覧しておくのも良いでしょう。次に、特にIT関連のニュース分野を別扱いとして編集しているサイトを挙げましたが、お好きな新聞社のものでもちろん結構です。

> 日経：http://it.nikkei.co.jp/it/
> 毎日：http://www.mainichi.co.jp/digital/

　なお、総務省行政管理局が整備している憲法、法律、政令、勅令、府令、省令及び規則のデータの提供サービスを無料で行っているサイトもあります。新聞等で、自分の行っているビジネスに関連しそうな、何か気になる法律等が見つかれば、検索して全文を参照してみるのも良いと思います。

> 法令データ提供サービス：
> 　http://law.e-gov.go.jp/cgi-bin/idxsearch.cgi

　また、みずからの業種がどこに位置するかさえ認識しておけば、自ずとチェックするサイトも限定されてくるでしょうし、業界団体に所属していれば、様々な情報を入手することもできるでしょう。下記のサイトなどをはじめ、多数のサイトがありますので参考になさって下さい。

> 電子商取引推進協議会：http://www.ecom.or.jp/
> インターネット広告推進協議会：http://www.jiaa.org/
> 日本通信販売協会：http://www.jadma.org/

2　模倣に伴うリスク
　　～新たな発展への制約にならないための備え～

　いまだに中小のネットビジネス業者の中には、会員規約、プライバシーポリシー、サイト画面の表示等につき、その中身や法的背景を理解せず、大手のものをそのまま字面だけ少し変更して流用したり、複数の大手のものを切り貼りして作成するといった風潮があるようです。しかし、流用元とまったく同じビジネスでなければ、気付かないところで矛盾を起こしている可能性もありますし、ビジネス開始当初はその矛盾が露呈しなくても、サービス内

容に何らかの手を加えた際に矛盾が顕在化してしまうかもしれません。

　規約やプライバシーポリシーの重要性については本書で後に説明する通りですが、そもそも、規約やプライバシーポリシーの内容にしても、WEBサイトの表示にしても、また、様々なサイトが日常的に行っている多種多様な販売促進（会員獲得）キャンペーンにしても、それらはすべて法律による一定の制約を受けており、本来すべてのWEBサイトは、そういった規制を熟知した上で、何が必要で何が不要かを検討し実施しなければいけません。

　しかし、他者の単なる模倣をしているのでは、例えば、事業が順調に伸びてきて、他社のビジネスモデルの模倣にとどまらず、何らかの新たなサービスを提供しようとして、規約やWEBサイトの表示をリニューアルする必要が生じた場合に、どの部分は改変できて、どの部分は残さなければならないかなどの判断が自らできず困ることになります。キャンペーンについても、ありきたりのものでは顧客誘引の効果が薄いですから、何か人目を引く特別なものを実施しようとあれこれ悩み、思いついたとしても、それが本当に実施可能かどうかが判別できません。

　やはり、模倣を脱却して新しい何かを始めるときには、どうしても一定の法的知識が、ビジネスリスクの軽減という意味で不可欠となるのです。

3　法的リスクに対する判断は一つだけか

　もちろん、整備されたといっても、ネットビジネスを巡る法規制にはまだまだグレーゾーンが残っており、新しいビジネスであればあるほどに、常に法的に問題とされるリスクと向き合っています。しかし、法的リスクを検討した上での判断と、検討しないままでの判断では、ビジネスの観点でまったく意味を異にします。

　一定のビジネス・イシューにつき、きちんと法的リスクを検討した上で、完全な黒ではないが、白ともいえないという場合、後は、「それを実行した際に得られるビジネス上のメリット」と、逆に「法的リスクが具現化した場合のビジネス上のデメリット」との比較考量の問題となり、そこでいわゆる経営判断が行われます。そして、その判断は会社の置かれている状況によってもちろん異なります。

例えば、ネットビジネスの一つの典型例であるターゲティングメール配信事業者の場合、まずは、一定規模のメール配信対象者（及びその者の趣味嗜好に関する詳細なデータ）を集めなければ事業は成り立ちません。採算分岐点となる一定数の配信対象者をいかに早く効率的に集めるかが、ビジネス成功の鍵となります。その際、会員集めのキャンペーンにおいて景品表示法を過剰に意識して、魅力の乏しいキャンペーンばかり実施していたのではいつまでたっても会員は増加しないでしょうし、また、会員増加を図る際に個人情報の保護を必要以上に厳格に捉えすぎ、アライアンス企業と連動した会員増加のチャンスを逃すことにもなりかねません。もちろん、法令の遵守は重要な課題ですが、そのためにビジネスに失敗したのでは本末転倒です。ビジネスの失敗という結果だけ見れば、コンプライアンスを無視して社会的に糾弾されて市場から退場するのも、法的リスクを恐れる余り、必要以上に法令遵守に過敏になった結果、ビジネスが軌道に乗らずに市場から退場するのも同じことです。

　ただ、当然のことながら、この指摘は、ビジネスが軌道に乗るまでは法に違反しても構わないと述べているわけではありません。あくまでも、発展途上の事業者であれば、弁護士等の専門家も交えて検討した上でもなお判断のつかないグレーゾーンについては、リスクに怯えることなく、あえてリスクを取りにいくぐらいの姿勢であるべきではないか、ということを述べているのです。

　逆に、成功軌道に乗ってきた事業者があえてリスクを冒す必要がないのは当然のことであり、無理なキャンペーンを実施して景品表示法に違反し、公正取引委員会（公取）から社名公表等の処分を受けてビジネスを失速させるのは愚の骨頂です。

　やはり、事業者の置かれているポジション、その立っているステージによって、自ずと法令遵守の意味は異なってくるはずであり、法的リスクに対する向き合い方もまったく違ってくるはずです。そして、ネットビジネスにおいては、整備が進んだとはいえ、まだまだグレーゾーンが存在することから、そういった判断を迫られる場面が、既存業者よりも多いと考えられるわけです。

　例えば、上記景品表示法の場合、一般的な景品表示法の運用の実態や、仮

に景品表示法に違反した場合の当局の対応等を熟知していれば、まだ発展途上の事業者であれば、多少のリスクを負っても、景品表示法の許容限度ぎりぎりのところでキャンペーンの実施を行うことを考えても良いでしょうし、逆に、ある程度の知名度を得た事業者であれば、あえてリスクを冒す必要がないことは当たり前のことです。

　1999年に、ある会社から、ネット上での懸賞企画の相談を受けたことがあります。それは、ネット上で行われる、ちょっと複雑な仕組みのオープン懸賞企画を実施しても良いかというものでしたが、後に説明するように、景品表示法の問題は公取の判断が非常に重要な要素となるにもかかわらず、当時はネット上における懸賞企画に関してはまだ何らの判断も示されていませんでした。現在では、2001年4月26日付「インターネット上で行われる懸賞企画の取扱いについて」と題する公取の判断がありますから、それを基準に推考してある程度確定的な回答を行うことができますが、当時はどのように回答すべきか悩みました。そして、結論として、意見書には実施可能と明記しましたが、その大きな理由は、当該事業者の置かれていた状況にありました。すなわち、当時、その事業者は、他の事業ではある程度の実績を有する企業でしたが、今回はネット業界に新たに参入しようというものであり、その収益源を会員に対するオプトインメール配信に求めていました。そして、当時は20万人の会員を擁していれば業界である程度の存在感を示すことができ、配信広告を取ることが容易になるために、一刻も早い会員獲得が急務でした。そういった状況の中において、明らかに景品表示法に違反しているならともかく、公取の判断がないある種のグレーゾーンであっても、きちんと理論的説明がつくのであれば、魅力のある懸賞企画を他社に先駆けて実施して会員を短期に集めるのが、ビジネスにとって不可欠であると判断されたわけです。また、仮に公取の判断が景品表示法に反するとなった場合でも、いきなり排除命令等の厳しい処分が下ることは希であり、警告処分に止まるのであればビジネスへのダメージも少ないと判断されたからです。結局、その企画は実行されましたが、その後公取より何ら指摘されることもなく、現在、その企業はオプトインメールの業界では相当の影響力を有する存在となり、公開を目指して活動しています。あの時に、確定的に大丈夫とはいえないから、当

該企画を実行していなかったなら、現在数多あるオプトインメール業者の中で埋没していたかもしれません。

ただ、逆に、相談をしてきた事業者が一部上場企業であればどうだったでしょうか。場合によっては、（可能性は低いとしても）公取によって違法と判断された場合の本業に対する影響を考えて、実施を見合わせるように意見していたかもしれません。

かように、法的リスクに対する向き合い方は、その事業者毎に異なることを理解していなければなりません。結論は決して一つではないのです。

そして、適切な判断をするためには、当然のことながら、十分な法的知識が必要となるのです。前記例でも、リアルビジネスにおける公取の判断例等を十分に検討した上で、それらとネットビジネスとの共通点、相違点を比較検討して、リアルビジネスにおける公取の判断がネットビジネスにおいてどのように変化するかを予測し判断しなければならないわけです。

仮に、上記のような検討作業なしに判断が行われた場合、まったく予想しない、会社の存続を揺るがすような危機が突然訪れて右往左往することになる虞(おそれ)があるのに対して、きちんとした検討作業を行った上で経営判断が為されれば、仮に法的リスクが顕在化しても、それは事前に予想された事態ですから、余裕をもって対応できることになるわけです。

なお、公取の話が出たついでに、現在、公取をはじめとする官公庁はインターネット・サーフ・デイという調査活動を活発に行っています。「インターネット・サーフ・デイの実施について」（2002年12月27日発表 経済産業省、公正取引委員会、国土交通省 http://www.meti.go.jp/kohosys/press/0002412/）との報道発表が為されていますので、詳細はそちらを見ていただきたいのですが、この活動では、それぞれ所轄の官庁が関係サイトを巡回し、法律の遵守状況をチェックし、場合によっては警告メールを発信したりしています。

今後も継続的にサイトに対する監視が実行されるとのことであり、以前のように、「どうせ自分のところ程度の規模のサイトなら大丈夫」といった、法律を無視した安易なサイト運営は、今後ますますできなくなるものと考えなければなりません。

（4）コンプライアンス

1　コンプライアンスとは

　近年、雪印食品、日本ハムといった大手企業の相次ぐ不祥事によって、コンプライアンスという言葉をよく新聞等で見かけるようになりました。

　コンプライアンス（compliance）とは、もともと英語の「comply」の名詞形であり、「comply with ～」で「～を遵守する」という意味となり、一般的には「法令遵守」という意味で使用されています。

　上記問題となった各社は、それぞれ問題発覚によって大きなダメージを受け、雪印食品に至っては会社解散にまで追い込まれました（http://news.kyodo.co.jp/kyodonews/2002/yukijirushi/subs/zenmidasi.html）。

　企業は安全管理や法令遵守などの社内体制の確立に努めなければならず、それを怠った者は市場からの退場を命じられるということを世に知らしめた事件でした。

2　ネットビジネスのコンプライアンス

　従前、ネットビジネスにおいては、法律に対する意識が非常に低かったといえます。

　特に第一世代ネットビジネスでは、その傾向は顕著でした。まず「アイディアありき」で、他の人が考えつく前に新しいビジネスを起こすことが優先された第一世代ネットビジネスにおいては、思いついたアイディアを、ベンチャーキャピタルをはじめとした投資家たちにいかにうまく説明するかが重要視されたのであり、その法的なバックボーンは置き去りにされがちだったわけです。また、第一世代ネットビジネスの中核を担った20代～30代の若き経営者は、ネットに対する豊富な知識はあっても、リアルビジネスに対する経験はなく、一部の企業では、普通では考えられないほど稚拙な内部紛争や経営権争いが発生しました。

　1998年に設立され、ネットバブルの頃に上場して莫大な資金を集めた、あるネット企業などは、社内で対立する役員を暴行監禁して連れ回したとして、

33歳の元代表取締役が逮捕監禁罪で逮捕され、結局、刑事裁判において、検察の求刑どおり懲役3年の実刑判決を受けました（2003年5月に最高裁で確定）。このような事件など、リアルビジネスで実績を積んだ企業においては、通常あり得ないことであり、コンプライアンス以前の問題ともいえるでしょう。

これに対して、第二世代ネットビジネスにおいては、もともとリアルビジネスを行ってきた企業が主役であり、当然コンプライアンスの意識は持っていましたが、その対象となる法規が未整備であり、それほど意識をすることなくビジネスが実行されてきた面があります。

3 コンプライアンスの確立

第三世代ネットビジネスにおいては、整備されつつある諸法令を前提としてビジネスを進めるわけであり、またリアルビジネスでの経験を積んだ企業が主体となっていることから、当然、コンプライアンスなくしてビジネスの永続的な発展はないとの意識が確立されていなければなりません。

既に整備された法といかにうまく付き合っていくか、つまり、法令の内容（その背後にある精神も）をきちんと理解した上で、何をどのように厳守しなければならないか、そのためには社内の体制をどのように整備すれば良いかを十分に検討しなければならないわけです。

特に、近時の問題となった事案の多くは、内部告発に端を発するといわれていますが、第三世代ネットビジネスを行う会社の場合、内部告発が容易に行われやすい土壌があることに注意を払う必要があります。つまり、ネットビジネスにおいてはリアルビジネスに比べて、人材の流動性、非正社員の割合が明らかに高くなる傾向にあり（特に技術系社員に顕著です）、また社員の多くは20代から30代の新しい価値観を有する若い世代となっています。彼らに、昔ながらの滅私奉公的な愛社精神を押しつけても無駄なのであり、内部告発を押さえ込むことは不可能です。しかも、ネットビジネスに従事する社員は皆インターネットの知識が豊富であり、ネットを通じて形成された人的交流も盛んなのであり、ある社員が内部告発を決意した場合、その情報は瞬く間に社会に広まることになります。以前のように、マスコミに投書したり中傷ビラをまくより、掲示板やメーリングリスト等を利用する方が、ずっ

と容易かつ廉価に情報を流布することができるわけです。

　ネットビジネスは、インターネットを道具として使いこなすことによって利益を上げる存在ですが、その道具の存在ゆえに、100％の秘密保持など最早困難となったわけです。ある人が、現代を「隠せない時代」と表現していましたが、インターネットを活用するネットビジネスにおいては、リアルビジネス以上に、特定の情報を意図的に「隠す」ことは困難です。

　では、どのように対処すればよいでしょうか。この点、これといった確実な対応策はありません。書店に行けば、様々な内容のコンプライアンス経営の本が並んでいます。

　ただ一ついえるのは、ネットビジネスの場合には、情報の共有化とフラットな組織を心がけることが一つの解決策となりうるということです。

　近時、大企業においても、社内LANの構築等によって情報の共有化を図り、またピラミッド型の階層組織ではなく中間管理層を廃したフラットな組織を心がける企業が増えていますが、情報の共有化は、（もちろん情報の社外流出の危険も高まりますが）社内における相互監視を実現することで不正行為の予防につながりますし、フラットな組織を構築すれば、各社員とトップとの距離が短くなり、外部への内部告発よりも会社内部での告発による問題解決を図ろうとする動機づけが生まれます。

　外部への内部告発は、往々にしてトップに直訴しても聞き入れられないという社員の閉塞感が引き起こすものですが、トップとの距離を近づけて、トップがその意見を受け容れるという状況を醸成すれば、社員が、会社内部での告発による問題解決を選択することが大いに期待できます。つまり、会社内部において、大きな問題に発展する前に自浄的に処理することが可能となるわけです。従って、そういった観点から見れば、いざ告発があった場合には、それが社内の人事抗争等を有利にするため等の不当な意図の明白でない限り、歓迎奨励すべきことは当然のことであり、そういった環境づくりは不可欠といえるでしょう。

　なお、2003年5月には、内閣府の公益通報者保護制度検討委員会が、内部告発者保護の制度案をまとめましたが、内部告発者の保護は世界的潮流であり、日本においても早期の制度化が期待されます。

そして、当然の大前提として、CEOはもちろん、社員各人（特に企業と消費者との接点部分に携わっている部署）が、近時のネット関連法規の制定、改正等の動きをある程度理解していることが必要です。

既に述べたように、以前の状況とは異なり、ネット関連の法規はこの数年で飛躍的に整備されており、その消費者に対する浸透も進んでいるのであり、「法の不知」が許される時代は既に終わったのです。

（5）規約の活用

1　規約とは

WEBサイト上でネットビジネスを行う場合、規約を制定することが有意義な場合が多いといえるでしょう。

ここでいう規約とは、個別的な契約とは異なり、会員規約のように、多数の消費者に同一の契約条件が提示され、消費者はそれに同意するかしないかの自由しかないという契約類型ですが、その効力は一般に認められています。

現在、何らかのサービス提供を行う多くのWEBサイトは、利用規約を定めており、画面上に「利用規約」「取引約款」などへのリンクを用意した上で、「取引条件については取引約款をお読みください」などと明記されています。

2　規約の意義

必ずしもネットビジネスに関する法整備が完全に終了したわけではない現状では、規約は法の空白部分を埋めて解釈上の疑義を解消するという機能を果たすことができますし、取引形態に合わない法の任意規定を排除して、具体的な取引形態に合致した契約条件を定めることができるという点で有意義なばかりでなく、ネットビジネスに関する新たな法規制が旧来の法の常識と食い違っていることが多いことから、その点の消費者の認識との溝を事前に埋めておいて、トラブルを回避するという役割を期待することができます。

例えば、消費者がオンライン書店で本を購入する場合、WEBサイト上のカタログの中から購入を希望する本を見つけ出して、注文のメールを発信し

ます。これは、オンライン書店による購入の「申込の勧誘」に対して、消費者が購入の「申込」をしたものと考えられます。従って、法的には、この後、書店が消費者の購入申込を「承諾」する旨の電子メールを発信し、それが消費者の利用しているメールサーバーに到達した時点で本の売買契約は成立します（電子消費者契約法第4条）。

つまり、書店側の承諾メールが消費者のメールサーバーに未達の段階では、本の売買契約が成立しないわけですが、消費者はそのような法律構成など知りませんから、注文を出した時点で売買が済んだものと考えがちであり、後日トラブルとなる可能性があります。

しかし、規約の中で、きちんとどの段階で正式に売買が成立したかを明記しておけば、未然にトラブルを防止することが可能となるわけです。

なお、電子消費者契約法とは、「電子消費者契約及び電子承諾通知に関する民法の特例に関する法律」（2001年12月25日施行）のことであり、本法律によって、インターネットなどの電子的な方法を用いて承諾の通知を発する場合には、従来の民法の契約成立時期の原則を変更して、承諾の到達した時点で契約が成立することにしたものです。

民法の原則（承諾通知の発信時に契約成立　民法第526条1項「隔地者間ノ契約ハ承諾ノ通知ヲ発シタル時成立ス」）では、例えば消費者が商品の申込みをインターネットで行って、事業者が承諾の通知を消費者に送信した場合、何らかの事情によって承諾の通知が消費者に届かなかった場合であっても、既に契約が成立していることになりますから、仮にその消費者が、承諾の通知がいつまでも届かないことから、その取引を諦めて、他から同じ商品を入手した場合でも、なお当初の事業者から商品を引き取って代金を支払う義務を負うことになってしまいます（不着のリスクを消費者が負うわけです）。これに対して、2001年12月25日以降は、逆に、不着のリスクを事業者が負うことになったわけです。以下の図3－22は、経済産業省ホームページより引用したものですので参考にしてください（www.meti.go.jp/topic/downloadfiles/e11213aj.pdf）。

なお、ここでいう契約成立の要件である「承諾の到達した時点」（図3－

図3-22

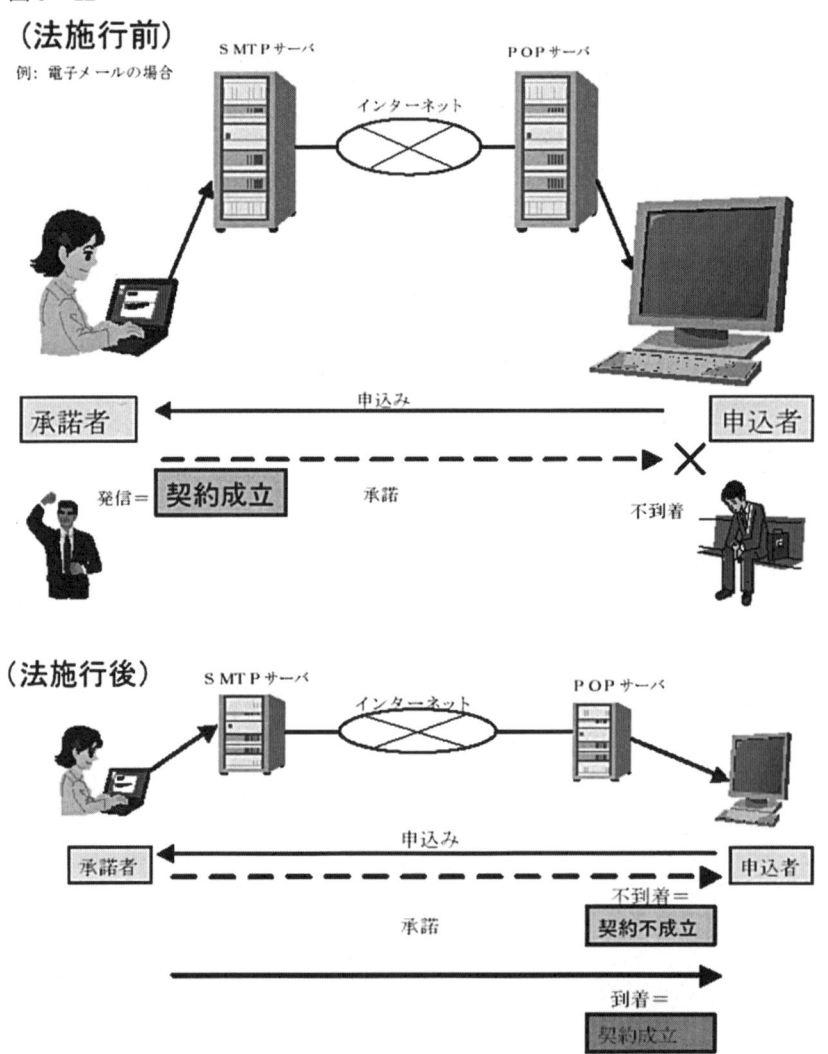

(法施行前)
例：電子メールの場合

SMTPサーバ　インターネット　POPサーバ

承諾者 ← 申込み ← 申込者
発信＝契約成立　承諾　不到着 ✗

(法施行後)

SMTPサーバ　インターネット　POPサーバ

承諾者 ← 申込み ← 申込者
承諾　不到着＝契約不成立
到着＝契約成立

〈出典：経済産業省ホームページより〉

22の「到着」とは、いつの時点を意味するのでしょうか。「電子商取引に関する準則」によれば、電子メールが、①承諾通知の受信者（申込者）が指定したまたは通常使用するメールサーバー中のメールボックスに②読み取り可能な状態で記録された時点を意味するとされています。つまり、承諾通知がいったんメールボックスに記録された後にシステム障害等によって消失した場合には契約が成立したことになりますが、申込者のメールサーバーが故障していたために承諾通知がそもそも記録されなかった場合、送信された承諾通知が文字化けによって解読できなかった場合等には契約は成立しなかったことになるわけです。

3　規約の拘束力

では、こういった事業者が一方的に定めた規約に消費者はなぜ拘束されるのでしょうか。一般には、特定の規約を有する事業者と取引を開始する以上は、消費者が当該規約に基づいて契約する意思を有していたと推定することによって、消費者は（たとえ規約の内容を認識していなかったとしても）規約に拘束されると説明されます。

前記のように、何らかのサービス提供を行うWEBサイトは、画面上に「利用規約」「取引約款」などへのリンクを用意した上で、「取引条件については取引約款をお読みください」などと明記されていますが、これらを認識した上で取引を開始した以上は、同様の推定によって、消費者に対する拘束力を認めることができるでしょう。

4　規約の有効性

このように規約はうまく活用すれば有意義なものですが、その内容にはある程度注意が必要です。例えば、特定商取引法等の消費者保護立法等の多くが強行法規であり、それに反する条項を規約で設けても効力がありませんし、その内容が著しく不合理・不公正であれば民法第90条（公序良俗）違反として無効とされることもあります。

特に、規約でよく見受けられる、事業者の責任を制限する条項については、消費者契約法（2001年4月1日施行）が明文で規制しており注意が必要です。

すなわち、消費者契約法第8条によれば、消費者契約（消費者と事業者との間で締結される契約）においては、軽過失の場合に事業者の責任を制限する条項は有効とされますが、それ以外のもの、すなわち、軽過失の場合に事業者の責任を完全に免責する条項や、故意又は重過失の場合に事業者の責任を制限する条項及び完全に免責する条項は無効とされます。

例えば「契約者が本サービスの利用に起因して損害を負った場合であっても、当社は一切責任を負いかねます」という条項を設けた場合、軽過失の場合も含んで事業者の責任を完全に免責する条項になり、消費者契約法に抵触することになるわけです。

これに対して、ある大手事業者の利用規約に規定された次のような条項であれば、消費者契約法に則ったものであることがおわかりになると思います。

「契約者が本サービスの利用に起因して損害を負うことがあっても、当社は、その原因の如何を問わず、前条（損害賠償の範囲）で規定する責任以外には、一切の損害賠償責任を負わないものとします。ただし、当社に故意又は重大な過失があった場合には、本条を適用しません」

なお、消費者契約法第9条、第10条は、消費者が支払う損害賠償又は違約金の額を事業者の損害に比して不当に高く定める条項、消費者の利益を一方的に害する条項に関しても無効と定めています。

（6）ネットビジネスに関連する諸法規概観

ここでは、ネットビジネスに関連する諸法規を概観していこうと思います。ここで取り上げる法律は、基本的にネットビジネスのインフラ整備のために近年制定されたものであり、第三世代ネットビジネスの担い手の皆さんは、既に完成したインフラの上でビジネスを展開するわけですから、この章の諸法規をそれほど意識する必要はありません。

ただ、ネットビジネスのバックボーンを理解しておくことは重要ですので、簡単にご説明しておきます。ビジネスに直結する法律に関しては、この後の章において、場面をわけて詳細にご説明しますので、本章はざっと読み流しても構いません。

1　IT基本法（資料編に掲載）

　IT基本法とは、2001年1月6日に施行された「高度情報通信ネットワーク社会形成基本法」の通称であり、簡単にいえば、日本がIT革命をどうやって起こして、そこで何を目指すかという基本的精神が規定されています。

　その第19条は、「高度情報通信ネットワーク社会の形成に関する施策の策定に当たっては、規制の見直し、新たな準則の整備、知的財産権の適正な保護及び利用、消費者の保護その他の電子商取引等の促進を図るために必要な措置が講じられなければならない」と明記されています。

　ただ、あくまで基本的精神をうたったにすぎず、何かを規制するという法律ではありませんから、ネットビジネスを現実に実施するに当たって、特別に配慮する必要はありません。ただ、日本がITを用いてこれから目指す社会の青写真が描かれていますから、将来のネットビジネスを展望し、有望なネットビジネスの萌芽を発見するのには役立つかもしれません。

2　電子署名法（資料編に掲載）

　電子署名法とは、2001年4月1日に施行された「電子署名及び認証業務に関する法律」の通称であり、簡単にいえば、電子署名に、手書きの署名押印と同等の効力を持たせるための法律です。

　民事訴訟法第228条1項は「文書は、その成立が真正であることを証明しなければならない」と規定し、民事訴訟法第228条4項は「私文書は、本人又はその代理人の署名又は押印があるときは、真正に成立したものと推定する」と規定しています。

　つまり、リアルの社会において、何らかの紛争が発生し、自分の主張を証明するために、証拠となる文書を提出する際には、その文書の成立が真正であること、すなわち、「文書が挙証者の主張する特定人により作成されたこと」を証明しなければなりませんが、その文書が私文書である場合には、作成者と主張されている本人またはその代理人の署名または押印があれば、その本文はタイプで打ってあったりしても、文書全体の真正が推定されることになります。さらに、押印された印影が、本人の印章によって顕出された事実が確定された場合、反証がない限り、その印影は本人またはその代理人の

意思に基づいて成立したものと推定されますから（昭和39年5月12日最高裁判決）、その結果、文書全体の真正が推定されることになります（二重の推定）。

　このような規定がないと、例えば売買契約書に署名しているところを見た目撃者や写真等でないと、文書の真正を証明することが困難となってしまいますし、また、仮に目撃者や写真があっても、「意思」は目に見えないので、本当に自分の意思に即した書面であるかどうかを証明したことになるかは疑問であるということになりかねません。なお、このことと文書の記載内容の真実性とは無関係です。

　さて、電子署名法第3条は、「電磁的記録であって情報を表すために作成されたもの（公務員が職務上作成したものを除く）は、当該電磁的記録に記録された情報について本人による電子署名（これを行うために必要な符号及び物件を適正に管理することにより、本人だけが行うことができることとなるものに限る）が行われているときは、真正に成立したものと推定する」と規定されています。

　本条項は、一定の要件を備えた電子署名には「電磁的記録の真正な成立の推定」という法的効果を認めたものです。従前、紙の書面ならぬ、電子文書の場合には推定規定がありませんでしたが、その点を立法化したわけです。つまり、サイバー世界の電子文書が、リアル世界の手書き署名や押印のなされた文書と同等に通用する法的基盤を整備したものといえます。

　そして、その一定の要件とは、

①電磁的記録であって情報を表すために作成されたもの（インターネットや携帯電話を使って電子メール等でやりとりしている電子データ全般。情報を表すために作成されたものである必要がありますが、ほとんどの電子データはこの要件を満たすと思われます）

②公務員が職務上作成したものを除く（これは公務員が職務上作成した電磁的記録については、民訴法第228条2項、第231条で「真正な成立の推定」についての定めが置かれているので、この法律からは除外されたわけです）

③本人による電子署名であること（これを行うために必要な符号及び物件

を適正に管理することにより、本人だけが行うことができることとなるものに限ります。ここでいう符号とは例えば署名鍵を構成する情報を指し、物件とは例えば署名鍵が記録されたICカードなどを指すわけです。技術や方法は問いませんがこれらの符号及び物件が適正に管理されて第三者に漏洩しない限りは、第三者は同じ電子署名を行えないものであることが必要なわけです。簡単にいえば一定の技術水準を充たしており、つまり第三者による解読・偽造が不可能に近い性能を有しており、署名鍵を持っていない人が容易に同じ署名を作成できないということです）の3つです。

なお、本法は、上記の他に、認証業務（電子署名が本人のものであること等を証明する業務）に関し、一定の基準（本人確認方法等）を充たすものは国の認定を受けることができることとし、認定を受けた業務についてその旨表示することができることとするほか、認定の要件、認定を受けた者の義務等を定める規定をおいています。

この制度の目的は、認証機関の信頼性の目安を一般に提供することにあり、事業者に認定を義務づけているわけではありませんから、認定を受けずに認証業務を行うことも可能です。

3 IT書面一括法

IT書面一括法とは、2001年4月1日に施行された「書面の交付などに関する通信情報の技術の利用のための関係法律の整備に関する法律」の通称であり、簡単にいえば、これまで企業が顧客に対して「紙」で取り交わすことを義務づけられていた手続きについて、顧客の同意を条件に電子メール等の電子的手段によっても行えることを認めた法律です。

いかに経済のIT化が進んでも、書面の交付や書面による手続きを義務づけている法律が存続する限り、その部分だけは旧態依然とした非効率な手続きが行われることになり、電子商取引の進展を阻害することになることから、見直しが図られたものです。

具体的には、民－民間の書面の交付あるいは書面による手続きを義務づけている諸法律50本（証券取引法、保険業法、薬事法、割賦販売法、宅地建物

図3-23

＜予約金等を支払う通信販売における承諾の通知の電子化：訪問販売等に関する法律＞

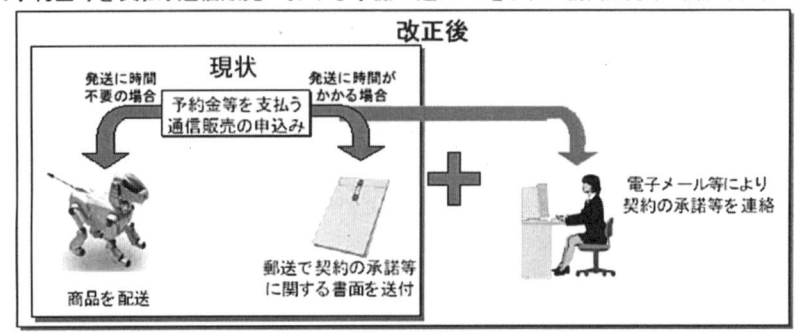

＜旅行契約の取引条件書等の交付についてのネット・携帯端末の利用：旅行業法＞

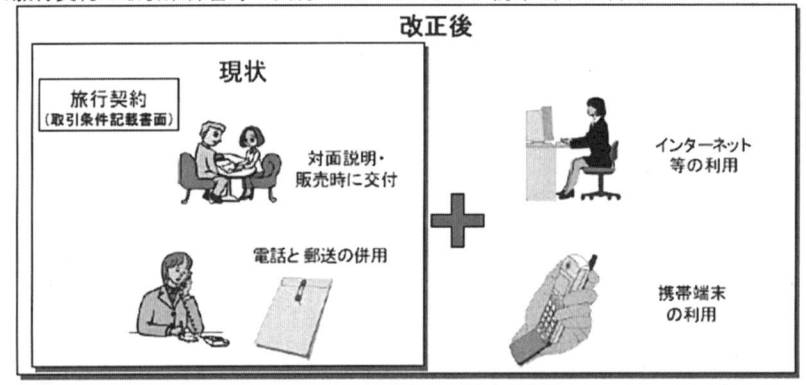

〈出典：経済産業省ホームページより〉

取引業法、旅行業法等）が一括して改正されました（表3－1参照）。

　理解しやすいように、経済産業省報道発表資料より典型的な例について引用しますが、旅行業者などは、本法律によって最も恩恵を受ける事業者の典型といわれています（図3－23　www.meti.go.jp/kohosys/press/0001048/0/1020syomen.pdf）。

　なお、公正証書を要求しているもの（借地借家法の定期借地権契約等）、国際条約に基づくもの（国際海上物品運送法）、契約を巡るトラブルが現に多発する等書面の代替が困難なもの（貸金業規制法、商品取引所法等）、取

表3-1 IT書面一括法による改正法律一覧

1	証券取引法	26	中小漁業融資保証法
2	投資信託及び投資法人に関する法律	27	輸出水産業の振興に関する法律
3	外国証券業者に関する法律	28	農業信用保証保険法
4	有価証券に係る投資顧問業の規制等に関する法律	29	漁業災害補償法
5	金融先物取引法	30	海洋水産資源開発促進法
6	保険業法	31	沿岸漁場整備開発法
7	資産の流動化に関する法律	32	森林組合法
8	証券取引法及び金融先物取引法の一部を改正する法律	33	持続的養殖生産確保法
9	特定目的会社による特定資産の流動化に関する法律等の一部を改正する法律	34	中小企業等協同組合法
10	電波法	35	商工会議所法
11	下請代金支払遅延等防止法	36	中小企業団体の組織に関する法律
12	たばこ耕作組合法	37	商工会法
13	消費生活協同組合法	38	割賦販売法
14	毒物及び劇物取締法	39	商店街振興組合法
15	社会福祉法	40	訪問販売等に関する法律
16	結核予防法	41	商品投資に係る事業の規制に関する法律
17	覚せい剤取締法	42	ゴルフ場等に係る会員契約の適正化に関する法律
18	麻薬及び向精神薬取締法	43	特定債権等に係る事業の規制に関する法律
19	生活衛生関係営業の運営の適正化及び振興に関する法律	44	建設業法
20	薬事法	45	測量法
21	農業災害補償法	46	建築士法
22	水産業協同組合法	47	宅地建物取引業法
23	漁業法	48	旅行業法
24	農業委員会等に関する法律	49	積立式宅地建物販売業法
25	漁船損害等補償法	50	建設工事に係る資材の再資源化等に関する法律

引が相対で行われ電子取引が行われる可能性のないもの（質屋営業法）については、改正対象法律から除外されています。

4　不正アクセス禁止法（資料編に掲載）

　不正アクセス禁止法とは、2000年2月13日に施行された「不正アクセス行為の禁止等に関する法律」の通称であり、簡単にいえば、他人のコンピュータに直接あるいはネットワークを通じて、他人のID番号やパスワードなどを利用して他人になりすまして、あるいはコンピュータの弱点（セキュリティホール）をついて不正にアクセスし、他人のコンピュータを利用できる状態にする行為を禁止する法律です。

　なお、同法は、他人のID番号やパスワードを第三者に提供する行為など不正アクセスを助長する行為も禁止しています。

　前者の不正アクセス行為に対する罰則は、1年以下の懲役または50万円以下の罰金であり、後者の不正アクセスへの助長行為に対する罰則は、30万円以下の罰金と定められています。

　コンピュータ・システムに対する不正なアクセスとハッキング行為は、日本国内のみならず世界中のどこからでも可能となっており、このような不正行為はネットビジネスにおいて深刻な脅威となっています。同法は、被害の有無にかかわらず、ハッキング行為それ自体を処罰対象とすることによって、コンピュータによる業務処理、情報処理の安全性・確実性を保護するために制定されたものです。

　本法が適用になる典型例を、警察庁ハイテク犯罪対策ホームページから引用しましたので参考になさってみてください（図3－24　http://www.npa.go.jp/hightech/hourei/index.htm）。

　なお、平成14年5月には、会社員が自社及び他社のデータが管理されている特殊法人の研究開発用サーバーに当該他社の社員のID及びパスワードを使用して不正にアクセスし、当該他社が開発していた部品に係る機密情報を入手したという事案が摘発されています。

　ちなみに、参考までに、我が国におけるコンピュータ犯罪関連の刑法規定は以下のようになっています。

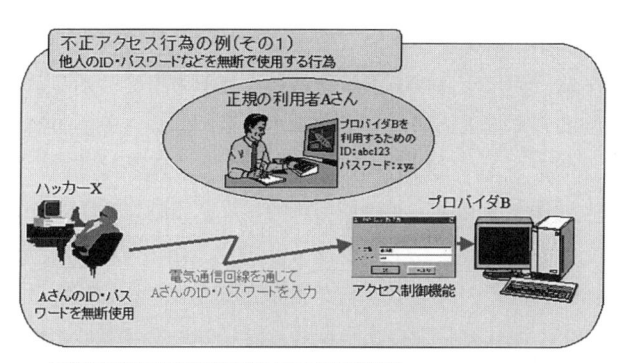

図3-24

不正アクセス行為の例(その1)
他人のID・パスワードなどを無断で使用する行為

正規の利用者Aさん
プロバイダBを利用するためのID: abc123
パスワード: xyz

ハッカーX
AさんのID・パスワードを無断使用

電気通信回線を通じてAさんのID・パスワードを入力

プロバイダB
アクセス制御機能

不正アクセス行為の例(その2)
セキュリティ・ホールを攻撃してコンピュータに侵入する行為

ハッカーX

電気通信回線を通じて特殊なデータを入力し、アクセス制御機能を回避

アクセス制御機能
セキュリティ・ホール

不正アクセス行為を助長する行為の例

正規の利用者Aさん
プロバイダBを利用するためのID: abc123
パスワード: xyz

Aさんに無断でAさんのID、パスワードを第三者に提供する行為

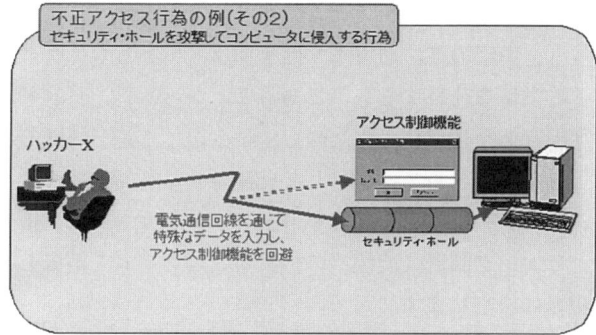

口頭伝達
「プロバイダBを利用するためのIDはabc123、パスワードはxyz。」

電子掲示板に掲示
プロバイダB会員のIDはabc123、パスワードはxyz

販売
1万円確かに受領しました。プロバイダB会員のIDはabc123、パスワードはxyzです。

〈出典:警察庁ホームページより〉

①電子計算機損壊等業務妨害罪（刑法第234条の2）
　「人の業務に使用する電子計算機若しくはその用に供する電磁的記録を損壊し、若しくは人の業務に使用する電子計算機に虚偽の情報若しくは不正な指令を与え、又はその他の方法により、電子計算機に使用目的に沿うべき動作をさせず、又は使用目的に反する動作をさせて、人の業務を妨害した者は、5年以下の懲役又は100万円以下の罰金に処する」

　本罪は、1987年のコンピュータ犯罪立法の一つとして新たに設けられたものです。現代社会ではあらゆる分野においてコンピュータへの依存度が高まった結果、そのシステムの損壊行為が深刻な被害を発生させることに鑑み、通常の業務妨害より刑を加重するとともに、コンピュータが人による業務を代替するものであることから、コンピュータに対する対物的加害行為を類型化したものです。

　コンピュータウィルスを投与して発症させる行為、放送会社の開設したホームページの天気予報画像を消去してわいせつ画像に置き換える行為、コンピュータ制御式旋盤機の作業用プログラムを消去した行為などもこの犯罪に該当します。

　なお、ウィルスを投与しただけの段階では本罪の未遂にとどまり、本罪には未遂の処罰規定がないことから現行法上は不可罰とせざるを得ず、また不正利用の目的でウィルスを製造保有した場合にも同様に処罰が困難であることから、法整備の必要性がかねてから主張されていました。そこで、政府は、現在、コンピュータウィルスの製造者等を処罰する方針で立法作業を進めており、違反者には懲役3年以下の罰則を科する方向で2003年内には改正案などの国会提出が行われる予定です。

②電子計算機使用詐欺罪（刑法第246条の2）
　「前条（注－通常の詐欺罪）に規定するもののほか、人の事務処理に使用する電子計算機に虚偽の情報若しくは不正な指令を与えて財産権の得喪若しくは変更に係る不実の電磁的記録を作り、又は財産権の得喪若しくは変更に係る虚偽の電磁的記録を人の事務処理の用に供して、財産上不法の利益を得、又は他人にこれを得させた者は、10年以下の懲役に処する」

本罪も、電子計算機損壊等業務妨害罪と同様に、1987年に新たに設けられた犯罪類型であり、コンピュータ・システムの普及によって、多くの取引決済が人の判断作用を介在させることなくコンピュータによって自動的に処理されるようになったことに鑑み、そういったシステムを悪用する犯罪行為に対処するものとして類型化されたものです。
　ファームバンキング・システムを利用した架空の振替送金データの入力、知人のクレジットカード番号等を無断で使って、オンラインショッピングで電子マネーを不正に購入し、インターネット通販サイトから米をだまし取った事案（平成14年8月検挙）などが本罪に該当します。

③電磁的記録不正作出罪（刑法第161条の2）
　「人の事務処理を誤らせる目的で、その事務処理の用に供する権利、義務又は事実証明に関する電磁的記録を不正に作った者は、5年以下の懲役又は50万円以下の罰金に処する。
　前項の罪が公務所又は公務員により作られるべき電磁的記録に係るときは、10年以下の懲役又は100万円以下の罰金に処する。
　不正に作られた権利、義務又は事実証明に関する電磁的記録を、第一項の目的で、人の事務処理のように供した者は、その電磁的記録を不正に作った者と同一の刑に処する。
　前項の罪の未遂は、罰する」
　本罪も、同様に、1987年に新たに設けられた犯罪類型です。パソコン通信のホストコンピュータ内の顧客データベースファイルの改ざん、キャッシュカードの磁気ストライプ部分の預金情報の改ざんなどが本罪に該当します。

④公用文書毀棄罪（刑法第258条）、私用文書毀棄罪（同259条）
　「公務所の用に供する文書又は電磁的記録を毀棄した者は、3月以上7年以下の懲役に処する」（258条）
　「権利又は義務に関する他人の文書又は電磁的記録を毀棄した者は、5年以下の懲役に処する」（259条）

表3-2　ハイテク犯罪の検挙状況

(件)

罪　種	平成14年	増減	平成13年	平成12年
不正アクセス禁止法違反	51	＋16	35	31
コンピュータ、電磁的記録対象犯罪	30	－33	63	44
電子計算機使用詐欺	18	－30	48	33
電磁的記録不正作出・毀棄	8	－3	11	9
電子計算機損壊等業務妨害	4	0	4	2
ネットワーク利用犯罪	958	＋246	712	484
児童買春・児童ポルノ法違反　児童買春	268	＋151	117	8
児童ポルノ	140	＋12	128	113
詐　　欺	112	＋9	103	53
わいせつ物頒布等	109	＋6	103	154
青少年保護育成条例違反	70	＋60	10	2
脅　　迫	33	－7	40	17
著作権法違反	31	＋3	28	29
名誉毀損	27	－15	42	30
その他	168	＋27	141	78
合　計	1,039	＋229	810	559

　本罪も1987年のコンピュータ犯罪に対応するための改正の一環として、従来の犯罪類型である公用文書毀棄罪、私用文書毀棄罪の対象に電磁的記録が加えられたものです。

　「公務所の用に供する電磁的記録」とは、その性質上、現に公務所に保管されているもののみでなく、外部にあってもアクセス可能なかたちで公務所が支配・管理しているものを含むとされており、具体的には、自動車登録ファイル、住民登録ファイル等がこれに当たり、また、「権利

又は義務に関する電磁的記録」とは、銀行の口座残高ファイル、電話料金の課金ファイル等がこれに当たるとされています。

なお、警察庁の広報資料である「平成14年中のハイテク犯罪の検挙及び相談受理状況等について」（平成15年2月20日付）によれば（http://www.npa.go.jp/hightech/arrest_repo/kenkyo_2003_.pdf）、

①ハイテク犯罪の検挙件数は1039件、うちネットワーク利用犯罪は958件で前年の712件に比べて約35％増加（不正アクセス禁止法違反が51件、前年の35件から約1.5倍に増加）

②ハイテク犯罪に関する相談受理件数は、1万9329件で前年の1万7277件と比べて約12％増加（インターネットオークションに関する相談が前年比約1.9倍）

とのことであり、インターネットの普及に伴い、今後もこの手の犯罪は増加していくことが予想されます。

ただ、注意すべきは、この統計資料は、いわゆるネットワーク利用犯罪、すなわち、犯罪の構成要件に該当する行為についてネットワークを利用した犯罪、例えば、児童買春・児童ポルノ法違反事件（携帯電話の出会系サイトで書き込みをした女子中学生に「エッチなバイトで稼がないか」等とメールで送信して誘い出し児童買春をした事案－平成14年9月検挙）、詐欺事件（インターネットオークションに「商品券50万円分を最低価格42万円で売却する」などとの嘘の情報を掲示し、購入希望者から自分の銀行口座に代金を振り込ませる方法により、約80人から総額約1800万円をだまし取った事案－平成14年9月検挙）といった、従来から存在する犯罪類型を、単純にインターネットを利用して行った事案が大半であり、コンピュータシステムやデータ等を標的とした犯罪はまだ少数にすぎません。

しかし、警察庁が2003年1月から2月にかけて実施したアンケート調査によれば、95％の企業や地方自治体などがコンピュータの不正アクセスを防ぐ安全対策が必要だと認識しながら、実際に専門の担当者をおいているのは4.9％にとどまっているとのことであり、今後の犯罪動向が危惧されるところです。

第3章　第三世代ネットビジネスの実践

(7) 具体的事例に即した法的対処

1 懸賞キャンペーンを実施する場合の景品表示法、独占禁止法

　近時、WEBサイトにおいて、高額懸賞を売り物としてキャンペーンをすることが広く行われています。リアルの世界の場合には、例えば銀座に店舗を持っていれば何ら宣伝を行わなくとも一定の集客が見込めますが、ネットの場合には、消費者から認知されるべく広報活動をしない限り、サイトを訪れる人など皆無か限定されてしまいます。そこで、勢い、多くのWEBサイトにおいて、消費者の注目を引くために、懸賞キャンペーンが実施されるわけです。なお、認知の重要性については、本書第3章［2］のマーケティング編をご参照ください。

　自社のWEBサイト上で、自社のイメージアップ、サイトの認知度アップを図るべく、懸賞キャンペーンを実施しようと考えた場合に問題となるのが、景品表示法と独占禁止法です（景品表示法については資料編をご参照ください）。

　すなわち、一般的に、事業者が実施する懸賞は、景品を提供する条件に取引が付随するものと付随しないものの、大きく2種類に分類され、取引が付随する懸賞である「一般懸賞」「共同懸賞」は景品表示法の規制対象となり、取引が付随しない懸賞である「オープン懸賞」は独占禁止法の規制対象となります。

　上記法規制の分水嶺である「取引が付随しているか否か」の判断基準を厳密に説明するのは難しいのですが（資料編に掲載された「景品類等の指定の告示の運用基準」をご参照ください）、簡単にいえば、商品購入を条件として懸賞キャンペーンに参加できる場合はもちろん、商品購入を条件とまでしなくとも、例えば商品の容器包装にクイズを出題する等キャンペーン応募の内容を記載している場合とか、商品を購入しないとクイズの解答やヒントがわからない場合とか、小売業者（メーカー）が実施する懸賞キャンペーンの場合に応募用紙を当該小売店（当該メーカー製品の専売店）への入店者にのみ配布する場合（入店者が商品を購入するか否かは問わない）などは、取引

付随性ありとされます。

　これらは、すべて商品の購入（顧客誘引）に結びつく可能性があると考えられるからです（最後の例などは微妙ですが、仮に懸賞目当てでも、小売店に応募用紙のみ取りに入るのはちょっとためらわれるので何となく商品まで購入してしまうことになりがちですから、取引付随性があるという判断もあながちおかしくはないでしょう）。

　それに対して、マスコミ等で懸賞キャンペーン企画を掲載し、広く官製はがきでの応募を求める場合には、消費者が当該主催企業や同企業の商品に関心を持つ効果はあるかもしれませんが、それ自体が現実的な商品購買とは結びつかないと考えられますから、取引付随性はないとされるわけです。

　さて、具体的な懸賞キャンペーンの内容ですが、前記のように景品表示法の規制対象である「一般懸賞」「共同懸賞」と、独占禁止法の規制対象である「オープン懸賞」とがあります。

　「一般懸賞」とは、「くじその他偶然性を利用して定める方法」（商品に抽選券を添付してくじの方法により景品を提供する方法等）、「特定の行為の優劣又は正誤によって定める方法」（例－顧客から写真、感想文、キャッチフレーズ等を募集して審査の上、優等者に景品を提供する方法、クイズを出してその正解者に景品を提供する方法等）で、景品を提供する相手、景品の価額を決定する懸賞方法です（懸賞制限告示第1項）。一般懸賞の場合、提供する景品価額が、懸賞に関わる取引価額の20倍の金額（当該金額が10万円を超える場合にあっては10万円）を上限とし、景品の総額を懸賞に係る売上予定総額の2％とするという制約を受けることになります。

　「共同懸賞」とは、一般懸賞の類型の中でも、特に「一定の地域における小売業者又はサービス業者の相当多数が共同して行う場合」（例－○○市観光祭り）、「一の商店街に属する小売業者又はサービス業者の相当多数が共同して行う場合（ただし、中元、年末等の時期において年3回を限度としかつ年間通算して70日の期間内で行うものに限る）」（例－○○商店街歳末大売り出し）、「一定の地域において一定の種類の事業を行う事業者の相当多数が共同して行う場合」（例－カメラまつり、ハムまつり）の懸賞方法です（懸賞制限告示第4項）。共同懸賞の場合、提供する景品の最高額は懸賞に関わる取

図3-25 景品規制の概要

景品表示法 第3条（景品類の制限及び禁止）	一般消費者告示	総付景品	総付景品の最高額の制限
	懸賞景品告示	一般懸賞	懸賞による景品類の最高額及び総額の制限
		共同懸賞	懸賞による景品類の最高額及び総額の制限
独占禁止法	オープン懸賞告示	オープン懸賞	提供できる経済上の利益の最高額は1,000万円

総付景品の最高額の制限

取引価額	景品類の最高額
1,000円未満	100円
1,000円以上	取引価額の1/10

一般懸賞　懸賞による景品類の最高額及び総額の制限

懸賞による取引の価額	景品類限度額 ①最高額	景品類限度額 ②総額
5,000円未満	取引価額の20倍	懸賞に係る売上予定総額の2％
5,000円以上	10万円	

①、②両方の限度内でなければならない。

共同懸賞　懸賞による景品類の最高額及び総額の制限

懸賞による取引の価額	景品類限度額 ①最高額	景品類限度額 ②総額
取引価額にかかわらず30万円		懸賞に係る売上予定総額の3％

①、②両方の限度内でなければならない。

〈出典：公正取引委員会ホームページより〉

引価額にかかわらず30万円とし、景品の総額を懸賞に係る売上予定総額の3％とするという制約を受けることになります。

「オープン懸賞」とは、商品の購入等の取引を応募の条件としないで、広く一般に公募して、その応募者の中から抽選、内容の正誤・優劣等により当選者を選出し、その者に対して金銭、物品その他の経済的利益を提供する旨を申し出る懸賞方法です（オープン懸賞告示）。その提供できる経済上の利益

図3-26

景品の定義

- 顧客誘引の手段として
- 取引に付随して提供する
- 経済上の利益

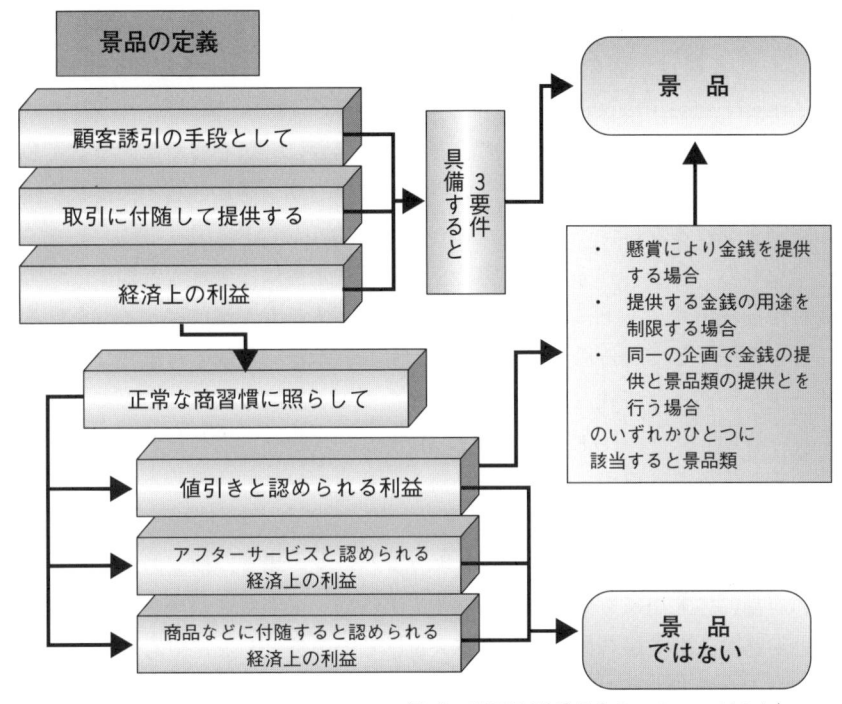

3要件を具備すると → 景品

- 懸賞により金銭を提供する場合
- 提供する金銭の用途を制限する場合
- 同一の企画で金銭の提供と景品類の提供とを行う場合

のいずれかひとつに該当すると景品類

正常な商習慣に照らして
- 値引きと認められる利益
- アフターサービスと認められる経済上の利益
- 商品などに付随すると認められる経済上の利益

→ 景品ではない

〈出典：公正取引委員会ホームページより〉

の最高額は、1996年の事務局長通達によって、従来の100万円から1000万円に引き上げられました（景品総額の制限はありません）。その際、食品メーカーが外国製高級自動車を提供するキャンペーンを実施し話題を呼んだことは、まだ記憶に新しいところです。

　なお、キャンペーンの場面では、「総付景品」という概念がよく出てきます。これは景品の提供という意味では「一般懸賞」「共同懸賞」「オープン懸賞」と類似しますが、総付景品とは、事業者が一般消費者に対して懸賞によらないで景品類を提供する場合（例えば商品の購入者全員に提供する場合、小売店が来店者全員に提供する場合など）を意味するのであり、懸賞の概念には入りません。総付景品において提供できる景品の最高限度は、原則として取引価額の10％（取引価額が1000円以下の場合は100円）となっています。

従来、WEBサイトにおける懸賞キャンペーンの位置づけが明確ではありませんでしたが、公正取引委員会は、2001年4月26日に「インターネット上で行われる懸賞企画の取扱いについて」という文書（http://www.jftc.go.jp/pressrelease/01.april/010426.pdf）を発表し（資料編に掲載）、WEBサイト上で実施する懸賞企画について、どういう場合に一般懸賞や共同懸賞として景品表示法の規制を受け、どういう場合にオープン懸賞として独占禁止法の規制を受けるかについて明らかにしました。

　すなわち、ホームページ上で実施される懸賞企画は、懸賞の告知や応募の受付が商取引サイト上にあるなど、懸賞に応募する者が商取引サイトを見ることを前提としている場合であっても、景品表示法の規制の対象とならず、オープン懸賞として独占禁止法の対象となることを明らかにしたのです。これは、WEBサイト上の懸賞の場合、消費者が複数のサイト間を自由に移動できることから、取引に付随する経済上の利益の提供に該当しないという理由からです。

　従来の実際の店舗を利用した懸賞キャンペーンの場合、前記のように、自己の店舗に応募用紙を備え付けるなど応募に際して消費者が店舗を訪問することが必要となる場合には、商品購入を応募の条件としなくても取引が付随していると判断されて、景品表示法の制約を受け高額な懸賞キャンペーンを実施することができませんでした。この論理をネットにそのまま当てはめると、懸賞キャンペーンをネットで実施する場合、当然、キャンペーンを実施しているWEBサイトにアクセスして、そこから応募する形にならざるを得ません。ですから、取引付随性ありとされる可能性もあったわけですが、WEBサイト上の懸賞の場合、懸賞に応募するに当たって、店舗に相当するWEBサイトを訪問しなければならないようにしただけでは、取引が付随していることにならないという判断になったわけです。

　ただ、上記公取の判断には、但書があって、WEBサイト上の懸賞でも、商取引サイトにおいて商品やサービスを購入しなければ懸賞に応募できなかったり、商品やサービスを購入することで景品の提供を受けることが容易になるなどの場合には、取引付随性があるので景品表示法に基づく規制の対象となるとしています。従って、このタイプの懸賞で、オープン懸賞では認め

られている1000万円の賞金をプレゼントする懸賞企画を実施したら、景品表示法に違反することになりますので注意が必要です。具体的には、サイトで販売されている商品を購入した者のみがクイズに解答できる場合や、購入した商品のパッケージにクイズのヒントが表示されている場合には、取引が付随する一般懸賞になるので、景品表示法の規制対象になるわけです。

　以上のように、事業者が自己の開設したWEBサイトの知名度を上げることを目的として、そのサイト内からのみ応募が可能な高額懸賞キャンペーンを行っても、懸賞の最高額が1000万円を超えない限り適法であると公の判断が出たわけです。

　現在、スポーツの優勝者や優勝チームを予想したりして高額の懸賞を提供するWEBサイトが多数存在していますが、(他の法律は別にして)少なくとも景品表示法、独占禁止法という観点から見ると、上記2001年4月26日付文書を遵守する限り、景品額を1000万円以下に抑えておけば違法にはならないということです。ちなみに、オープン懸賞の場合、一般懸賞の場合と異なり景品の総額規制がありませんから、そのWEBサイトが、1000万円の懸賞を何本出しても構いません。

　なお、上記判断において、さらに、インターネットサービスプロバイダー、電話会社などインターネットに接続するために必要な接続サービスを提供する事業者が開設しているホームページで行う懸賞企画は、懸賞に応募できる者を自己が提供する接続サービスの利用者に限定しない限り、同様に取引付随性が認められず、景品表示法の規制の対象とならず、オープン懸賞が可能であると明示されており、この点も注目されます。

　景品表示法に違反した事実が発覚した場合、事業者は、公正取引委員会から排除命令を受ける可能性があります。これは事業者に対して違反行為の差止めや再発防止のために必要な措置を命じるものです。ただし、実際には排除命令にまで至るのはまれであって、通常は、警告処分にとどまることが一般的です。

　仮に公正取引委員会が排除命令を行った場合には、企業名などが官報に告示されます。そのため社会的なイメージを損なう結果になりかねません。さらに、この排除命令に従わない事業者に対しては、2年以下の懲役か、もし

くは300万円以下の罰金が科されることになり、事業者が負うダメージは測りしれませんので、十分な注意が必要です。

2　宣伝メール等を送信する場合の改正特定商取引法、特定電子メール送信適正化法

●迷惑メール問題の現状

インターネットの場合、メールを同時かつ大量にしかも廉価に送信することができるため、出会い系サイトの紹介等を中心に、一方的に携帯電話などのアドレスに対して宣伝メールを送信するいわゆる「迷惑メール」（スパムメール）が、一時期社会問題となるほど横行しました。NTTドコモによれば、当時、「1日に受信する9億通のうち、8億8000万通が宛先不明のメール。対策を講じてもその数は減らない」という状況にまでなっていました。

産業構造審議会消費経済部会消費者取引小委員会は、2002年1月に「電子メールによる一方的な商業広告の送りつけ問題に関する対応について（提言）」と題する文書を発表し、迷惑メールとは、①その実態のほとんどは商業広告に当たるものであり、②これが相手方の請求ないし承諾を受けずに一方的に電子メールによって送られてきているものと定義し、その問題点として、①電子メールの開封・廃棄に時間が浪費されること、受信料がかかる場合もあること等から多くの消費者は非常に迷惑と捉えていること、②その商業広告を見て取引に入った消費者がトラブルに巻き込まれるケースが増大していること（取引条件が広告の中で十分に表示されておらず、後から高額な請求を受けるケース等）、③電子商取引ビジネスの健全な発展にとっても重大な阻害要因となりつつあること（消費者が迷惑メール対策で自らの電子メールアドレスを変更すること等によって、本来必要なメールが届かなくなる等、優良な事業者にとっても電子メールによる商業広告の手法を十分に活用しきれない等）等を挙げ、迅速な対応の必要性を提言しました。

●法律の制定

そこで、経済産業省は、訪問販売や通信販売等を規制する法律である「特定商取引に関する法律」（特定商取引法）を改正することでまず対応し、それに続いて、与党3党の議員立法という形で、担当官庁を総務省とする「特

定電子メールの送信の適正化等に関する法律」（迷惑メール防止法）が成立しました。

より具体的には、「特定商取引に関する法律の一部を改正する法律」（2002年4月19日公布、同年7月1日施行）、「特定商取引に関する法律施行規則の一部を改正する省令」（2002年6月21日公布、同年7月1日施行）、「特定電子メールの送信の適正化等に関する法律」（2002年4月17日公布、同年7月1日施行）、「特定電子メールの送信の適正化等に関する法律施行規則」（2002年6月21日公布、同年7月1日施行）によって規制が行われることになります。つまり、迷惑メールに対しては、これらの法律が競合して規制するという状況となっているわけです。

なお、「特定商取引に関する法律施行規則」は、当初、先行して、2002年2月1日に一部改正されて、迷惑メールに対する対策を打ち出しましたが、特定電子メール送信適正化法の施行にあわせて、上記2002年7月1日施行の省令によって、再度変更が加えられています（後述のように当初の改正で規定された「！広告！」や「！連絡方法無！」の表示は認められなくなりました）。

この両法律は、目的、規制対象として想定しているメール、規制対象者を異にしています。特定商取引法は、経済産業省による消費者保護立法ですから、不当なメールによって取引の公正が害されたり、消費者が不利益を蒙ることがないようにするという観点から制定されているのに対し、迷惑メール防止法は、総務省を担当官庁とする送信規制立法ですから、メールの遅配等、迷惑メールによって引き起こされる電子メール送受信に関する通信トラブルの防止、電子メール利用についての良好な環境の整備という観点から規制がなされており、自ずと規制の内容は異なったものとなっています。端的にいえば、特定商取引法が「広告」、迷惑メール防止法が「通信」と両面から規制をかけることで相乗効果を上げることが期待されているわけです。

●改正特定商取引法（資料編に掲載）

まず、特定商取引法ですが、同法は、インターネットを利用した電子商取引も通信販売の一類型であると位置づけ、「販売業者又は役務提供事業者」（以下、事業者とします）が行う指定を受けた商品・サービス等の販売条

件・提供条件等に関する広告メールを規制対象としています。具体的には、次のような規制がなされています。

①事業者は、事業者の名称（法人の場合は代表者個人名又は業務責任者の氏名を記載する必要があります）、住所、電話番号、商品又は権利の販売価格又は役務の対価（販売価格に商品の送料が含まれない場合には販売価格及び商品の送料）、支払時期・支払方法等（特定商取引法第11条、省令第8条）以外に、自己の電子メールアドレスを表示しなければなりません（施行規則第8条1項8号）。事業者に対して、正しいメールアドレスの表示を義務づけ、消費者が、事業者に対し、電子メールで連絡が取れるようにしたわけです。

　なお、この場合の表示場所については特に規定はなく、本文中やリンク先への表示で構いません。

②事業者は、請求・承諾に基づいて広告を送信する場合も含めて、原則として、消費者が今後電子メールによる商業広告の受け取りを希望しない旨を事業者に対して連絡するための方法を表示しなければなりません（特定商取引法第11条2項）。

　従来、連絡する方法がない場合には、その旨を本文で表示するとともに、電子メールの表題部に「！連絡方法無！」と表示すれば足りましたが、そういった手法は認められなくなりました。

　ただし、消費者の求めに応じて広告を行う場合、すなわち、a）事業者が他人に委託して広告をする場合であって、その委託を受けた者がその委託に係わる事業において、自ら消費者からの請求を受けてその請求に基づいて電磁的方法により広告を送信し、かつ広告の提供を請求した消費者が電磁的方法による広告の提供を受けることを停止したい旨の意思を表示するための方法がわかりやすく表示されており、その意思の表示を受けたときは広告の提供を停止することになっている場合（施行規則第10条の3、1号）、b）事業者が電磁的方法により送信しようとする電磁的記録の一部に広告を掲載することを条件として利用者に電磁的方法の使用に係る役務を提供する者による当該役務の提供に際して広告をする場合（施行規則第10条の3、2号）には、当該表示を行う必要は

ありません。

　上記a)、b)はわかりにくい表現ですが、具体的には、前者は、いわゆるオプトインメール業者に広告を委託する場合、そのオプトインメール業者が消費者からの請求に基づき広告メールを送信しており、また消費者に離脱の機会を与えている等の要件を満たす場合であり、後者は、広告掲載を利用条件とするフリーメールサービスにおいて、フリーメールの文末等に広告を掲載する場合などを指します。

③事業者が、消費者の請求・承諾に基づかないで電子メールで広告を送信する場合には、そのメールの表題部の冒頭に「未承諾広告※」と表示しなければなりません（施行規則第8条2項）。従来認められていた「！広告！」の表示は、請求等に基づかずに送信されている広告メールであることを明確にすること、フィルタリングのしやすさという観点から、変更になりました。

　これによって、一方的な商業広告のメールは見たくないという消費者は、受信ボックスの一覧で、表題部に「未承諾広告※」と表示されたメールは、開けて内容を見ることなく削除することができるようになります。さらに、フィルタリングサービスを利用することによって、この表示のあるメールを最初から自動的に排除することも可能になります。

　なお、消費者の請求・承諾に基づいて広告を送信する場合には、上記のような表示の必要はありませんし、広告自体に対しての請求・承諾がない場合であっても、会員向けにメールマガジンを発信する特定のWEBサイトにおいて、その旨を明記した規約を承諾して入会した会員に対して、広告を掲載したメールマガジンを送信する場合（施行規則第8条1項9号イに該当）や、広告掲載を利用条件とするフリーメールサービスにおいて、フリーメールの文末等に広告を掲載する場合（施行規則第8条1項9号ロに該当−前記施行規則第10条の3、2号と同様）などは、この表示をする必要はありません。

④消費者の請求・承諾に基づかないで電子メールで広告を送信する場合には、電子メールの本文の最前部に「〈事業者〉」との表示に続けて、事業者の氏名又は名称、その事業者に受信拒否の通知をするための電子メー

図3－27　請求承諾に基づかずに送信される広告メールへの表示例
　　　　（事業者＝送信者の場合）

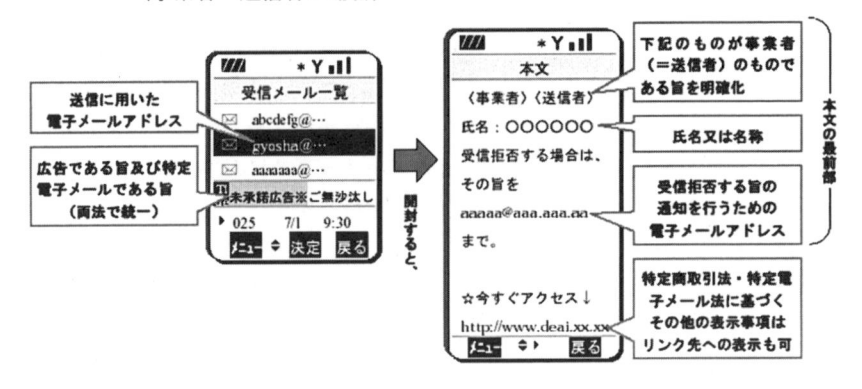

図3－28　請求承諾に基づかずに送信される広告メールへの表示例
　　　　（事業者＝送信者ではない場合）

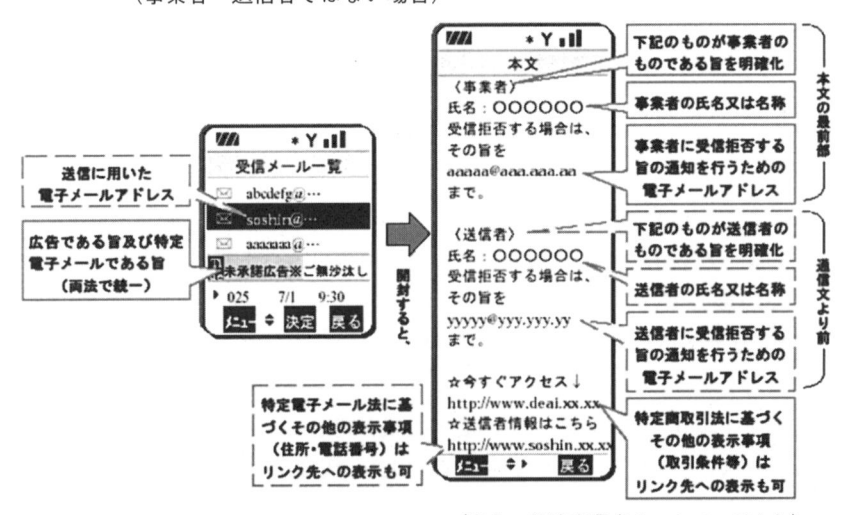

〈出典：経済産業省ホームページより〉

ルアドレスを表示した上で、a）メールを受け取った消費者が広告の提供を受けることを希望しない旨、及びb）その消費者の電子メールアドレスを事業者に通知することによって広告の送信が停止されること、を明記する必要があります（施行規則第10条の４）。

　前記①に記載されているように、原則として電子メールアドレスの表示は義務づけられていますが、この場合（消費者の請求・承諾に基づかないで広告を送信する場合）には表示場所が特定されている点が異なります。この表示位置指定によって、広告メールを受け取った消費者が、当該事業者からの以後の広告メールの送信を希望しない場合には、リンク先等に入ることなく、本文も読むことなく、直ちに事業者に対して送信を希望しない旨を連絡することができるようになるわけです。

　なお、消費者が受信拒否の通知をする際に求められるのは、上記のように、「受信を拒否する電子メールアドレス」（いわゆるFROM欄での表示でも構いません）及び「受信を拒否する旨」（本文に記載する必要はありませんが、受信を拒否する内容及び期間について特に希望がある場合にはその旨を明記する必要があります）だけであり、簡単にいえば、送られてきた迷惑メールに対し、「受信拒否」という題名の返信メールを送信すればそれで足りるわけです。それを超えて住所、氏名、年齢、電話番号等まで要求するのは違法です。

　請求承諾に基づかずに送信される広告メールへの表示例は、具体的には図３−27、28のようになりますので、参考になさってみてください（経済産業省のホームページより引用。http://www.meti.go.jp/policy/consumer/tokushoho/kaisei2002/setsumeikai.pdf）。

　なお、この図を見ればおわかりのように、携帯メールの画面を前提としたものとなっています。これは総務省ホームページにおける迷惑メール防止法の解説画面も同様であり、これら法律がもともと携帯への迷惑メール対策に重きをおいて制定されたという経緯が窺われます。当然、一般的なパソコン向けのメールに関しても同様の規制がかかるものとなります。

⑤前記②によって表示された受信を拒否するための連絡方法に従って、受信を希望しない旨を通知した消費者に対する広告メールの再送信を行うことはできません（特定商取引法第12条の2）。

●迷惑メール防止法（資料編に掲載）

　次に、いわゆる迷惑メール防止法ですが、同法は、「特定電子メール」、すなわち、「その送信をすることに同意する旨の通知をした者等一定の者以外の個人に対し、電子メールの送信をする者（営利を目的とする団体及び営業を営む個人に限る）が自己又は他人の営業につき広告又は宣伝を行うための手段として送信をする電子メール」を規制の対象とするものであり、簡単にいえば、一度に大量送信される営利目的の広告メールを商品やサービスの種類にかかわらず取り締まる法律といえるでしょう。迷惑メール防止法第1条は、同法につき、「一時に多数の者に対してされる特定電子メールの送信等による電子メールの送受信上の支障を防止する必要性が生じていることにかんがみ、特定電子メールの送信の適正化のための措置等を定めることにより、電子メールの利用についての良好な環境の整備を図り、もって高度情報通信社会の健全な発展に寄与することを目的とする」と明記しています。

　具体的には、次のような規制がなされています。

①表示事項及び表示場所については次のとおりです（迷惑メール防止法第3条、施行規則第2条、第3条）。前記の特定商取引法との統一が基本的には図られていますので、前記該当説明部分も参照してください。

　　（表示事項）
　　a）特定電子メールである旨（「未承諾広告※」との表示）
　　b）特定電子メールの送信者の氏名又は名称
　　c）特定電子メールの送信者の住所・電話番号
　　d）特定電子メールの送信に使用した電子メールアドレス
　　e）電子メールでオプトアウトの通知ができる旨及び当該通知を受けるための電子メールアドレス
　　f）特定電子メールの電送の経路を示す情報

図3－29　迷惑メール防止法及び施行規則による表示例

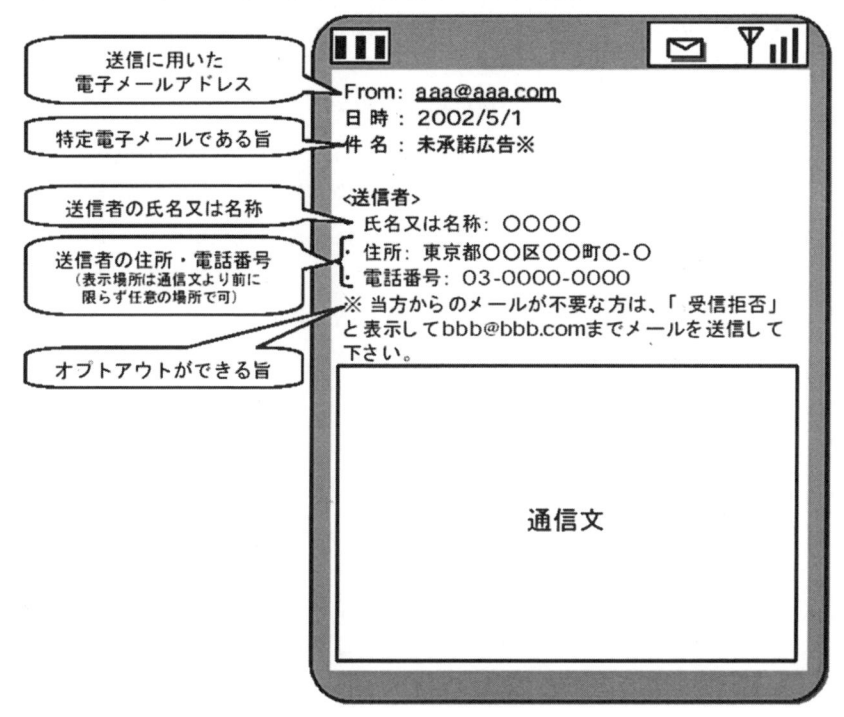

```
送信に用いた電子メールアドレス → From: aaa@aaa.com
                                日 時：2002/5/1
特定電子メールである旨     →  件 名：未承諾広告※

                              <送信者>
送信者の氏名又は名称      →   氏名又は名称：○○○○
送信者の住所・電話番号        住所：東京都○○区○○町○-○
(表示場所は通信文より前に  →  電話番号：03-0000-0000
限らず任意の場所で可)
                              ※当方からのメールが不要な方は、「受信拒否」
オプトアウトができる旨    →   と表示してbbb@bbb.comまでメールを送信して
                              下さい。

                                      通信文
```

〈出典：総務省ホームページより〉

表示事項	表示場所
a)	特定電子メールの表題部の最前部
b)	特定電子メールの通信文より前
c)	任意の場所
d)	送信者電子メールアドレス表示部分
e)	特定電子メールの通信文より前
f)	任意の場所

②拒否者に対する送信の禁止

　　受信者が、次の事項を明らかにして、電子メールその他適宜の方法に

よって、送信者に対して通知をした場合、送信者が、それに反して特定電子メールの送信をすることは禁止されます（法第4条、施行規則第4条）。
- 1）特定電子メールの受信に係る電子メールアドレス
- 2）特定電子メールの受信を拒否する旨（なお、一定の事項に係る特定電子メールの送信のみをしないように求める場合にあってはその旨、特定電子メールの送信を一定の期間しないように求める場合にあってはその旨及びその期間を明示する必要があります）

③送信者が、自己又は他人の営業につき広告又は宣伝を行うための手段として、プログラムを用いて作成した「架空電子メールアドレス」に宛てた電子メールの送信をすることは禁止されています（法第5条）。

④総務大臣は、上記①、②及び③を遵守していないと認められる送信者に対して、その是正のために必要な措置を取ることを命じることができます（法第6条）。この命令に違反した場合、50万円以下の罰金に処せられます（法第18条）。

また、上記①及び②に違反した特定電子メールの受信をした者は、総務大臣に対して、次の事項を記載した書面を提出することによって、適当な措置を取るべきことを申し出ることができます（法第7条1項）。
- 1）申出人の氏名又は名称、住所及び連絡先
- 2）申出対象の送信者に関する事項
- 3）申出に係る特定電子メールの受信に係る通信端末機器の映像面に表示された事項
- 4）申出の理由
- 5）その他参考となる事項

さらに、総務大臣は、上記申出を受けたときは、必要な調査を行い、その結果に基づき必要があると認めるときは、適当な措置を取らなければなりません（法第7条2項）。

⑤特定電子メールの送信者は、苦情、問合せ等については、誠意をもって処理しなければなりません（法第8条）。

⑥総務大臣は、特定電子メール又は架空電子メールアドレスに宛てた電子

図3－30

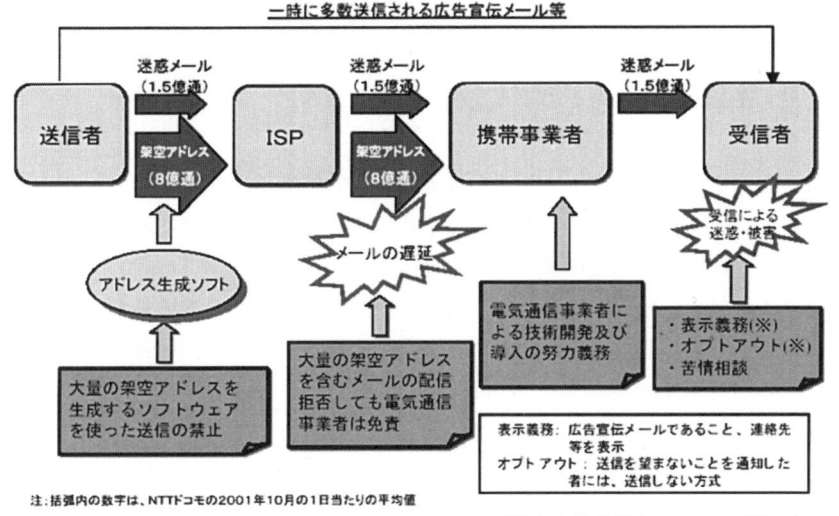

一時に多数送信される広告宣伝メール等

送信者 →迷惑メール（1.5億通）／架空アドレス（8億通）→ ISP →迷惑メール（1.5億通）／架空アドレス（8億通）→ 携帯事業者 →迷惑メール（1.5億通）→ 受信者

受信による迷惑・被害

アドレス生成ソフト

大量の架空アドレスを生成するソフトウェアを使った送信の禁止

メールの遅延

大量の架空アドレスを含むメールの配信拒否しても電気通信事業者は免責

電気通信事業者による技術開発及び導入の努力義務

・表示義務（※）
・オプトアウト（※）
・苦情相談

表示義務：広告宣伝メールであること、連絡先等を表示
オプトアウト：送信を望まないことを通知した者には、送信しない方式

注：括弧内の数字は、NTTドコモの2001年10月の1日当たりの平均値

〈出典：総務省ホームページより〉

メールの送信者に対して必要な報告をさせ、また、これらの送信者の事業所に立ち入り、帳簿、書類その他の物件を検査することができます（法第16条１項）。

　上記報告をしなかったり、虚偽の報告をしたり、または立入検査等を拒否したりした場合、30万円以下の罰金に処せられます（法第19条）。

⑦なお、上記以外にも、同法は、電気通信事業者による情報の提供及び技術の開発等に関する規定（法第９条）、電気通信役務の提供の拒否に関する規定（法第10条）、電気通信事業者の団体に対する指導及び助言に関する規定（法第11条）、研究開発等の状況の公表に関する規定（法第12条）等を設けていますが、これらは電気通信事業者に向けた規定であり本書のテーマとは外れますので、詳細に関しては法文をご参照ください。

以上の内容を簡潔にまとめたものが、総務省ホームページに掲載された上の図３－30です（http://www.soumu.go.jp/joho_tsusin/top/pdf/meiwaku03.pdf）。

なお、総務省は、2002年12月25日、営業や宣伝目的の電子メールであることを表示せず、送信拒否を通知した人への再送信を行うなどの行為をした都内の男性に対して、迷惑メール防止法を初適用して、是正を求める措置命令を出しました。今後もそのような処置が取られることになると予想されます。

3　ネットオークションにおける改正古物営業法

　インターネットを通じて競り売り形式で売買を行う、いわゆるネットオークションは、近時急速に普及しています。「インターネット白書2002」(株式会社インプレス発行)によれば、インターネット利用者の約15％がオークションサイトでの取引に関わったことがあると回答しており、業界最大手のヤフーの2002年度通期のオークション事業部の売上げは110億8000万円にのぼり、また、同社オークションの2002年9月末時点での総出品数は約312万件、月間取扱高は約270億円と発表されており、今後一層、拡大普及することが予想されます。他面、従来、商品の未発送、代金未払、出品者を装ったなりすまし詐欺、盗品売買等の違法行為が後を絶たず、社会的な問題ともなり、近時法規制が求められていましたが、2002年11月20日に実質的なネットオークション規制法ともいうべき古物営業法改正案が参議院本会議で可決成立しました。

　古物営業法は、もともと、盗品売買の防止、発見等を図るために中古品等を扱う「古物営業に関わる業務」について規制を行う法律であり、従来、インターネットオークション事業者を規制の対象とはしていませんでした。

　しかし、古物取引における高度情報通信ネットワークの利用拡大に鑑みて、今回の改正法では、「古物の売買をしようとする者のあっせんを競りの方法により行う業者」(古物競りあっせん業)という、インターネットオークション事業者を想定した概念を新たに設けて、同法の規制対象とすることを明らかにしました。

　その上で、同法は、次のような遵守事項を明記しています。

①届出義務(第10条の2)

　　インターネットオークション事業者は、営業開始の日から2週間以内に、本店所在地を管轄する公安委員会に対し、一定の記載をした届出書

を提出しなければなりません。無届営業は、20万円以下の罰金に処せられます（第34条3号）。

②出品申込者の身元確認及び取引記録の保存（第20条の2、4）

インターネットオークション事業者は、出品申込者の身元確認措置、取引記録の作成保存に努めなければなりません（罰則なしの努力規定）。

③警察官への申告（第20条の3）

インターネットオークション事業者は、インターネットオークションへの出品物が盗品であるとの疑いがあると認められる場合には、直ちに警察官にその旨を申告しなければなりません。

④認定制度（第20条の5）

インターネットオークション事業者は、業務の実施方法が、国家公安委員会が定める一定の基準（盗品等の売買の防止及びその発見に効果的なシステムを採用しているか否か）に適合していることについて認定を受けることができ、認定を受けた場合、その旨を表示することができます。

なお、非認定業者が、この認定業者であることの表示、又はそれと紛らわしい表示をすることは禁止されており、違反者は、20万円以下の罰金に処せられます（第34条4号）。

⑤オークション実施の中止命令（第21条の7）

インターネットオークションへの出品物が盗品であると疑うに足りる相当な理由がある場合には、警察本部長等は、インターネットオークション事業者に対して同物品に関するオークションの中止を命じることができます。この中止命令に違反した場合、6月以下の懲役又は30万円以下の罰金に処せられます（第33条5号）。

この法規制については、インターネットオークション事業者は単に個人間売買のプラットフォームを提供しているにすぎず、大手では数十万から数百万にのぼる膨大な出品物につき、出品者による画像や説明程度しかない情報で、どのようにして盗品出品の監視を行うかという、盗品売買規制の実効性に対する疑問もあり、今後の具体的な取り組みがどのようになるかを注視していく必要があると思われます。

なお、今回の古物営業法の改正は、インターネットオークション事業者への規制の部分のみが注目を集めていますが、ネットオークションに限らず、古物商がホームページ上で古物売買を行うことに関する規制も盛り込まれている点には注意が必要です。

　すなわち、古物商がホームページを利用した古物取引を行うとする場合には、そのホームページを識別するための一定の符号（URL）を届け出なければならず（第5条1項6号）、そのホームページを利用した古物取引を行うときには、当該ホームページ上にその氏名又は名称、許可証の番号等を表示しなければなりません（第12条2項）。また、古物の買い受けを行う場合の相手方の確認方法として、従来の方法（運転免許証等の呈示）に加えて、相手方による電子署名が行われた電磁的記録の提供を受ける等の方法が追加されました（第15条1項3号）。

4　掲示板や意見交換ページを設置する場合のプロバイダ責任制限法
●プロバイダ責任制限法（資料編に掲載）

　本書第3章［1］の技術編で説明したとおり、第三世代ネットビジネスでは、掲示板や意見交換ページを設置して、顧客間のある種仲間意識を醸成することによってサイトの顧客誘引力を高めることが、成功のために必要となってきます。

　しかし、反面、掲示板や意見交換ページは、不特定多数の利用者がネット上で情報交換や議論をする場であることから、「掲示板で根も葉もないことや、悪口を書かれた」「勝手に名前と住所を公開された」というような事件や、参加者が感情的になって特定の人物を攻撃したりするといった事件が発生することが十分に考えられます（ニフティFSHISO事件－東京地裁判決平成9年5月26日、東京高裁判決平成13年9月5日、ニフティFBOOK事件－東京地裁判決平成13年8月27日、都立大学事件－東京地裁判決平成11年9月24日、2ちゃんねる事件－東京地裁判決平成14年6月26日等）。

　その場合、悪口をいわれたり、個人のプライバシーを公開されたり、または一方的に攻撃を受けたりした者は、その発信者を特定して損害賠償請求を行うために、サーバの管理・運営者等に対して発信者情報の開示を求めてく

るかもしれません。また、場合によっては、そういった場を提供し不法行為を放置したとして、サーバの管理・運営者等に対して、問題となっている書き込みの削除請求、損害賠償請求、謝罪広告請求等をしてくる可能性もあります。

そういった場合に問題となるのが、2002年5月27日に施行された「特定電気通信役務提供者の損害賠償請求の制限及び発信者情報の開示に関する法律」(プロバイダ責任制限法) です。

本法律は、一般にプロバイダ責任制限法と呼ばれていることから、いわゆるISP事業者のためだけの法律と誤解している人もいるようですが、ISP事業者だけではなく、およそ他人の書き込みを許容するWEBサイトを管理運営する企業や個人が広く対象となっています。プロバイダ責任制限法が定める責任制限や発信者情報開示の当事者となる「特定電気通信役務提供者」(プロバイダ責任制限法第2条3号) には、それこそ、個人のホームページで書き込み自由な掲示板を開設している者も含まれるのです。ネットビジネスを行うために、WEBサイトを開設し、利用者の書き込みなどを許す場合、本法律を意識して運営・管理する必要があることを考慮してください。したがって、本書では、サイト運営者としての「特定電気通信役務提供者」を前提に話を進めていきます。

●損害賠償責任の制限

まず、掲示板において権利侵害 (名誉毀損等) が発生した場合、サイト運営者は、権利侵害情報の送信防止措置を取ることが技術的に可能な場合であって、かつ次のいずれかに該当するときでなければ、損害賠償責任を負いません (プロバイダ責任制限法第3条1項)。

①サイト運営者が掲示板上での書き込みで他人の権利が侵害されていることを知っていた時
②サイト運営者が掲示板上での書き込みを知っていた場合であって、その書き込みによって他人の権利が侵害されていることを知ることができたと認めるに足りる相当の理由がある時

つまり、少なくとも、サイト運営者が、問題となっている掲示板への書き込みを認識していることが前提であり、認識していない限り責任を負わない

ことになります。換言すれば、サイト運営者は、常時、掲示板等を閲覧して不当な書き込みがなされていないかをチェックする必要はないということです（監視義務の不存在）。

では、不当な書き込みによって被害を受けたとする者から連絡等があった場合、つまりサイト運営者が認識した後はどうでしょうか。

従来は、サイト運営者が勝手にその書き込みを削除した場合、その書き込みを行った者から、憲法上の権利である表現の自由を侵害されたとして、その削除行為自体が権利侵害であると損害賠償請求を求められるリスクがありました。もちろん、他人を根拠なく誹謗中傷することに表現の自由の保護を与える必要はありませんが、それが違法な権利侵害かどうかを判断することは容易ではなく、結局、サイト運営者は、被害者と称する者と表現の自由を行使する者との間の板挟みになり身動きが取れなくなってしまう虞があったわけです。

そこで、プロバイダ責任制限法第3条2項は、サイト運営者が、その書き込みの削除を行った場合でも、その措置が必要な限度で行われたものであり、次のいずれかに該当する時は損害賠償の責任を負わない旨を明らかにしました。

①サイト運営者が当該書き込みによって他人の権利が不当に侵害されていると信じるに足りる相当の理由があった時

②当該書き込みによって自己の権利を侵害されたとする者から、権利侵害情報、侵害された権利、権利侵害の理由を示してサイト運営者に措置を講ずるよう申出があった場合に、サイト運営者が書き込みを行った者に対して、当該侵害防止措置を講ずることに同意するかを照会した場合において、照会を受けた日から7日を経過しても同人から同意しない旨の申出がなかった時

つまり、サイト運営者としては、上記①、②の「いずれかの事由に該当」する場合には免責されるのであり、仮に不当な書き込み等の存在を認識した場合には、少なくとも②の要件を満たすように行動した上で、書き込みの削除等の手続を取れば良いわけです。

上記をまとめたのが、図3－31の総務省ホームページに掲載されている図

図3−31

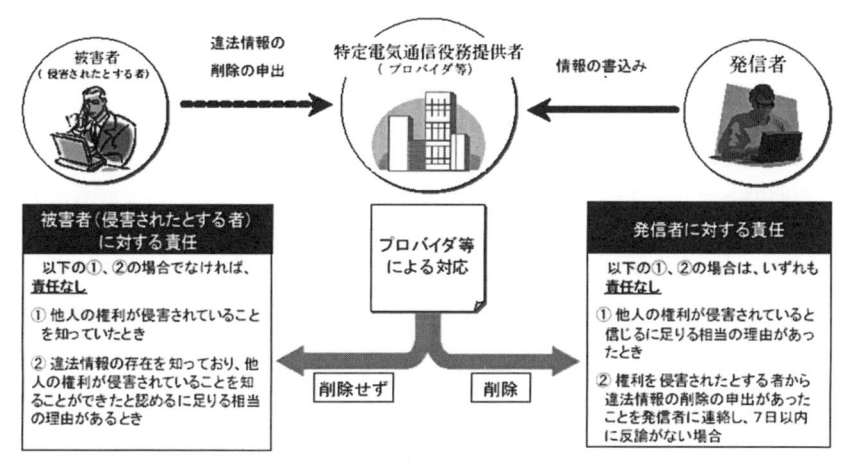

〈出典：総務省ホームページより〉

です（http://www.soumu.go.jp/joho_tsusin/top/pdf/zukai.pdf）。

　ちなみに、プロバイダ責任法ガイドライン等検討協議会が、2002年5月24日公表した「プロバイダ責任法　名誉毀損・プライバシー関係ガイドライン」（http://www.telesa.or.jp/019kyougikai/html/01provider/01images/provider_020524_2.pdf）は、この点に関する詳細な判断基準を提示していますので、参考になさってみてください。

●発信者情報の開示

　それでは、名誉毀損の被害を受けたとする者から、その発信者に対して損害賠償請求を行う前提として、発信者の情報を提供して欲しいと要求を受けた場合どうすれば良いでしょうか。

　プロバイダ責任制限法は、インターネットの匿名性から、被害者が加害者を特定することが困難であることに鑑み、サイト運営者に対して、発信者情報の開示請求権を創設しました。

　すなわち、権利を侵害されたとする者は、次のいずれにも該当するときに限り、サイト運営者に対して、その保有する発信者情報（氏名・名称、住所、電子メールアドレス、IPアドレス等）の開示を請求することができるわけです（プロバイダ責任制限法第4条1項）。

①権利侵害が発生したことが明白であるとき
②発信者情報の開示を受けるべき正当な理由があるとき

まず、①の要件ですが、これが認められる場合は限定されると考えられます。本書で問題となることが予想されるケース、すなわち、掲示板上において第三者を一方的に誹謗中傷したようなケースで考えた場合、名誉毀損の成否が問題となりますが、第三者の社会的評価を害したからといって直ちに名誉毀損に該当するわけではなく、一定の要件を満たせば違法性が阻却されるのであって、むしろこの要件を満たすことは希でしょう。特に、後述する同法第4条2項の意見聴取の結果、ある程度の合理的理由を示して反論がなされた場合には一層困難といえるでしょう。

それに対して、②の要件は、多くの場合には認められるものと考えられます。被害者が何らかの法的措置（差止請求、損害賠償請求等）を取る場合には、加害者を特定する一般的な必要性が認められるからです。正当な理由がない場合として発信者情報を開示することによって被害者が直接脅迫的な手段を用いて事実上の被害回復を図る場合等があげられますが、そのような事案はほとんど考えられないでしょう。

つまり、サイト運営者としては、②の要件については余り神経質に問題とする必要はなく、ほとんどの場合、①の要件充足の有無を検討すれば足りることになります。

そして、後述するように、サイト運営者は、発信者から意見聴取をする義務を負っており、その意見聴取の中で、ある程度合理的と思われる反論が出てきた場合には、むしろ情報開示しない方が法的責任を回避するという観点からいえば適当ということになります。

プロバイダ責任制限法第4条4項が、開示請求を拒否した場合であっても、故意又は重大なる過失がない限り、賠償責任を負わない旨を明確に規定していることも考え合わせると、結論からいえば、よほど極端な場合でもない限り、開示請求に応じない方が、サイト運営者が責任追及される可能性は低いといえるわけです。換言すれば、情報開示を拒否するより、情報開示に応じる方が、損害賠償義務を負う等の法的リスクは高まるということです。

上記をまとめたのが、図3－32の総務省ホームページに掲載されている図

図3－32

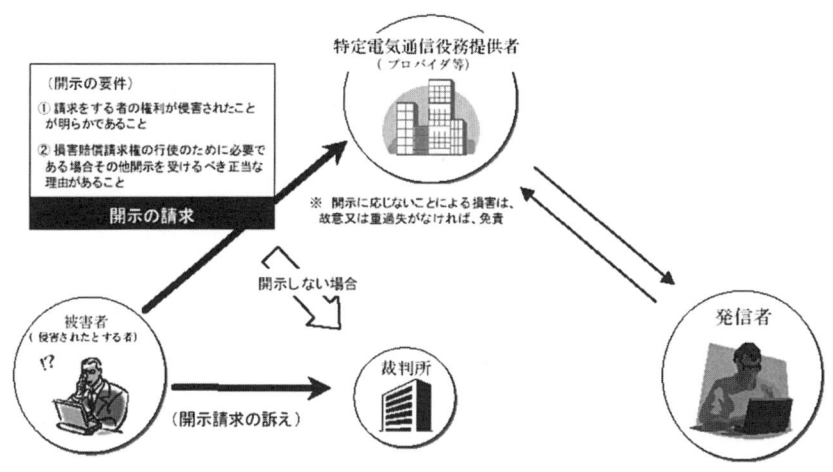

〔開示の要件〕
① 請求をする者の権利が侵害されたことが明らかであること
② 損害賠償請求権の行使のために必要である場合その他開示を受けるべき正当な理由があること

開示の請求

特定電気通信役務提供者
（プロバイダ等）

※ 開示に応じないことによる損害は、故意又は重過失がなければ、免責

被害者（侵害されたとする者）

開示しない場合

裁判所

（開示請求の訴え）

発信者

〈出典：総務省ホームページより〉

です（http://www.soumu.go.jp/joho_tsusin/top/pdf/zukai.pdf）。

　なお、先ほど出てきたプロバイダ責任制限法第4条2項所定の発信者からの意見聴取義務ですが、これは、サイト運営者が発信者情報の開示要求を受けた場合には、情報発信者と連絡ができない場合その他の特別の事情がある場合（単に客観的に連絡が不能である場合ばかりではなく、発信者が意見聴取の連絡にまったく応じないとか、強硬に聴取を拒否する等の場合も含まれます）を除き、開示するかどうかを判断するために、発信者から意見聴取をしなければならないというものです。仮に、特別の事情もないのに、意見聴取を怠った場合には、その事実自体につき、プロバイダ責任制限法第4条2項違反を理由に損害賠償請求等を行えるので注意が必要です。つまり、サイト運営者としては、意見聴取を実現するように極力努力すべきということです。

　また、プロバイダ責任制限法第4条3項は、開示請求によって発信者情報の開示を受けた者が、発信者情報を不当に用いて発信者の名誉等を害することを禁じていますが、これは、開示を受けた情報をWEBサイトに公開してプライバシーを侵害したり、脅迫等の行為を行うことを禁じた当然の規定です。開示情報を用いて損害賠償請求訴訟等を提起することが本条項に該当し

ないことはいうまでもありません。いずれにしても、本条項は、発信者と開示を受けた者との関係であり、サイト運営者には直接の影響はありません。

●まとめ

　本書で問題としているのは、ある程度限定された顧客会員コミュニティーであり、膨大な会員を対象としているISPとは異なりますから、自ずと対処の方法は異なってくるはずです。

　ここで説明した対処方法は、どのように対処すればサイト運営者が責任を負わずに済むか（法的リスクをいかにして最小限のものとするか）という観点からの話であり、当然、良好なコミュニティーを維持し、顧客満足度を上げるために設置される掲示板や意見交換ページですから、このような法的対処方法ではなく、相互の話し合い等によって円満に解決して、一層のコミュニティーの団結を図る方が望ましいことはいうまでもありません。

　サイト運営者としては、発信者情報の開示を受けた場合、法的義務として、発信者からの意見聴取を実施しなければならないのであり、そういう意味では、対立する両者と接点を有する唯一の存在なのですから、紛争の仲介役としての役割を果たす努力を惜しむべきではないでしょう。紛争に巻き込まれてしまってはいけませんから、あくまで中立公正な立場を守るべきですが（前記のように、あくまでも判断するのは裁判所であり、サイト運営者の責務ではありません）、仲介役としての真摯な姿勢は、さらに良好なコミュニティーを醸成するものと考えられます。

5　ドメインネーム取得の際の不正競争防止法

　ドメインネーム（ドメイン名）とは、インターネット上で会社、団体、教育機関などを識別するための名前であり、本来、サーバを特定するための文字や数字の配列にすぎません。しかし、インターネットの発展に伴い、事業者にとっては、インターネットを通じた営業活動、広報活動の重要性が格段に高まり、それ自体が重要な価値を有するようになりました。

　例えば、ある人が家電メーカーであるABC株式会社の製品情報を得ようとする場合、ヤフーやグーグル等の検索サイトでABCの文字列を検索し、その結果検出されたサイトにまず入るという行動が取られます。つまり、ド

メインネームは、今や、消費者と事業者とを結ぶ重要なルートを形成しているのであり、その結果、事業者としては、自社名や製造している商品名等に直結するドメインネームを獲得しウェブサイトを開設した上で、積極的に情報を発信し、他面、消費者の方も発信された情報を享受し、場合によってはそのサイト宛に会社や商品に対する意見を表明し、事業者はその情報をさらに新たな会社イメージの創出、商品改善に役立てていくというサイクルを形成しているのであって、ネットビジネスにおいて、ドメインネームは極めて重要な要素となり、大きな価値を有しているわけです。

　このドメインネームの価値の大きさを表す話題として、ツバルという国によるドメイン事業活用の例が挙げられます。ツバル国とは、南太平洋に浮かぶ資源もない小さな島国ですが（http://www.embassy-avenue.jp/tuvalu/index-j.html）、ISOから割り当てられたトップレベルドメインが「.tv」であったことから（日本での「.jp」に相当する）、その管理権を活用することで大きな富を得ることができました。すなわち、世界中のテレビ会社（もしくは動的コンテンツを取り扱う会社等）は、自社を表すドメインネームとして、この「.tv」を活用することにより、わかりやすく覚えやすい魅力あるサイトを開設することができるわけであり（例えば、現在のフジテレビが有しているドメインネームは、www.fujitv.co.jpですが、これがwww.fuji.tvになれば今よりもっと消費者にアピールできるようになる可能性があるわけです。ちなみに、BSフジは、既にwww.bsfuji.tvを登録しています）、それに着目したツバル国は、「.tv」の管理権を2000年9月にカリフォルニアのベンチャー企業に売却し、その収益をもとにして189番目の国家として国連加盟を果たし、このニュースは世界中を駆けめぐりました。ツバル国は、現在地球温暖化に伴う海面上昇によって国家消滅の危機に瀕していますが、ドメインネームの割り当てという偶然を活用して取得した資金をもとに、今後も国連等を舞台にして地球温暖化防止に向けた活動に取り組んでいくということです。

　さて、少し脇道にそれましたが、この一例から、ドメインネームの価値がいかに大きいかがおわかりいただけたと思います。

　このドメインネームの問題点は、原則として、誰もが先着順に自由に登録できるという先願主義を取っていることです。

そのため、第三者が、著名企業名や商品名、もしくはそれに類似した文字数字の配列をドメインネームとして登録し、消費者がその企業名や商品名に対して抱く信頼を利用したり（フリーライド）、インターネットオークションにかけて利益を得ようとしたり、直接商標権者に連絡して威圧的に買い取りを要請したり、アダルトサイトを開設して商標権者の信用を傷つけるといった事件が世界中で続発しました。

我が国でも、2000年12月6日、「jaccs.co.jp」のドメイン名をめぐって争われた裁判の判決が富山地裁で言い渡されています。これは、信販会社のジャックスが、「jaccs.co.jp」というドメイン名を登録して携帯電話等の販売広告を行っていた業者に対して、不正競争防止法を根拠としてその差し止めを求めた裁判であり、裁判所は差し止めを認容しました。

このジャックス事件は改正前の不正競争防止法を適用した判決ですが、従来の不正競争防止法を根拠とした差し止め請求では、例えば、ドメインネームが表す営業表示（上記でいえばジャックスという名称）に著名性がない場合や、単に買い取りを求めて不正な利益を得ようという目的から第三者の営業表示と同一または類似のドメインネームを取得して保有しているだけのような場合に、必ずしも不正競争防止法によって規制できないのではないかという問題がありました。しかし、そういった規制が不明確な状況を放置した場合、ネット社会における公正な競争が阻害される虞があることから、新たな規制の必要性が求められていました。

こういった流れを受けて、不正競争防止法の一部を改正する法律（資料編に掲載）が2001年12月25日に施行され、不正競争防止法第2条の「不正競争」の類型に、「不正の利益を得る目的で、又は他人に損害を加える目的で、他人の特定商品等表示（人の業務に係る氏名、商号、商標、標章その他の商品又は役務を表示するものをいう。）と同一若しくは類似のドメイン名を使用する権利を取得し、若しくは保有し、又はそのドメイン名を使用する行為」（12号）を追加して、差止請求や損害賠償請求等の対象となるとしました。

「ドメイン名を使用する権利を取得する行為」とは、ドメインネームの登録機関に対する登録申請によってドメインネームを使用する権利を自分のもの

とすること、登録機関からドメインネームの登録を認められた者から移転を受けることによってドメインネームを使用する権利を自分のものとすることを意味します。

「ドメイン名を使用する権利を保有する行為」とは、ドメインネームを使用する権利を継続して有することを意味し、「ドメイン名を使用する行為」とは、ドメインネームをウェブサイト開設等の目的で用いることを意味します。

従来の不正競争行為の要件であった「他人の商品又は営業と混同を生じさせる」「著名な商品等表示」「商品を譲渡し、引き渡し、譲渡若しくは引渡しのために展示し、輸出し、若しくは輸入する」といったドメインネームの使用行為に限定することなく、単純にドメインネームを使用する権利を取得保有する行為自体を不正競争行為としているわけです。

ただ、行為の要件は拡大した反面、「不正の利益を得る目的」(図利目的)または「他人に損害を加える目的」(加害目的)といった主観的要件が必要となっている点で注意が必要です。前者は、公序良俗、信義則に反する形で自己または他人の利益を不当に図る目的を、後者は、他者に対して財産上の損害、信用の失墜といった有形無形の損害を与える目的をそれぞれ意味します。

従って、(想定しにくいですが)特に意図せずに偶然著名商標と類似のドメインネームを取得して個人が趣味のホームページを開設しているような事案では、不正競争防止法で差し止めを求めるようなことは難しいといえます。

なお、「同一若しくは類似のドメイン名」に関し、どこまでが類似といえるかについては、過去の不正競争防止法適用の中で蓄積されてきた判例を参考にすることになりますが、一般論としては、「取引の実情をもとにおいて、取引者又は需要者が、両者の外観、呼称又は観念に基づく印象、記憶、連想等から両者を全体的に類似のものとして受け取るおそれがあるか否かを基準として判断」することになります(最判昭和58年10月7日)。結局は、ケースバイケースで、一般消費者等がどのように受け取るかを判断するしかありません。ちなみに、前記ジャックス事件では、第一審の富山地裁は次のように判断しています。

「本件ドメイン名は、『http://www.jaccs.co.jp』であるが、前記のとおり、

『http://www.』の部分は通信手段を示し、『co.jp』は、当該ドメインがJPNIC管理のものでかつ登録者が会社であることを示すにすぎず、多くのドメイン名に共通のものであり、商品又は役務の出所を表示する機能はなく要部とは言えず、本件ドメイン名と原告の営業表示が同一又は類似であるかどうかの判断は、要部である第三レベルドメインである『jaccs』を対象として行うべきである。そこで、『JACCS』(著者注－原告である信販会社のジャックスの営業表示) と『jaccs』とを対比すると、アルファベットが大文字か小文字かの違いがあるほかは、同一である。そして、実際上、小文字のアルファベットで構成されているドメイン名がほとんどであることに照らせば、大文字か小文字かの外観の違いは重要ではないというべきである。従って、原告の営業表示と本件ドメイン名は類似する」

　以上を前提として、ネットビジネスを始めようという場合、まず、いかなるドメインネームを取得したいかを確定し、登録機関 (例えば、株式会社日本レジストリサービスなど http://jprs.jp) に問い合わせて、その目指すドメインネームが取得可能かを調査し、取得できる場合には直ちに取得登録することが不可欠です (先願主義の観点)。

　また、他面、既にリアルビジネスを長年行っており一定の信用を得ているような会社が、新たにネットビジネスに参入しようという場合において、自社の商標、商号と同一若しくは類似のドメインネームが既に取得されていることが判明した際には、当該ドメインネームがいつ取得されたのか、現在そのドメインネームを使用していかなる営業活動が行われているか等を調査し、場合によっては、不正競争防止法によって、ドメインネームを差し止めるといった法的措置を取ることを検討する必要があります。

　なお、JPNIC (社団法人日本ネットワークインフォメーションセンター) では、「JPドメイン名紛争処理方針」「JPドメイン名紛争処理方針のための手続規則」に従って、不正の目的によるドメインネームの登録・使用の事案につき、JPNICによって認定された紛争処理機関 (現在のところでは、工業所有権仲裁センター) の手続きによって、登録者のドメインネーム登録の取消請求または当該ドメインネーム登録の申立人への移転請求を申し立てることができることになっています (http://www.nic.ad.jp/ja/drp/index.html)。

本手続きは、裁判に比べて費用が低廉で済むこと、提出書類に基づいて手続きが行われ簡易な手続きで済み迅速に処理されることといったメリットがある反面、裁定結果に不服がある場合には不服者は裁判所に提訴することができ、提訴があった場合には裁定の実施が見送られることになるといった点で実効性にやや疑問があります。

　事業者としては、こういったメリット、デメリットをよく吟味された上で、どのような対抗手段を取るかを十分に検討する必要があるでしょう。

6　WEB サイトにおける表示に関する景品表示法

●景品表示法上の問題点

　事業者が WEB サイト上で行う、自己の供給する商品またはサービスの内容や取引条件についての表示は、リアル店舗におけるビジネス同様に「不当景品類及び不当表示法」（景品表示法）の規制対象となります。同法は、消費者が商品を選択する際の前提となる商品表示が適正に行われるように、事業者が自己の供給する商品の内容、取引条件その他取引に関する事項について行う広告その他の表示に一定の制限を課しています。

　前記のように、公正取引委員会は、近時、継続的に BtoC 取引上の表示についての集中的な監視調査（インターネット・サーフ・デイ）を実施し WEB サイトの監視強化を図っており、2001年度には、健康食品並びに健康に関する商品の通信販売サイトを対象に1061サイトを調査し、うち108サイトにおいて問題があるとして、景品表示法の遵守を求める啓発メールを送信した旨を発表しており、今後もこの調査は継続的に行われることが予想されます。

　例えば、一般消費者が、スーパーに行って牛肉を買おうという場合、「輸入牛肉」「国産牛肉」といった、事業者が商品に付着した表示を信頼し、それを前提として商品を選択購入することになります。この場合、虚偽の表示や不当な表示があった場合には、消費者の知らされる権利（知る権利）や商品選択権が侵害されることになります。また食品などの品質表示や、取扱方法の説明の仕方によっては、健康被害をもたらすなどの安全性に問題を生じることもあります。

図3-33　不当表示の禁止概要

```
景品表示法（表示）
└ 4条 不当な表示
    ├ 優良誤認　商品又は役務の品質、規格その他の内容についての不当表示
    │  4条1号
    │    ① 内容について、実際のものよりも著しく優良であると一般消費者に誤認される表示
    │       例1．セーターの実際のカシミヤ混用率が80％前後にもかかわらず「カシミヤ100％と表示した場合
    │         2．10万キロ以上走行した車に「3万5千キロ走行」と表示した場合
    │         3．中国で製造された商品に「秋田伝統工芸品」と表示した場合
    │    ② 内容について、競争事業者に係るものよりも著しく優良であると一般消費者に誤認される表示
    │       例 「この新技術は日本で当社だけ」と広告したが、実際は競争業者でも同じ技術を使っていた場合
    │
    ├ 有利誤認　商品又は役務の価格その他の取引条件についての不当表示
    │  4条2号
    │    ① 取引条件について、実際のものよりも取引の相手方に著しく有利であると一般消費者に誤認される表示
    │       例1．優待旅行ではないのに優待旅行と表示した場合
    │         2．当選者が契約できるものについて当選本数を100本と告知しているが応募者全員を当選者としている場合
    │    ② 取引条件について、競争事業者に係るものよりも取引の相手方に著しく有利であると一般消費者に誤認される表示
    │       例 実売価格に対する比較対照価格を周辺地域で販売している同種商品より高くみせかけていかにも自分の店が安いようにみせかける表示をした場合
    │
    │    「不当な価格表示についての景品表示法上の考え方」（平成12年公正取引委員会）
    │    不当な二重価格表示の例
    │      同一の商品について、最近相当期間6,000円で販売してきたものを5,000円で販売するときに「当店通常価格10,000円の品5,000円で提供」と表示する場合等
    │      （注）二重価格表示とは、事業者が自己の販売価格（実売価格）よりも高い他の価格（比較対照価格）を併記して表示するものである。
    │
    └ 誤認されるおそれのある表示　商品又は役務の取引に関する事項について一般消費者に誤認されるおそれがあると認められ公正取引委員会が指定する表示
       4条3号
         現在指定されているもの
         ① 無果汁の清涼飲料水等についての表示　　（昭和48年公取告示第4号）
         ② 商品の原産国に関する不当な表示　　　　（昭和48年公取告示第34号）
         ③ 消費者信用の融資費用に関する不当な表示（昭和55年公取告示第13号）
         ④ 不動産のおとり広告に関する表示　　　　（昭和55年公取告示第14号）
         ⑤ おとり広告に関する表示　　　　　　　　（平成5年公取告示第17号）
```

〈出典：公正取引委員会ホームページより〉

特に、WEBサイト上で一般消費者が商品を購入する場合、リアル店舗におけるように、現実にその商品を手に取って体験することができず、WEBサイト上の表示がほぼ唯一といってよい情報源、商品選択の根拠となることから、より一層、表示に対する規制に留意する必要があるとされています。このため、公正取引委員会は、電子商取引における景品表示法上の考え方を取りまとめて、2001年1月19日に「消費者向け電子商取引への公正取引委員会の対応について－広告表示を中心に－」(http://www.jftc.go.jp/pressrelease/01.january/010119.pdf) を、2002年6月5日「消費者向け電子商取引における表示についての景品表示法上の問題点と留意事項」(http://www.jftc.go.jp/pressrelease/02.june/02060501.pdf) をそれぞれ発表して事業者に注意を促しています。

特に後者の「留意事項」は、インターネットを利用して行われる商品・サービスの取引内容、取引条件における表示内容、表示方法について、どのような場合が問題となるかについて具体例を多数挙げて詳細に説明しています。

例えば、問題のある内容の表示として、「コンピュータウィルス駆除ソフトについて、実際にはすべてのウィルスに対応していないにもかかわらず、『すべてのウィルスに対応し、かつ100％の発見率』と表示すること」「『当社のプロバイダに加入すればパソコンを無料でリース』と表示しているが、実際には、パソコンの評価額にはプロバイダ使用料金等が含まれ、また、月々の通信費にもパソコンの購入費が含まれているにもかかわらず、パソコンを無料提供するかのように表示すること」などを挙げています。

その他、前記「留意事項」には、ハイパーリンクを用いる場合の表示方法についても詳細な言及がなされています。

インターネットを通じた電子商取引の場合、商品の閲覧、商品内容の確認、取引条件の確認、申込・承諾等の一連の取引が、すべてパソコン等のディスプレイ画面上において行われるという物理的制約があるため、そこに表示しきれない情報については、ハイパーリンクを用いて補充するという手法が行われることがあります。その場合、事業者は、どうしても営業政策上の観点から、商品内容や取引条件のうち消費者にアピールしたい部分はメイン画面に表示し、細かい取引条件等はリンク先に表示するというようになりがちで

す。しかし、リンク先に重要情報が表示されている場合、ハイパーリンクの文字列の表示方法につき配慮を怠るのは問題です。リンク先に重要情報を表示する場合、ハイパーリンクの文字列については、消費者がそれをクリックする必要性を認識できるように、「追加情報」などの抽象的表現ではなく、リンク先の表示内容を明確に認識できる表示（例えば「返品条件」）をすることが必要です。また、文字の大きさ、配色などに配慮するとともに、関連情報の近くに配置して、消費者が見落とさないように明瞭に表示する必要があります。

　具体的には、返品ができる旨をメイン画面に表示し、商品到着から１週間以内に返品しなければならないとの返品条件をリンク先に表示すること、送料が無料である旨をメイン画面に表示し、送料が無料になる配送地域が東京都内だけとの配送条件をリンク先に表示することなどは問題となります。リンク先に表示さえすれば良いという安易な態度は許されないということです。

　また、前記「留意事項」では、他にも、インターネット情報提供サービスの取引（ダウンロード方式）における表示方法、インターネット接続サービスの取引における表示方法についても詳細に言及されており、それぞれに該当する事業者は十分な配慮が必要となります。

　仮に、一般からの申告もしくは職権による察知（前記インターネット・サーフ・デイ等による発覚）等によって、景品表示法の違反行為が認められた場合、当該業者は、公正取引委員会から排除命令を受け、違反行為の差止めまたは再発防止のために必要な事項を命じられる可能性があります。ただ、既にキャンペーン等に関する注意のところで述べたように、実際には排除命令にまで至らず、警告処分にとどまる例がほとんどです。公正取引委員会が、排除命令を行った場合には、官報に告示され、業者名等が明らかにされてしまうことになり、社会的なイメージを損なう結果になりかねませんし、さらに排除命令に従わないと、２年以下の懲役または300万円以下の罰金が科されることになりますので、十分な注意が必要です。

7　WEBサイトにおける表示に関する特定商取引法
●通信販売と特定商取引法

　景品表示法の規制以外に、インターネット上で特定の種類の商品を販売する事業者は、特定商取引法により、商品の販売価格・送料・代金支払時期等、一定の事項を表示しなければならず（特定商取引法第11条1項）、また、誇大広告が禁止されています（特定商取引法第12条）ので、その点の注意も必要です。

　なお、特定商取引法第11条2項には、既に説明した迷惑メールに関する表示規定が置かれていますが、その表示内容等については前記迷惑メールに関する説明を参照してください。

　インターネット上の取引は、売主と買主が直接会うことなくインターネットという通信手段をもって取引が行われる、通信販売の一種であると理解されており、通信販売に関する規制がかかってきます。詳細に説明すると、特定商取引法の適用を受ける「通信販売」とは、「販売業者又は役務提供事業者が郵便その他の経済産業省令で定める方法により売買契約又は役務提供契約の申込みを受けて行う指定商品若しくは指定権利の販売又は指定役務の提供であって電話勧誘販売に該当しないものをいう」（特定商取引法第2条2項）と定義されており、特定商取引法施行規則第2条2号が、特定商取引法第2条2項の「経済産業省令で定める方法」として、「電話機、ファクシミリ措置その他の通信機器又は情報処理の用に供する機器を利用する方法」が規定されているので、インターネット上の取引も通信販売に該当し、特定商取引法の適用を受けることとなります。

　なお、指定商品、指定権利、指定役務については、特定商取引法施行令第3条に詳細に規定されておりますので、ご参照ください。

　ちなみに、通信販売のうち、割賦販売法の適用を受けるものについては、割賦販売法の規制を受けるため、以下に説明する特定商取引法の規制を受けないことは注意が必要です（特定商取引法第26条5項）。

　以上のように、インターネット上で取引を行う場合には、基本的には特定商取引法に従って取引を行わなければならないのであって、特定商取引法に違反すると主務大臣により必要な措置をとるべき指示を受けたり、業務停止

命令を受けることもあるわけです（特定商取引法第14条、第15条）。

●広告表示

通信販売を行う場合に、販売条件または提供条件について広告を行う場合には、次の事項を表示しなければなりません（特定商取引法第11条1項、特定商取引法施行規則第8条）。

①商品若しくは権利の販売価格又は役務の対価（販売価格に送料が含まれない場合には、販売価格及び商品の送料）

②商品若しくは権利の代金又は役務の対価の支払の時期及び方法（例えば、「商品到着後1週間以内」「代引き」「銀行振込」「クレジットカード払い」といった表示です）

③商品の引渡時期若しくは権利の移転時期又は役務の提供時期

④商品の引渡し又は権利の移転後におけるその引取り又は返還についての特約に関する事項（その特約がない場合には、その旨）

　（仮に返品を受け付けない場合には「返品できない旨」を必ず明示しなければなりません。返品特約は必要的記載事項であり、仮に何ら表示していない場合には、無期限で返品に応じる旨の黙示の意思表示がなされているものとみなされて、事業者は、無期限でいつまでも返品を受け入れなければならなくなります）

⑤販売業者又は役務提供事業者の氏名又は名称、住所及び電話番号

⑥販売業者又は役務提供事業者が法人であって、電子情報処理組織（販売業者又は役務提供事業者の使用に係る電子計算機と顧客の使用に係る電子計算機とを電気通信回線で接続した電子情報処理組織をいう）を使用する方法により広告をする場合には、当該販売業者又は役務提供事業者の代表者又は通信販売に関する業務の責任者の氏名

　（ネットビジネスの場合には、特定店舗もなく対面販売でもないので、販売主体がいわゆる「雲隠れ」をして消費者が被害を受けることが少なくないので、個人である代表者等の個人の氏名を明示させることとしたわけです）

⑦申込みの有効期限があるときは、その期限

⑧商品若しくは権利の販売価格又は役務の対価以外に購入者又は役務の提

供を受ける者の負担すべき金銭があるときは、その内容及びその額

（例えば、工事費、組立費、設置費、梱包費、メンテナンス費等が必要となる場合にはその費用の内容が容易に理解できる程度に具体的に特定して金額も明示する必要があります）

⑨商品に隠れた瑕疵がある場合の販売業者の責任についての定めがあるときには、その内容

（民法第570条、第566条に規定された瑕疵担保責任と異なる条件を定める場合にはその内容を表示することを義務づけています。逆に民法の規定通りの責任を負担する場合には表示は必要ありません）

⑩⑧及び⑨に掲げるものの他、商品の販売数量の制限その他の特別の商品若しくは権利の販売条件又は役務の提供条件があるときは、その内容

（販売を予定している数量や販売に応じられる数量が限定されている場合にはその数量を明示しなければなりませんし、例えば法令の制限や規格上の問題から一定の地域や区域あるいはその他の条件を満たしている場合しか使用できない商品を販売する場合や、配送できない地域がある場合等にはその旨の表示が必要ということです。またクレジットカード決済しかできなかったり、現金による代引きしか受け付けないような場合のように支払い条件に特別の取扱をする場合もその旨の表示が必要です）

⑪広告の表示事項の一部を表示しない場合であって、特定商取引法第11条１項但書の書面を請求した者に当該書面に係る金銭を負担させるときは、その額

（消費者がカタログや説明書を取得するのに対価や送料を必要とする場合にはその金額を明示する必要があるということです）

⑫電磁的方法により広告をするときは、販売業者又は役務提供事業者の電子メールアドレス

⑬一定の場合を除き、相手方の請求に基づかないで、かつその承諾を得ないで電磁的方法により広告をするときには「未承諾広告※」と表示しなければならない

（迷惑メールの項を参照）

なお、上記⑤及び⑥については、インターネット上のホームページなどパソコン画面を介して表示する場合、消費者が最初に見ることができるページ画面など冒頭部分に表示すべきであり、やむをえず冒頭部分への表示を行うことができない場合には、冒頭部分から容易に表示箇所への到達が可能となるような方法を講じたり、または契約の申込みのための画面に到達するにはこれらの事項を記載した画面を経由しなければならないような方法を予め講ずるべきであるとされています（通達）。

　なお、当該広告に、消費者からの請求により上記の事項を記載した書面を遅滞なく交付する旨を表示してある場合、またはこれらの事項を記録した電磁的記録を遅滞なく提供する旨を表示する場合には、経済産業省令で定める省略の基準に従って、これらの事項の一部を表示しないことができます（特定商取引法第11条1項但書）。

●誇大広告等の禁止

　通信販売の広告を行う場合において、下記の事項について、「著しく事実に相違する表示をし、又は実際のものよりも著しく優良であり、若しくは有利であると誤認させるような表示」をしてはなりません（特定商取引法第12条、特定商取引法施行規則第11条）。

　①商品の性能、品質若しくは効能、役務の内容若しくは効果又は権利の内容若しくはその権利に係る役務の効果
　②商品の引渡又は権利の移転後におけるその引取り又は返還についての特約
　③商品、権利又は役務についての国、地方公共団体、通信販売協会その他著名な法人その他の団体又は著名な個人の関与
　④商品の原産地若しくは製造地又は製造者名
　⑤特定商取引法第11条1項各号に掲げる事項

　この規定に違反して誇大広告等を行うと、100万円以下の罰金に処せられる可能性があります（特定商取引法第72条3号）。

●意に反して契約の申込みをさせないための表示

　特定商取引法第14条は、「販売業者又は役務提供事業者が第11条（注－広告表示）、第12条（注－誇大広告の禁止）又は前条第1項の規定に違反し、

又は顧客の意に反して売買契約若しくは役務提供契約の申込みをさせようとする行為として経済産業省令で定めるものをした場合」に必要な措置を取るべきことを指示することができると規定しており、これに違反した場合には行政処分の対象となります。

　具体的には、①顧客がパソコンの操作を行う際に、申込みとなることを容易に認識できるように表示していなかったり、②申込みを受ける場合において、顧客が申込みの内容を容易に確認及び訂正できるようにしていない場合には、「顧客の意に反して契約の申込みをさせようとする行為」に該当することになります（特定商取引法規則第16条）。

　ただこれだけでは具体的にどのような表示をすれば良いのか不明確ですので、経済産業省は、2001年10月23日付けで「インターネット通販における『意に反して契約の申込みをさせようとする行為』に係るガイドライン」を発表しています（http://www.meti.go.jp/kohosys/press/0002003//011023internet-tuuhan.pdf）。資料編をご参照ください。

　このガイドラインを簡単にまとめると次のとおりです。

　まず、申込みの最終段階において、基本的には、「注文内容の確認」といった表題の画面（最終確認画面）が必ず表示され、その画面において、「この内容で注文する」といった表示のあるボタンをクリックすることによって申込みとなるような画面表示が必要です。

　また、申込みの最終段階の画面上において、①申込み内容が表示されるか、②申込み内容そのものは表示されないとしても、「注文内容を確認する」といったボタンが用意され、それをクリックすることにより確認できるとか、「確認したい場合にはブラウザの戻るボタンで前のページに戻ってください」といった説明がなされている必要があるほか、申込みを確認した上で、①申込みの最終段階の画面上の「変更」「取消し」といったボタンをクリックすることや、②「修正したい部分があればブラウザの戻るボタンで前のページに戻って下さい」といった説明がなされていることによって、容易に訂正できるようになっていることが必要です。

(8) 個人情報の保護

1　注目をあびる個人情報保護

　現在ほど個人情報の保護が注目を浴びているときは、なかったかもしれません。

　1999年8月に成立した「住民基本台帳の一部を改正する法律」は、住民情報をネットワークで共有し（住民基本台帳ネットワーク）、どの地方自治体からでも住民票などの交付を可能にする法律ですが、住民の利便性が高まる反面、個人情報（住民票に記載されている氏名、住所、生年月日、性別、転居歴等）をネットワーク上に流すことから、情報の流出につき法律で規制する必要性が主張されました。そこで、この住基ネットの実施に当たっては民間部門をも対象とした個人情報保護に関する法整備が前提であるとの判断から、同法律の付則第1条2項には、「施行に当たっては個人情報の保護に万全を期すため、所要の措置を講ずる」と明記されたわけであり、その「所要の措置」として、本来予定されていたのが、「個人情報の保護に関する法律（個人情報保護法）」です。

　しかし、同法律案は、報道や出版の自由との関連で異論も多く、未成立の状況の中、前記「所要の措置」とは法案の提出を意味するとして、結局、「住民基本台帳の一部を改正する法律」は予定どおりに2002年8月5日に施行され、住基ネットは稼働を始めてしまいました。

　そのため、福島県矢祭町や東京都杉並区など参加見送りを表明する自治体が相次ぎ、また個人情報保護のあり方についてメディアで大々的に流されたことから、一般的にも個人情報の問題が注目されるようになったわけです。

　結局、当初の個人情報保護法案は、2002年の臨時国会において廃案となりましたが、その後、同法案に代わって、報道機関や著述業者などに関する規制を緩和するなど、以前の批判を踏まえた新たな内容の法案が2003年5月23日に成立しました（2003年5月30日公布）。

2　相次ぐ情報流出事故の発生

　近時、WEBサイトからの個人情報流出がたびたびニュースになりますが、流出事故は年々規模が大きくなっています。

　例えば、2002年8月23日に発覚した大手メーカーであるブルドッグソースの事案では、その発行するメールマガジン「ソースPLUS　おいしい便り」の登録者や懸賞応募者約4万9000人の住所、氏名、電話番号、メールアドレスなどの個人情報が流出しましたが、この事件は、同社がデータのバックアップを取った際に、セキュリティの設定をミスしたために発生したとされています。

　また、2002年8月21日に発覚した大手菓子メーカーのカバヤ食品の事案では、新製品宣伝のため景品が当たるプレゼントキャンペーンを開始したところ、ホームページのアクセス防止対策に問題があり、応募者の住所、氏名、年齢、性別、職業、電話番号、メールアドレスなどの個人情報が流出したとのことです。

　現在WEBサイトを有している各事業者は、大規模なデータベースを構築し、各顧客とその人の嗜好、趣味等も含めた個人情報を一括管理し、マーケティングに利用するようになっていることから、被害規模が拡大しているわけです。

　従来は、個人情報に対する無関心さも相まって、上記のような流出事故があっても、ホームページ上で謝罪広告を発表したり、お詫びの電子メールを出す程度で済んでいましたが、前記のような個人情報に対する関心の高まりに伴い、訴訟にまで発展する例も現れています。

　2002年5月26日に発覚した大手エステサロンTBCのWEBサイトから約3万7000人分の個人情報が流出したとされる事件では、流出が原因で精神的な苦痛を受けたとして被害者10名が、同年12月19日にTBCを運営するコミーに対して、合計1150万円の損害賠償請求を求める訴訟提起を行った旨の報道がなされました。本訴訟において、裁判所がどの程度の損害額を認定するかはわかりませんが、仮に、1人当たり10万円としても、上記情報流出被害者全員が提訴した場合、コミーは合計37億円の支払い義務を負うことになり、情報流出が会社存続の危機にまで発展する虞すらあり得るわけです。

ちなみに、住民基本台帳に掲載されている個人情報が外部に流出した京都府宇治市の事件の場合、各人に対して、慰謝料1万円、弁護士費用5000円の支払いが認定されています（大阪高裁平成13年12月25日）。

　また、データの圧縮技術や大容量の記憶媒体が進歩したため容易に膨大な量の情報を持ち出せるようになったことから、いかにセキュリティレベルを高めても、内部の情報管理の甘さから、容易に情報を外部に搬出できる状況になっていることも見逃せません。従業員が、顧客データの記載してある膨大な量の書類をコピーして持ち出すことによって情報流出が発生した時代とは隔世の感があります。
　先ほど引用した宇治市の事案は、まさにそういった例でした。宇治市が住民基本台帳のデータを使用して乳幼児検診システムを開発することを企図して、外部の民間企業に開発を委託したところ、開発を担当した男性アルバイトが、約21万人分のデータをコピーして持ち帰り、それをMO（光磁気ディスク）におとして、いわゆる名簿屋に売却したというものです。
　大規模な情報流出が、WEBサイトのセキュリティの甘さからだけではなく、内部の情報管理の甘さからも容易に発生し得る時代になったわけです。
　個人情報の保護が注目を浴びる近時においても、顧客から個人情報の入力を求めるにもかかわらずSSLで情報を暗号化しないサイトが多く存在し、また、内部での情報管理者もおかずに社員全員が情報を閲覧できる事業者もあるといわれており、今後も情報流出事故は頻繁に発生することが危惧されます。

3　個人情報保護の歴史

　個人情報保護につき、日本ではようやく注目を浴びてきましたが、世界に目を向けると、1980年9月23日に経済協力開発機構（OECD）が「プライバシー保護と個人データの国際流通についてのガイドラインに関する理事会勧告」（いわゆるOECDプライバシー・ガイドライン）を採択し、この勧告において、次の8つのプライバシー保護原則が掲げられて、その後の各国の立法における指針となっています。

①収集制限の原則（Collection Limitation Principle）　個人データの収集には制限を設けるべきであり、いかなる個人データも適法かつ公正な手段によって、かつ適当な場合にはデータ主体に知らしめ、または同意を得た上で収集されるべきである。

②データ内容の原則（Data Quality Principle）　個人データは、その利用目的に沿ったものであるべきであり、かつ利用目的に必要な範囲内で正確完全であり、最新なものに保たれなければならない。

③目的明確化の原則（Purpose Specification Principle）　個人データの収集目的は、収集時よりも遅くない時点において明確化されなければならず、その後のデータの利用は、当該収集目的の達成または当該収集目的に矛盾しないでかつ目的の変更毎に明確化された他の目的の達成に限定されるべきである。

④利用制限の原則（Use Limitation Principle）　個人データは、明確化された目的以外のために開示利用その他の使用に供されるべきではないが、データ主体の同意がある場合または法律の規定による場合にはその限りではない。

⑤安全保護の原則（Security Safeguards Principle）　個人データは、その紛失もしくは不当なアクセス・破壊・使用・修正・開示等の危険に対し、合理的な安全保護措置により保護されなければならない。

⑥公開の原則（Openness Principle）　個人データに係わる開発、運用及び政策については、一般的な公開の政策が取られなければならない。

⑦個人参加の原則（Individual Participation Principle）　個人は、次の権利を有する。a）データ管理者が自己に関するデータを有しているか否かについて、データ管理またはその他の者から確認を得ること、b）自己に関するデータを合理的な期間内に、過度にならない費用で、合理的な方法で、かつ自己にわかりやすい形で知らしめられること、c）上記a、bの要求が拒否された場合にはその理由が与えられること、及びそのような拒否に対して異議を申し立てることができること、d）自己に関するデータに対して異議を申し立てること、及びその異議が認められた場合にはそのデータを消去、修正、完全化、補正させること。

⑧責任の原則（Accountability Principle）　データ管理者は、上記の諸原則を実施するための措置に従う責任を有する

　日本でも、1988年に、公的部門のみを対象として、「行政機関の保有する電子計算機処理に係わる個人情報の保護に関する法律」が制定され、また、1997年1月には、通商産業省（現経済産業省）が、「民間部門における電子計算機処理に係る個人情報の保護に関するガイドライン」（1997年3月4日通商産業省告示第98号、いわゆる「通産省ガイドライン」）を発表し、これが我が国における個人情報保護に関するスタンダードとなっています。現在、様々な業界自主規制ガイドラインが存在していますが、そのほとんどは、前記の「OECDプライバシー・ガイドライン」及びこの「通産省ガイドライン」がベースになっているといっても過言ではありません。
　個人情報を扱う事業者は、基本的には、上記2つのガイドライン、特に日本においては「通産省ガイドライン」に従うことが必要です（もちろん、事業者が所属する業界のガイドラインがある場合には、それを遵守すれば足りるでしょう）。

4　通産省ガイドライン（資料編に掲載）

　ここで、ネットビジネスを念頭において通産省ガイドラインを概観してみます。同ガイドラインに関しては、1998年6月にハンドブックが当時の通産省から発表されており、詳細についてはそちらを見ていただければ良いのですが、重要なポイントについてのみ、ハンドブックからの引用を交えご説明します（http://privacymark.jp/ref/handbook.pdf）。

①ここで保護されるべき「個人情報」とは、「個人に関する情報であって、当該情報に含まれる氏名、生年月日その他の記述又は個人別に付された番号、記号その他の符号、画像若しくは音声により当該個人を識別できるもの（当該情報のみでは識別できないが、他の情報と容易に照合することができ、それにより当該個人を識別できるものを含む）」をいいます。例としてあげられている氏名、生年月日の他、住所、電話番号、銀行口座番号、保険証番号等が代表例です（第2条）。

②個人情報の収集に当たっては、正当な事業の範囲内において収集目的を明確に定め、その目的の達成に必要な限度において、適法かつ公正な手段によって行わなければなりません（第5条、第6条）。また、特定の機微な個人情報（人種、民族、門地、本籍地、信教、政治的見解、労働組合への加盟、保健医療、性生活）については、情報主体の明確な同意がある等の場合以外には、収集、利用、提供することが禁じられています（第7条）。

③個人情報の収集のうち、情報主体から直接情報を収集する場合には、情報主体に対して、原則として、少なくとも次のa)～e)に掲げる事項を書面により通知し、情報の収集、利用、提供に関する、当該情報主体の同意を得なければなりません（第8条）。ここでいう「情報主体の同意」の意味ですが、「情報主体が署名押印、口頭による回答者の明示的方法により自己に関する個人情報の取扱いを承諾する意思表示を行うこと」を原則としては意味しますが、書面の交付等による契約手続を伴わない取引、申込、加入等の行為の場合においては、当該行為の手続において、「反対の意思を表明しない等の黙示的方法による意思表示」を含めることができます。なお、「書面による通知」ですが、カタログ、申込書、契約約款、規約等の中に記載するので十分であり、特別の通知書を必要とするわけではありません。

a) 企業内部の個人情報に関する管理者又はその代理人の氏名又は職名、所属及び連絡先
b) 個人情報の収集及び利用の目的
c) 個人情報の提供を行うことが予定されている場合には、その目的、当該情報の受領者又は受領者の組織の種類、属性及び個人情報の取扱いに関する契約の有無
d) 個人情報の提供に関する情報主体の任意性及び当該情報を提供しなかった場合に生じる結果
e) 個人情報の開示を求める権利及び開示の結果、当該情報が誤っている場合に訂正又は削除を要求する権利の存在並びに当該権利を行使するための具体的方法

④個人情報の収集のうち、情報主体以外から間接的に個人情報を収集する場合には、情報主体に対して、少なくとも、上記a)、b)、c)、e)の事項を書面により通知して、情報主体の同意を得る必要があります（第9条）。

ただし、次のような場合には、例外的に同意が必要ありません。以下、間接的に情報を収集する者をA、情報主体をC、Cから前記③記載の要件をみたして個人情報を収集し、その収集した情報をAに提供する者をBとして説明します。

図3－34

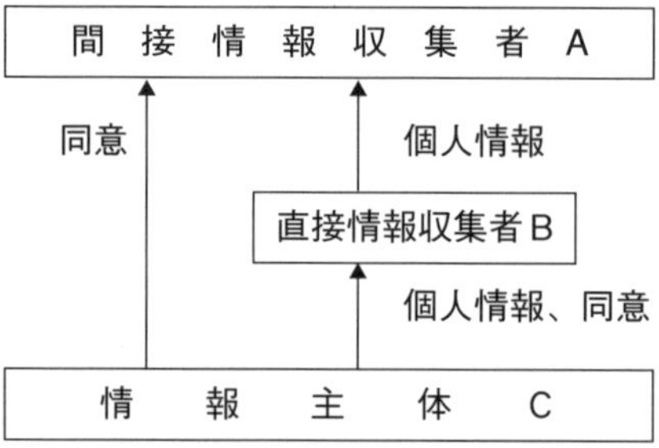

```
            間 接 情 報 収 集 者 A
              ↑              ↑
            同意           個人情報
                    ┌─────────────┐
                    │ 直接情報収集者B │
                    └─────────────┘
                          ↑
                     個人情報、同意
            ┌──────────────────────┐
            │  情  報  主  体    C  │
            └──────────────────────┘
```

ⅰ）BがCからの情報収集の際に、あらかじめAへの提供を予定している旨を前記③c) に従って、Cの同意を得ているときに、AがBからCに関する個人情報の収集を行う場合

ⅱ）AがBとの間で、個人情報の守秘義務、再提供禁止及び事故時の責任分担等の契約を締結しており、個人情報に関してAがBと同等の取扱いを担保しているときに、このようなBからAがCに関する個人情報の収集を行う場合

ⅲ）既にCが、前記③a) ～e) に掲げる事項の通知を受けていることが明白な場合及びCにより不特定多数の者に公開された情報からこれを収集する場合

ⅳ）Aの正当な事業の範囲内であって、Cの保護に値する利益が侵害される虞のない収集を行う場合

⑤その他、a) 個人情報の紛失、破壊、改ざん、漏洩等に対して技術的、組織的に対応を行わなければならない（第17条）、b) 企業内で個人情

報の取扱いに責任を有する「管理者」を定めなければならない、その管理者は、関係する従業員に個人情報保護の徹底を図るとともに、個人情報の取扱に従事する者は、個人情報の保護に十分な注意を払わなければならない（第18条、第22条、第23条）、c）個人情報を外部に委託する場合には、契約等により、管理者の指示の遵守、個人情報に関する秘密の保持、情報の再提供の禁止、事故時の責任分担を明確にしなければならない（第19条）、d）企業は個人から自己の情報について開示を求められた場合には原則として合理的な期間内にこれに応じなければならず、また情報が誤っていた場合には訂正・削除に応じなければならない（個人情報の開示・訂正権　第20条）、e）企業が既に保有している情報について、本人からその利用又は提供を拒否された場合には、原則としてこれに応じなければならない（個人情報の利用又は提供の拒否権　第21条）。

5　個人情報保護法（資料編に掲載）

2003年5月23日に個人情報保護法がようやく成立しました（2003年5月30日公布）。既にご説明したように、住基ネット発足と絡んで大きな議論を呼び、難産の末での成立でした。

同法は、「個人情報は、個人の人格尊重の理念の下に慎重に取り扱われるべきものであることにかんがみ、その適正な取扱いが図られなければならない」（同法3条）との基本理念のもと、「個人情報取扱事業者」（国の機関、地方公共団体、独立行政法人等以外で個人情報データベース等を事業の用に供している者）に対して、次のような義務を課しました（ただし、個人情報取扱事業者の義務や罰則の部分に該当する第4章から第6章までの規定については、公布後2年以内に施行となっており、別途政令で日を定めることになります）。

①利用目的の特定（同法第15条）
　個人情報を取り扱うに当たってはその利用目的をできる限り特定しなければなりません。
②利用目的による制限（同法第16条）

予め本人の同意を得ないで、特定された利用目的の達成に必要な範囲を超えた個人情報を取り扱うことは原則としてできません。

③適正な取得（同法第17条）
　偽りその他不正な手段による個人情報の取得はできません。

④取得に際しての利用目的の通知等（同法第18条）
　個人情報を取得した際には予めその利用目的を公表している場合を除き速やかにその利用目的を本人に通知又は公表しなければなりません。また、本人から直接個人情報を取得する場合には、予め本人にその利用目的を明示しなければなりません。

⑤データ内容の正確性の確保（同法第19条）
　利用目的達成に必要な範囲内において、個人データを正確かつ最新の内容に保つように努めなければなりません。

⑥安全管理措置（同法第20条）
　その取り扱う個人データの漏洩、減失又は毀損を防止する等、個人データの安全管理のために必要かつ適切な措置を講じなければなりません。

⑦従業員・委託先の監督（同法第21条、同法第22条）
　従業員又は委託先に個人データを取り扱わせる場合には、個人データの安全管理が図られるよう必要かつ適切な監督を行わなければなりません。

⑧第三者提供の制限（同法第23条）
　本人の同意を得ない個人データの第三者提供は原則としてできません（例外として、法令に基づく場合、人の生命身体又は財産の保護に必要な場合、公衆衛生・児童の健全育成に特に必要な場合、国等に協力する場合があります）。
　ただし、本人の求めに応じて第三者提供を停止することとしており、その旨その他の一定の事項を本人に通知している場合は第三者提供が可能となります。
　なお、次の場合は第三者提供とはみなされません。
　・個人データの取扱の委託の場合（例えば、データの打ち込みなど情報処理を委託するために個人情報を渡す場合、百貨店が注文を受けた商品の配送のために宅配業者に個人情報を渡す場合等－この場合、個人

情報取扱事業者は委託先に対する監督責任を負います）
・合併等の事由による事業承継の場合（例えば、合併・分社化により新会社に顧客情報を渡す場合、営業譲渡により譲渡先企業に顧客情報を渡す場合等－この場合、譲渡後であっても、個人情報が譲渡される前の利用目的の範囲内で利用しなければなりません）
・特定の者との共同利用の場合（例えば、金融機関の間で延滞や貸倒等の情報を交換する場合、観光・旅行業などグループ企業で総合的なサービスを提供する場合等－共同利用者の範囲、利用する情報の種類、利用目的、情報管理の責任者の名称等について予め本人に通知するか又は本人が容易に知り得る状態に置かなければなりません）

⑨公表等（同法第24条）
保有個人データに関する一定の事項（取扱事業者の氏名・名称、利用目的、開示等に必要な手続等）は公表しなければなりません。

⑩開示（同法第25条）
本人から、その個人データの開示を求められた場合、原則として、所定の方法によって遅滞なくその個人データを開示しなければなりません。

⑪訂正（同法第26条）
本人から、その個人データの内容が真実ではないという理由によって、データの訂正、追加又は削除を求められた場合、原則として、利用目的の達成に必要な範囲内において遅滞なく必要な調査を行い、その結果に基づき、データ内容の訂正等を行わなければなりません。

⑫利用停止等（同法第27条）
本人から、その個人データが使用目的に違反して取り扱われているという理由（16条違反）又は偽りその他不正な手段によって取得されたという理由（17条違反）によって、そのデータの利用停止、消去を求められた場合であって、その求めに理由があることが判明した時は、原則として、違反を是正するために必要な限度で遅滞なく当該データの利用停止等を行わなければなりません。

⑬苦情の処理（同法第31条）
個人情報の取り扱いに関する苦情については、適切かつ迅速な処理に努

めなければなりません。

　上記の個人情報取扱事業者の義務は、前述したOECDの8つのプライバシー保護原則にそれぞれ対応したものとなっています。

　なお、個人情報保護法は、「メディア規制」などと強い非難を浴びたことから、次の5つの主体につき、その個人情報を取り扱う目的の全部又は一部がそれぞれ所定の目的であるときは、個人情報取扱事業者の義務等の規定の適用を除外する明文規定を設けています（同法第50条）。

- ・放送機関、新聞社、通信社その他の報道機関(報道の用に供する目的)
- ・著述を業として行う者(著述の用に供する目的)
- ・大学その他の学術研究を目的とする機関もしくは団体又はそれらに属する者(学術の用に供する目的)
- ・宗教団体(宗教活動の用に供する目的)
- ・政治団体(政治活動の用に供する目的)

　また、今回一緒に成立した「行政機関が保有する個人情報の保護に関する法律」では、行政機関の職員等が、①コンピュータ処理されている個人データの漏洩、②不正な利益を図る目的での個人情報の提供又は盗用、③職務の用以外の用に供する目的で職権を濫用した個人の秘密の収集を行った場合における罰則規定が設けられています（①－2年以下の懲役又は100万円以下の罰金、②－1年以下の懲役又は50万円以下の罰金、③－1年以下の懲役又は50万円以下の罰金）。

6　どのように対処するか

●情報漏洩対策

　まず、情報漏洩に対する対策ですが、事業者としては、本書技術編に記載したような、技術的なセキュリティの確保を図るのは当然のことです。

　さらに、前記宇治市の事件のように、いかに外部に対して技術上の鉄壁の守りを備えても、内部の人間が容易に情報を持ち出せるのではまったく意味がありません。従って、社内の情報管理部門を人的、施設的に独立させて、電子キー等を所持する特定の人間だけが情報にアクセスできるようにすると

いった体制が不可欠です。

以前施設見学に行った、電子認証機関の日本ボルチモアテクノロジーズ株式会社の認証センターや、日本エクソダスコミュニケーション株式会社（現ケーブル・アンド・ワイヤレスIDC株式会社）のデータセンターなどはまさに二重、三重のチェックがなされており、蟻の這い出る隙間もないといった印象を受けましたが、そこまでは必要ないにしても、細心の配慮が必要といえます。

なお、近時、ネットビジネスの現場では、CPO（Chief Privacy Officer）を置くところが増えているといわれています。これは、CEO、COO、CFOなどと同様に、企業のプライバシー保護を統括する責任者という意味で使われています。CPOの職務は、企業に情報流出などの危急の事態が発生した場合においては、問題を把握し適切な対策を講じることであり、平時においては、全社員に情報管理の重要性を理解させ管理システムの遵守を徹底させ（プライバシー保護のモラル教育）、場合によっては、CEO、COOに対して問題点や是正策を勧告したりすることです。情報流出事故の多くが、セキュリティホール等の技術上の問題点より、社員等、情報に関与する人間の認識の甘さに原因があるといわれる今日の状況においては、こういった存在の重要性はますます高まっていくと思われます。

●顧客に対する措置

顧客に対しては、プライバシーポリシーを掲げることによって、その企業の個人情報に対する基本的な姿勢を明らかにする必要があります。

企業によっては、プライバシーポリシーを明記していないサイトとは取引をしないと言明しており、その重要性は近時一段と高まっています。下記に必要最小限の記載がなされた実際のプライバシーポリシーの例を掲げますので参考になさってください。

プライバシーポリシー

①個人情報の利用について

　　ABC株式会社（以下「ABC」といいます）では、ABC会員（以下「会員」）に対してのサービスの向上を目的として個人情報を提供して

いただいております。会員のメールアドレス、住所等の仮登録、本登録時に提供された個人情報はその目的以外の用途では利用いたしません。

②個人情報の保護・管理について

ABCでは、会員ご本人様の同意がある場合を除き、個人情報を第三者に開示することはありません。

ただし、公共利益のために情報公開を必要とする公共機関への開示、また、個人を特定できないよう統計的に処理したのち、その統計情報を第三者に開示することがあります。

ABCでは、収集した個人情報について管理責任者を定め、細心の注意を払い、管理致します。また、個人情報は一般の利用者がアクセスできない環境下で保管しています。

③インターネット上のセキュリティについて

ABCでは、インターネット上で会員の情報漏れを防ぐために、「SOK電子証明書発行サービス」の「SSL（Secure Socket Layer）」を使用しております。このSSLは、インターネット上で信頼される暗号技術です。ABCでは、この技術を用いて、会員の個人情報を保護しておりますので安心してご利用ください。

また、プライバシーマークを取得することを考えても良いかもしれません。プライバシーマークとは、財団法人日本情報処理開発協会が「個人情報の取扱に関して適切に保護措置を講じていることを認められた企業」に対して付与されるマークのことであり（http://privacymark.jp/）、同マークをサイトに表示することで、サイトを利用する顧客に一定の安心感を与えることは可能でしょう。

●その情報はビジネスの上で本当に必要か

なお、以上のように、情報をデータベースとして保有する限りにおいて、様々な人的物的な対応が必要であり、当然、それはコストに反映します。そして、第三世代ネットビジネスにおいては、データをマーケティングに活かすことが不可欠の要素となりますので、一定のデータベースの構築は必要で

す。

　しかし、必要以上に、つまり自己のビジネスに必要な範囲を超えた情報収集は不要ですし、それ自体リスクとなります。データベースの規模に応じて、情報流出の危険性は高まり、その管理の人的物的コストは上昇するのですから、その保有する個人情報は必要最小限のものに限定すべきです。

　不要な顧客データを捨てるという姿勢も、情報管理の有効な対策の一つであるということを常に忘れてはなりません。不要な情報の蓄積は、決してプラスにはならないばかりか、予期せぬ情報流出事故の際には、企業の存続まで危うくする可能性すらあるのです。

（9）ビジネスモデル特許

1　最初に

　本項では、ビジネスモデル特許（BM特許）についてご説明するのですが、詳細な特許の解説はここでは省略したいと思います。

　本項の最後に記載してありますが、BM特許は、一時期の熱狂的ブームも冷め、現状では、皆さんが特に関心を持って何かをしなければならないというものではないと考えているからです。

　もちろん、極めて独創性が強くIT技術を活かした新ビジネスを展開するということであれば申請しておく意義はありますが、本書のテーマである「リアルビジネスを長年行ってきた事業者が、いかにして上手にネットを活用して成果を挙げるか」という観点からすれば、BM特許はほとんど関係ないといって良いと思います。

　ただ、序論に書きましたように、BM特許が第一世代ネットビジネス勃興と衰退の大きな要因となったわけであり、ネットビジネスを行うに当たって、一つの歴史的事実としてBM特許の知識を持っておくことは有意義と思いますので、ここで取り上げた次第です。

　仮に、本書を読まれて、BM特許についてもっと知りたいという方は、詳細な解説本がいくらでも出版されていますので、そちらを参考にしてみてください。なお、『ビジネスモデル特許』（ヘンリー幸田著　日刊工業新聞社

刊）は、まさにブームの最中に出版されベストセラーになった本ですが、当時のアメリカの状況が詳細に記載されており、読み物としても面白いと思います。

2　ビジネスモデル特許とは

　ビジネスモデル特許（BM特許）については、特に定まった定義はありませんが、情報技術（IT）を利用したネットビジネスなど新しいビジネスの手法を対象とする特許を意味するといった理解で結構です。なお、日本の特許庁では、「ビジネスモデル特許」という用語ではなく、「ビジネス方法の特許」という用語を使用しています。

　ここではBM特許の具体的なイメージを持っていただくために、凸版印刷が有する「マピオン」特許を取り上げてみます。この特許の請求項1は次のようになっています（特許2756483号）。一般の人から見れば、外国語の羅列のようなものですので、ざっと概観してイメージをつかんでもらうだけで結構です。

　「【請求項1】コンピュータ・システムにより広告情報の供給を行う広告情報の供給方法において、広告依頼者に対しては、広告情報の入力を促す一方、予め記憶された地図情報に基づいて地図を表示して、当該地図上において広告対象物の位置指定を促す段階と、前記地図上において位置指定された広告対象物の座標を、入力された広告情報と関連づけて逐一記憶する段階とを備える一方、広告受給者に対しては、前記地図情報に基づく地図を表示するとともに、当該地図上の地点であって、記憶された広告対象物の座標に相当する地点に、図像化した当該広告対象物を表示して、所望する広告対象物の選択を促す段階と、選択された広告対象物に関連づけられた広告情報を読み出す段階と、読み出された広告情報を、前記広告受給者に対して出力する段階とを備えることを特徴とする広告情報の供給方法」

　これは、簡単にいえば、地図上の建物などに関連づけて記録された広告をサーバに記録しておき、ユーザーは、地図上の建物などをクリックすることにより広告を表示するシステムのことです。

　既に同システムを用いて、凸版印刷の関連会社であるサイバーマップジャ

パンがサイト（http://www.mapion.co.jp/）を開いてサービスを提供していますので、それをご覧になって利用してみれば容易にBM特許の内容を理解できると思います。

　このように、従来皆さんがイメージしている特許とは異なり、ビジネス手法を特許として認めるのが、BM特許なのです。

3　アメリカでのBM特許旋風

　1998年7月にアメリカにおいて、ビジネス方法に関する特許の有効性を認める画期的な判決（ステート・ストリート・バンク事件）が出されて、ネットビジネスに携わる人々を熱狂させたという事実については、序論でご説明したとおりです。これは、複数の信託基金（ファンド）をいったんまとめ、それをポートフォリオ化して運用することで基金の有効活用、管理コストの節減などを行う「ハブ・アンド・スポーク」と呼ばれるビジネスモデルに特許が認められた事案でした。

　そして、この熱狂は、さらにオンライン書店大手のアマゾンドットコムが、同社の保有する「ワンクリック」特許をもって、ライバルのバーンズ・アンド・ノーブルを訴えた事件において、米下級審が、1999年12月、バーンズ・アンド・ノーブルがワンクリック方式によって注文を受けることを差し止める仮処分を下したことによって最高潮に達しました。「ワンクリック」特許とは、顧客がインターネット上で商品を購入する際に、氏名、住所、クレジットカード番号等の個人情報をいったん登録しておけば、2度目以降の購入の際にはボタンを1回クリックするだけで注文手続きを完了できる仕組みをいいます。本事件は、後日、最終的には、バーンズ・アンド・ノーブルが、2回のクリックで注文するシステムに変更する形で和解が成立しましたが、ネットビジネスの参加者たちは、アマゾンドットコムがライバル会社を蹴落とすのを目の当たりにして、一斉にBM特許の取得に走ったわけです。

　2000年1月7日の日経新聞は、「米国発ビジネスモデル特許」と題する記事において、日本のネットビジネス参加者に警鐘を鳴らしています。この記事が当時のBM特許に関する状況を端的に物語っていると思われますので、以下引用したいと思います。

「情報技術（IT）を活用したビジネスの手法そのものを知的所有権とする『ビジネスモデル特許』。インターネット関連の新ビジネスの急拡大に伴い、米国企業がこれを武器にライバルをたたく例が目立ち始めた。ネット上のオークションの仕組みなどを巡って訴訟合戦が始まり、日本に飛び火するのも時間の問題だ。製品や技術を対象にした従来の特許よりも適用範囲が格段に広いため、対策の功拙はIT関連企業の浮沈にまで響く。

差し止めまで41日

去年12月、米国最大の書店チェーンであるバーンズ・アンド・ノーブルの書籍販売サイトから『簡易申し込み』のボタンが消えた。これを使えばネットで買い物をする際に名前やクレジットカード番号、住所などの個人情報を一度入力するだけで、二回目からは入力しなくて済む。この便利な仕組みが突然使えなくなったことで、数十万人の利用者に戸惑いが広がった。

バーンズの前に立ちはだかったのはネット書籍販売最大手のアマゾン・ドット・コム。同社の持つ『ワンクリック特許』を巡る裁判で、バーンズの使用を差し止める命令を勝ち取ったのだ。

同社の争いは主要なビジネスモデル特許の侵害で裁判所が差し止めを命じた初のケース。しかも特許の取得から提訴まで23日、提訴から差し止め命令まで41日という『超スピード審理』は、ビジネスモデル特許紛争の時代が訪れたことを強く印象づけた」

4 日本におけるBM特許ブーム

このような状況の中で、こういった分野で先行していた企業は着々と対応策を取っていましたが、多くの企業、個人はまだ対岸の火事として傍観していました。そこに、衝撃を与えたのが、2000年1月31日の日経新聞の一面トップをかざった次の記事（図3-35）でした。

これは、「法人向け入金照合サービス」（パーフェクト特許）と呼ばれるもので、決済専用の仮想支店をつくり、企業が入金を請求する顧客ごとに振込口座番号を与え、企業はどこから入金があったかをネットを通じて自動照合できるという仕組みですが、その仕組みの内容はともかく、本来、特許とは無縁と思われていた銀行が、取引手法について特許を取って、他の金融機関

図3-35　日本経済新聞（2000年1月31日）

住友銀、取引手法で「特許」

国内の金融業初
仮想支店使う決済サービス

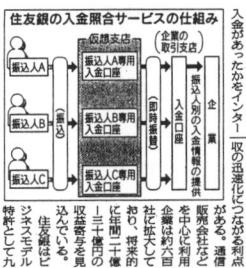

ライセンス料請求も

住友銀行は情報技術（IT）を活用した金融取引の分野で、日本の金融機関として初めて特許庁から「金融ビジネスモデル特許」を取得する。特許の対象は、企業が顧客からの入金を自動的に照合できる決済サービスの仕組み。二月中旬に特許料が成立する。金融ビジネス特許が米国で急拡大する動きが広がっており、日本でも同様の動きが広がりそうだ。住友銀は同行が活用している仕組みを使ってサービスを提供している他の銀行に対して、ライセンス料の支払いや業務の停止を請求する構え。横浜銀及び横浜型の日本の金融ビジネスモデルのあり方にも一石を投じそうだ。〈金融ビジネスモデル特許は「きょうのことば」参照〉

特許権の対象になるのは、法人向け入金照合サービス「パーフェクト」の仕組み。住友銀が決済専用の仮想支店を作ったうえで、企業が入金を請求する顧客ごとに、振り込み用口座番号を与える。企業はどこから入金があったかをインターネットを通じ、パソコンで自動的に照合できるのが特徴だ。サービスは九八年八月に開始した。

これまで入金明細と顧客元帳を手作業で付き合わせて入金を確認していた企業の事務作業が効率化でき、事務コスト削減などにつながる利点がある。通信販売会社などを中心に利用しており、将来的に三千社に拡大、同行にとって年間三十億円の収益寄与を見込んでいる。住友銀はビジネスモデル特許として九

八年十二月に特許庁へ出願。先週、特許庁から認可の内示を受けた。サービスは九八年八月に開始した。同様に入金照合サービスは九八年春に三和銀行、同年秋に第一勧業銀行、東京三菱銀行などが相次いで開始、現在、他の金融機関も追随する準備を進めている。住友銀は特許権の成立を待って、こうした金融機関のサービスが特許権の侵害にあたらないかどうかを調査、ライセンス料の支払いや請求などを検討していく。

特許庁は従来、特許の対象を特定の技術開発などに絞っており、ITを活用した新サービスや効率的なマーケティング手法など業務を進めるうえでのアイデアなどは特許の保護対象としてこなかった。

しかし、九八年に米最高裁がビジネスモデル特許を認める判断を下したのをきっかけに、米国では特許手法などを特許申請する動きが広がると見られ、このため特許の対象を特定の技術関連発明などに位置づけた指針を公表し、ビジネス手法の開発力を競う時代になる。

住友銀の特許取得で、他の金融機関にも独自のビジネス手法を特許申請する動きが広がると見られ、このため特許を巡ってビジネス関連発明に独自のビジネス手法の開発力を競う時代になる。

に対して、ライセンス料を請求する可能性があるという内容に多くの人は衝撃を受け、これを契機に、日本にもBM特許ブームが巻き起こったわけです。
　当時、マスコミもBM特許を大々的に取り上げ、その多くは危機感をあおるような内容でした。
「IT関連企業に訴訟の荒波　ビジネスモデル特許の衝撃」(2000.3.4 大手経済誌)
「米国で急増　ネット特許が日本を制圧する」(2000.4.9大手週刊誌)
　いずれも当時の雑誌記事の題名ですが、当時の混乱ぶり、狼狽ぶりが窺えると思います。
　2000年初頭から、多くのIT関連の顧問会社から突然に特許の相談を受けるようになり（それまで特許の相談など受けたこともないような会社も含めて）、一時は、毎週のように特許事務所に様々な業種の会社担当者と同行し、特許申請手続の打ち合わせを行うという状況になっていました。特に当時は、まだIT関連企業は公開ブームの最中であり、BM特許を申請したという事実自体が、ベンチャーキャピタルから高い評価を受けており、資金集めの道具としてBM特許を利用しようという思惑も一部の会社にはあったようです。当時は、ベンチャーキャピタル等が公開予備軍であるベンチャーの企業評価をする場合に、事業計画書とBM特許が欠かせない存在だったわけです。

5　厳格審査・質の時代へ

　さて、一時期は、ITに関係していない、単なるビジネス手法すら特許となるとさえいわれ、BM特許は混迷した状況にありました。誰でも思いつくような「お手軽特許」が横行すれば、却ってネットビジネスの成長にブレーキをかけることになるとの批判も高まっていきました。
　そのような中、2000年6月16日、日本、アメリカ、欧州連合（EU）の特許政策当局が東京で開いた実務級会合（三極特許庁専門家会合）において、①ビジネスモデル特許を認めるにはITを活用しているという技術的側面が要求されること、②既に使われている取引手法をインターネット上で実施するだけではビジネス特許は認められないことの確認がなされました。
　さらに、特許庁は、2000年12月28日に「コンピュータ・ソフトウェア関連

発明の審査基準」を改訂し、特許法の「発明」の範囲を明確化するとともに、「進歩性」の判断基準の明確化を図りました（http://www.jpo.go.jp/info/pdf/tt1212-045_csqa.pdf）。

特に後者の「進歩性」の問題につき、ITを用いてあるアイディアを具体的に実現する「発明」について特許が成立するためには、その「発明」を全体としてみて、そのアイディアに関連する個別のビジネス分野とIT分野の双方の知識を有している「専門家」でさえ容易に思いつくものではないと認められることが必要であることを明らかにしました。つまり、一般の人（素人）はもちろん、専門家でさえ先行事例から容易に思いつくことができない程度のレベルのものであることが必要とされたのです。

さらに、特許庁は、2001年4月には、「特許にならないビジネス関連発明の事例集」を発表して、BM特許として認められない事例を具体的に明示しました（http://www.jpo.go.jp/old/techno/tt1303-090_jirei.htm）。

このようにして、一時期のBM特許出願ラッシュによる混迷期を経て、BM特許は、厳格審査による特許内容の「質」の時代へと入ったわけです。

ちなみに、前述のBM特許ブームの火付け役となった「ハブ・アンド・スポーク」特許（シグネチャー・ファイナンス・グループ）及び「ワンクリック」特許（アマゾンドットコム）は、日本においても特許出願がなされていましたが、特許庁は、2001年5月、その2件ともに特許権を認めないという判断を下しています。

なお、司法の場においても、2000年12月12日には、「インターネットの時限利用課金システム」という名称発明について特許権を有する企業が、プリペイド型電子マネーを利用するインターネット少額決済システムを運営する企業、及びダイヤルアップ方式によるインターネット接続サービス事業を運営する企業に対して、特許権の侵害を理由に、そのシステムの使用差止めを求めた仮処分事件において、東京地方裁判所は仮処分申立を却下しました（判例時報1734号110頁）。本決定は、ビジネスモデル特許について日本の裁判所がその判断を示した最初の事例といわれていますが、かように簡単には差止め等は認められないのです。

6　BM 特許の現状

　以上、BM 特許が生まれて、大ブームを巻き起こし、そして沈静化していった一連の経緯を説明してきましたが、これからネットビジネスに参入する企業の場合には、この BM 特許をどのように考えれば良いのでしょうか。

　まず、そのビジネスモデルが、IT 技術を利用することで実現できた画期的な発明であると考えるのであれば、従前どおりに、BM 特許の出願をしてみることを検討する余地があります。

　前述のように、「ハブ・アンド・スポーク」特許及び「ワンクリック」特許は日本において特許として認められませんでしたが、日本における BM 特許ブームの火付け役となった三井住友銀行のパーフェクト特許は、他行から異議申し立てがなされたものの却下され、最終的には特許が成立しました（図 3－36）。これによって、三井住友銀行は、同サービスを利用している金融機関とライセンス契約を締結し、相当額の対価を入手することが可能となったわけです。

　かように、単なる思いつきに止まらない画期的なものであれば、特許権を取得して利益を得ることが可能となりますが、前記のように、近時の BM 特許審査の厳格化の流れからいって、最近は簡単には特許を取得できませんから、どのようにすれば良いか悩まれているのであれば、まずは、BM 特許に詳しい弁理士（もしくは特許事件も扱っている弁護士）に相談して、前記のような BM 特許の審査基準に合致しているかどうかについて検討だけでもしてみてはいかがでしょうか。きちんとした弁理士（弁護士）であれば、ダメなものはダメと指摘してくれますし、場合によっては、審査基準を充足するような内容にできないかを一緒に検討してくれるでしょう。

　なお、BM 特許を取得するメリットは、何もライバル企業を排除してビジネスを独占することや、ライセンス料の支払いを受けて利益を上げることばかりではありません。

　むしろ近時は、積極的に BM 特許を活用するというより、他社から特許による攻撃を受けないように、企業防衛的な見地から出願だけはしておくという傾向が強まっていると思いますので、そういう観点での BM 特許の出願については十分に検討する必要があると思います。つまり、万が一、IT 技術

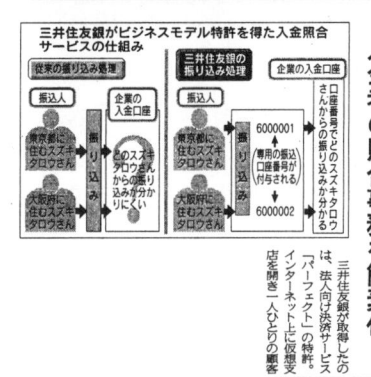

図3-36 日本経済新聞（2001年12月24日）

ビジネスモデル特許
三井住友銀、金融初の取得

他行から使用料徴収へ

入金者の照合事務を簡素化

三井住友銀行は企業が顧客の入金業務に照合できる決済の仕組みで、日本で初めて「ビジネスモデル特許」を取得した。他の大手銀行もこの仕組みに似たサービスを展開しているが、特許庁は却下した。三井住友銀はこの決定を受け、ビジネスモデル特許を活用して他銀行から特許使用料を徴収する考え。銀行業も知的所有権を競う時代に突入する。

三井住友銀が取得したのは、法人向け決済サービス「パーフェクト」の特許。インターネット上に仮想支店を開き、一人ひとりの顧客に専用の振込口座番号を与えることで、同姓同名のケースや家族名義などで支払った場合などに分かりにくかった入金照合事務が大幅に簡素化できる。

この新決済サービスは、通信販売業者など不特定多数の顧客からの入金を照合している企業に便利なサービスとなりつつある。銀行にとっても企業との取引関係を強化できるため、三井住友銀に特許があることが判明、同行は他行にライセンス料の支払いや業務停止を求めることが可能になった。

三井住友銀はすでに静岡銀行など八行とライセンス契約を結んだ。今後は異議を申し立てた三行とも契約交渉に入る考え。似たようなサービスを提供している銀行がほかにもあれば、特許使用料を徴収する計画だ。

同行ではこのサービスを利用している取引先が三千社を超えており、手数料収入は年間で三十億〜三十億円にのぼっている。同行はビジネス特許の獲得に力を入れており、特許獲得を通じた手数料徴収の動きが今後広がるとみられる。

▶ビジネスモデル特許 情報技術（IT）などを使った新たな事業のアイデアに対する特許の総称。一九九八年に米国で認められたのを機に日本でも関心が高まった。国内では、トヨタ自動車のカンバン方式に関する技術そのものが革新的でなくても「もうけの仕組み」が斬新であれば知的所有権が認められる。

[入金照合サービスの仕組み図: 従来の振り込み処理と三井住友銀の振り込み処理の比較]

の関係した新しい事業を開始したにもかかわらず、後日、突然に同様の内容のビジネスについてのBM特許を有する第三者からライセンス料の請求を受けるなどということがないように予め対処しておくということです。

　いずれにしても、BM特許の神通力が薄れた現在において、以前のように、BM特許の問題について、それほどは神経を使う必要はなくなったといって構わないでしょう。

　特に、本書が対象としている企業、すなわち、リアルビジネスを現に行っており、そのビジネスを前提として、これからネットを導入しようと考えている（もしくは現在のネットビジネスをブラッシュアップしようと考えている）企業の場合には、BM特許はほとんど関係ないと考えても良いと思います。

　前記の2000年6月16日に開催された三極特許庁専門家会合においても確認されているように、「既に使われている取引手法をインターネット上で実施するだけではビジネス特許は認められない」のです。

第4章　最後に

　これまで、ネットビジネスの新しいステージとしての第三世代ネットビジネスとは何なのか、その第三世代ネットビジネスを支える技術・マーケティング・法務はどのようなものかについて話を進めてきました。
　繰り返しになりますが、第三世代ネットビジネスの担い手は、コンピュータの専門家でも、一部の大企業でもなく、インターネット普及以前から着実にリアルなビジネスを行ってきた企業になると考えられます。
　これまで説明してきたように、コンピュータの知識がなくとも、ASPサービスを使えば、初期コストを抑え、非常に短期間でサービスをスタートできることとなります。このようなアウトソーシングビジネスが定着してきたのも、第一世代・第二世代とマーケット全体が経験を積み、ノウハウを蓄積してきた結果でしょう。
　そもそも、ネットビジネスという言葉がいつまでも使用されるとは考えられません。今日電話をビジネスで使う際に、特別な言葉を使いはしません。同じように、様々なビジネスでネットを活かすことを特別な言葉で呼ぶ時代は、近い将来終わりを告げることとなるでしょう。
　さて、では次世代（第四世代）のネットビジネスはどのようになるのでしょうか。
　第3章［2］（5）（6）で触れたとおり、携帯電話・ICカードといった技術がこれから私たちの生活を大きく変えていきそうです。さらに常時接続が普及するでしょうし、「ユビキタス」構想の下に、あらゆる電気機器がネットに接続されるようになり、私たちの生活は、ネットで常につながっていることが前提になるでしょう。
　かつて、営業マンは会社を一歩出れば会社のほうからはつかまらないのが当たり前でした。ですから、営業マンは常に出先をホワイトボードに明記して、出先から定期的に公衆電話から会社に電話をいれ、確認していました。それでも大事なタイミングに連絡がつかず、貴重なビジネスチャンスを逃す

ことがありました。ところが今では営業マンはみな携帯電話を持っています。さらに、携帯メールがありますから商談中でも、あるいは電車の中にいるときでも、緊急の情報を手に入れることができるようになりました。さらに、本社の事務所で今営業マンがどこにいるのか地図で表示できるASPサービスすら始まっています（パイオニアのNavi－P http://www.navip.com/gpsasp/)。このように常に「つながっている」ということが、次世代のキーワードになるでしょう。

「つながっている」ということは、空間を意識する必要がないということです。携帯電話が普及した今日、出先であっても、客先に電話するときはあたかもオフィスからの電話のように話すことができます。ノートパソコンがネットにつながっていれば、オフィスにいるときと同じように、在庫を確認し、スケジュールを見ながら会話することもできます。たとえ海外にいたとしても、電話の相手は何も気付くことなくいつものように商談を行うことでしょう。

このような「つながっている時代」では、技術・マーケティング・法務のいずれの観点からも、個人情報・企業情報の管理という側面に注目していかなければなりません。

かつては、それぞれの企業で蓄えてきた会員情報などは、多くの場合には書面でしたし、進んでコンピュータにおいて保管している場合でも、フロッピー、CD、MOという形あるものに保管されているのが普通でした。従って、それら媒体に「秘密扱」とのスタンプでも押して保管さえしていれば十分な状況でした。

しかし今日では、データベースという形でいつでも引き出せるように、重要な情報が保管されています。「つながっている」ということは、データにアクセスする適格を持った人物のみならず、その適格を欠く悪意を持った人物も、それにアクセスすることが可能となることを意味しています。

さらに、ユビキタスが進めば、家庭内のすべての機器がネットで管理されるようになります。あなたの家の冷蔵庫に何が入っているのか、テレビチャンネルはどんなものが見られているのか、入浴の頻度やタイミングなど、すべて外から覗かれてしまうかもしれないのです。つまり、企業情報のみならず、個人情報すらも、容易に第三者によって入手されてしまう虞があるわけです。

また、「つながっている」と、今まで管理すべき情報ではなかったものまで流出する可能性を持ち始めます。例えば先ほど例に挙げた営業マンの位置情報管理など、今までは情報とも思っていなかったものが、営業マンの人数、行動範囲、客先への訪問頻度などをライバルに教える情報になってしまうわけです。もちろん、営業マンが持ち歩くノートパソコンの中には重要な企業情報が詰まっているに違いありません。
　そしてその時には、情報管理及びセキュリティに関する方法・技術、情報管理に対する社員の意識改革、情報漏洩に対する法務面での整備等をしていかないと、本業のビジネスそのものが揺らぐ可能性すら出てきます。
　コンプライアンスの項でご説明したように、まさに、真の意味で「隠せない時代」が到来するわけです。
　そうなると、次に来るネットビジネスは、情報管理やそのセキュリティの分野において、次世代の新たな何らかの技術、ノウハウが活かされたものになると想像できます。
　つまり、「常につながっている」がゆえに、あらゆる情報を「隠せない時代」において、ビジネスの中核となる情報をいかにして「隠して」ビジネスを遂行するかが新たにテーマになる時代が到来するわけですが、その際における技術、マーケティング、法務がどのようになるかは、今はまだ予見できません。
　ただ間違いなくいえるのは、多くのドットコム企業が、後日ネットに参入したオールドエコノミー企業に最後は敗れ去っていったように、本業を誠実に行い、技術・情報・ノウハウ等を蓄積した企業はいかなる時代においても最終的には成功するということです。
　ネットがただの手段となり、ネットビジネスという言葉が死語となる時代において、何よりも重要なのは、一朝一夕には蓄積できないリアルビジネスにおける様々な情報、ノウハウなのであり、その重要性はいかなる時代においても普遍的なのです。
　そういう意味では、第三世代ネットビジネスの勝利者は、次世代ネットビジネスの勝利者でもあることはいうまでもありません。

参考文献

特定商取引法ハンドブック（日本評論社）
Q＆A景品表示法（青林書院）
プロバイダ責任制限法解説（三省堂）
IT法大全（日経BP）
Q＆A電子署名法解説（三省堂）
インターネット法（商事法務）
ITビジネス法律バイブル（日経BP）
IT技術・法務ハンドブック（ILS出版）
電子商取引に関する準則とその解説（商事法務）
ビジネスモデル特許（日刊工業新聞社）
［図解］わかる！クリック＆モルタル（ダイヤモンド社）
目の前の客を、良いお客、リピート客に育てる法（プレジデント社）

資料編

目　次

景表法関係　250

不当景品類及び不当表示防止法　250
不当景品類及び不当表示防止法第2条の規定により景品類及び表示を指定する件（定義告示）　253
「一般消費者に対する景品類の提供に関する事項の制限」の運用基準　253
一般消費者に対する景品類の提供に関する事項の制限（総付け景品制限告示）　255
「懸賞による景品類の提供に関する事項の制限」の運用基準　255
懸賞による景品類の提供に関する事項の制限（懸賞制限告示）　258
景品類等の指定の告示の運用基準　258
インターネット上で行われる懸賞企画の取扱いについて　262

迷惑メール防止法関連　264

特定電子メールの送信の適正化等に関する法律　264
特定電子メールの送信の適正化等に関する法律施行規則　267

特定商取引法関連　269

特定商取引に関する法律（抄）　269
インターネット通販における「意に反して契約の申込みをさせようとする行為」に係るガイドライン　270

個人情報保護関連　276

民間部門における電子計算機処理に係る個人情報の保護に関するガイドライン　276
個人情報の保護に関する法律　280

消費者契約法関連　291

消費者契約法　291
電子消費者契約及び電子承諾通知に関する民法の特例に関する法律　294

ＩＴ基本法　296

高度情報通信ネットワーク社会形成基本法　296

不正競争防止法　300

不正競争防止法　300

不正アクセス禁止法　307

不正アクセス行為の禁止等に関する法律　307

プロバイダ責任制限法関連　309

特定電気通信役務提供者の損害賠償責任の制限及び発信者情報の開示に関する法律　309

電子署名法　311

電子署名及び認証業務に関する法律　311

景表法関係

不当景品類及び不当表示防止法
(昭和37年5月15日法律第134号)

（目的）
第1条　この法律は、商品及び役務の取引に関連する不当な景品類及び表示による顧客の誘引を防止するため、私的独占の禁止及び公正取引の確保に関する法律（昭和22年法律第54号）の特例を定めることにより、公正な競争を確保し、もつて一般消費者の利益を保護することを目的とする。

（定義）
第2条　この法律で「景品類」とは、顧客を誘引するための手段として、その方法が直接的であるか間接的であるかを問わず、くじの方法によるかどうかを問わず、事業者が自己の供給する商品又は役務の取引（不動産に関する取引を含む。以下同じ。）に附随して相手方に提供する物品、金銭その他の経済上の利益であつて、公正取引委員会が指定するものをいう。

2　この法律で「表示」とは、顧客を誘引するための手段として、事業者が自己の供給する商品又は役務の内容又は取引条件その他これらの取引に関する事項について行なう広告その他の表示であつて、公正取引委員会が指定するものをいう。

（景品類の制限及び禁止）
第3条　公正取引委員会は、不当な顧客の誘引を防止するため必要があると認めるときは、景品類の価額の最高額若しくは総額、種類若しくは提供の方法その他景品類の提供に関する事項を制限し、又は景品類の提供を禁止することができる。

（不当な表示の禁止）
第4条　事業者は、自己の供給する商品又は役務の取引について、次の各号に掲げる表示をしてはならない。
　一　商品又は役務の品質、規格その他の内容について、実際のもの又は当該事業者と競争関係にある他の事業者に係るものよりも著しく優良であると一般消費者に誤認されるため、不当に顧客を誘引し、公正な競争を阻害するおそれがあると認められる表示
　二　商品又は役務の価格その他の取引条件について、実際のもの又は当該事業者と競争関係にある他の事業者に係るものよりも取引の相手方に著しく有利であると一般消費者に誤認されるため、不当に顧客を誘引し、公正な競争を阻害するおそれがあると認められる表示
　三　前2号に掲げるもののほか、商品又は役務の取引に関する事項について一般消費者に誤認されるおそれがある表示であつて、不当に顧客を誘引し、公正な競争を阻害するおそれがあると認めて公正取引委員会が指定するもの

（公聴会及び告示）
第5条　公正取引委員会は、第2条若しくは前条第3号規定による指定若しくは第3条の規定による制限若しくは禁止をし、又はこれらの変更若しくは廃止をしようとするときは、公正取引委員会規則で定めるところにより、公聴会を開き、関係事業者及び一般の意見を求めるものとする。

2　前項に規定する指定並びに制限及び禁止並びにこれらの変更及び廃止は、告示によつて行なうものとする。

（排除命令）
第6条　公正取引委員会は、第3条の規定による制限若しくは禁止又は第4条の規定に違反する行為があるときは、当該事業者に対し、その行為の差止め若しくはその行為が再び行なわれることを防止するために必要な事項又はこれらの実施に関連する公示その他必要な事項を命ずることができる。その命令は、当該違反行為が既になくなつている場合においても、することができる。

2　公正取引委員会は、前項の規定による命令（以下、「排除命令」という。）をしたときは、公正取引委員会規則で定める

ところにより、告示しなければならない。
（私的独占の禁止及び公正取引の確保に関する法律との関係）
第７条　前条第１項に規定する違反行為は、私的独占の禁止及び公正取引の確保に関する法律第８条第１項第５号の規定の適用については同法の不公正な取引方法と、同法第25条及び第８章第２節（第48条の規定を除く。）の規定の適用については同法第19条に違反する行為とみなす。
２　前条第１項に規定する違反行為についての審決においては、同項前段に規定する事項を命ずることができる。
３　公正取引委員会は、前条第１項に規定する違反行為について審判手続を開始し、又は私的独占の禁止及び公正取引の確保に関する法律第67条第１項の申立てをしたときは、当該違反行為について排除命令をすることができない。
（審判手続等）
第８条　排除命令に不服がある者は、公正取引委員会規則で定めるところにより、第６条第３項の規定による告示があつた日から30日以内に、公正取引委員会に対し、当該命令に係る行為について、審判手続の開始を請求することができる。
２　公正取引委員会は、前項の規定による請求があつた場合は、遅延なく、当該行為について審判手続を開始しなければならない。この場合については、私的独占の禁止及び公正取引の確保に関する法律第50条第４項の規定を適用しない。
３　公正取引委員会は、排除命令に係る行為については、前項に規定する場合を除き、審判手続を開始し、及び前条第３項に規定する申立てをすることができない。
（排除命令の効力等）
第９条　排除命令（前条第１項の規定による請求があつたものを除く。）は、同項に規定する期間を経過した後は、私的独占の禁止及び公正取引の確保に関する法律第26条及び第90条第３号の規定の適用については、確定した審決とみなす。
２　前条第１項の規定による請求があつた行為について審決（当該請求を不適法として却下する審決を除く。）をしたときは、当該行為に係る排除命令は、その効力を失う。
３　私的独占の禁止及び公正取引の確保に関する法律第64条及び第66条第２項の規定は、排除命令について準用する。
（都道府県知事の指示）
第９条の２　都道府県知事は、第３条の規定による制限若しくは禁止又は第４条の規定に違反する行為があると認めるときは、当該事業者に対し、その行為を取りやめるべきこと又はこれに関連する公示をすることを指示することができる。
（公正取引委員会への措置請求）
第９条の３　都道府県知事は、前条の規定による指示を行なつた場合において当該事業者がその指示に従わないとき、その他同条に規定する違反行為を取りやめさせるため、又は同条に規定する違反行為が再び行なわれることを防止するため必要があると認めるときは、公正取引委員会に対し、この法律の規定に従い適当な措置をとるべきことを求めることができる。
２　前項の規定による請求があつたときは、公正取引委員会は、当該違反行為について講じた措置を当該都道府県知事に通知するものとする。
（報告の徴収及び立入検査等）
第９条の４　都道府県知事は、第９条の２の規定による指示又は前条第１項の規定による請求を行なうため必要があると認めるときは、当該事業者若しくはその者とその事業に関して関係のある事業者に対し景品類若しくは表示に関する報告をさせ、又はその職員に、当該事業者若しくはその者とその事業に関して関係のある事業者の事務所、事業所その他その事業を行なう場所に立ち入り、帳簿書類その他の物件を検査させ、若しくは関係者に質問させることができる。
２　前項の規定により立入検査又は質問をする職員は、その身分を示す証明書を携

資料編　　251

帯し、関係者に提示しなければならない。
3　第1項の規定による権限は、犯罪捜査のために認められたものと解釈してはならない。
（技術的な助言及び勧告並びに資料の提出の要求）
第9条の5　公正取引委員会は、都道府県知事に対し、前3条の規定により都道府県知事が処理する事務の運営その他の事項について適切と認める技術的な助言若しくは勧告をし、又は当該助言若しくは勧告をするため若しくは当該都道府県知事の事務の適正な処理に関する情報を提供するため必要な資料の提出を求めることができる。
2　都道府県知事は、公正取引委員会に対し、前3条の規定により都道府県知事が処理する事務の管理及び執行について技術的な助言若しくは勧告又は必要な情報の提供を求めることができる。
（是正の要求）
第9条の6　公正取引委員会は、第9条の2から第9条の4までの規定により都道府県知事が行う事務の処理が法令の規定に違反していると認めるとき、又は著しく適正を欠き、かつ、明らかに公益を害していると認めるときは、当該都道府県知事に対し、当該都道府県知事の事務の処理について違反の是正又は改善のため必要な措置を講ずべきことを求めることができる。
2　都道府県知事は、前項の規定による求めを受けたときは、当該事務の処理について違反の是正又は改善のための必要な措置を講じなければならない。
（公正競争規約）
第10条　事業者又は事業者団体は、公正取引委員会規則で定めるところにより、景品類又は表示に関する事項について、公正取引委員会の認定を受けて、不当な顧客の誘引を防止し、公正な競争を確保するための協定又は規約を締結し、又は設定することができる。これを変更しようとするときも、同様とする。

2　公正取引委員会は、前項の協定又は規約（以下「公正競争規約」という。）が次の各号に適合すると認める場合でなければ、前項の認定をしてはならない。
一　不当な顧客の誘引を防止し、公正な競争を確保するために適切なものであること。
二　一般消費者及び関連事業者の利益を不当に害するおそれがないこと。
三　不当に差別的でないこと。
四　公正競争規約に参加し、又は公正競争規約から脱退することを不当に制限しないこと。
3　公正取引委員会は、第1項の認定を受けた公正競争規約が前項各号に適合するものでなくなつたと認めるときは、当該認定を取り消さなければならない。
4　公正取引委員会は、第1項又は前項の規定による処分をしたときは、公正取引委員会規則で定めるところにより、告示しなければならない。
5　私的独占の禁止及び公正取引の確保に関する法律第48条、第49条、第67条第1項及び第73条の規定は、第1項の認定を受けた公正競争規約及びこれに基づいてする事業者又は事業者団体の行為には、適用しない。
6　第1項又は第3項の規定による公正取引委員会の処分について不服があるものは、第4項の規定による告示があつた日から30日以内に、公正取引委員会に対し、不服の申立てをすることができる。この場合において、公正取引委員会は、審判手続を経て、審決をもつて、当該申立てを却下し、又は当該処分を取り消し、若しくは変更しなければならない。
（行政不服審査法の適用除外等）
第11条　この法律の規定により公正取引委員会がした処分については、行政不服審査法（昭和37年法律第160号）による不服申立てをすることができない。
2　第8条第1項の規定による請求又は前条第6項の申立てをすることができる事項に関する訴えは、審決に対するもので

なければ、提起することができない。
（罰則）
第12条　第9条の4第1項の規定による報告をせず、若しくは虚偽の報告をし、又は同項の規定による検査を拒み、妨げ、若しくは忌避し、若しくは同項の規定による質問に対して答弁をせず、若しくは虚偽の答弁をした者は、3万円以下の罰金に処する。
2　法人の代表者又は法人若しくは人の代理人、使用人その他の従業員が、その法人又は人の業務に関し、前項の違反行為をしたときは、行為者を罰するほか、その法人又は人に対して同項の刑を科する。

不当景品類及び不当表示防止法第2条の規定により景品類及び表示を指定する件（定義告示）
（平成10年12月25日公告、平成11年2月1日施行）

不当景品類及び不当表示防止法（昭和37年法律第134号）第2条の規定により、景品類及び表示を次のように指定する。
1　不当景品類及び不当表示防止法（以下「法」という。）第2条第1項に規定する景品類とは、顧客を誘引するための手段として、方法のいかんを問わず、事業者が自己の供給する商品又は役務の取引に附随して相手方に提供する物品、金銭その他の経済上の利益であって、次に掲げるものをいう。ただし、正常な商慣習に照らして値引又はアフターサービスと認められる経済上の利益及び正常な商慣習に照らして当該取引に係る商品又は役務に附属すると認められる経済上の利益は、含まない。
　一　物品及び土地、建物その他の工作物
　二　金銭、金券、預金証書、当せん金附証票及び公社債、株券、商品券その他の有価証券
　三　きよう応（映画、演劇、スポーツ、旅行その他の催物等への招待又は優待を含む。）
　四　便益、労務その他の役務

2　法第2条第2項に規定する表示とは、顧客を誘引するための手段として、事業者が自己の供給する商品又は役務の取引に関する事項について行う広告その他の表示であって、次に掲げるものをいう。
　一　商品、容器又は包装による広告その他の表示及びこれらに添付した物による広告その他の表示
　二　見本、チラシ、パンフレット、説明書面その他これらに類似する物による広告その他の表示（ダイレクトメール、ファクシミリ等によるものを含む。）及び口頭による広告その他の表示（電話によるものを含む。）
　三　ポスター、看板（プラカード及び建物又は電車、自動車等に記載されたものを含む。）、ネオン・サイン、アドバルーン、その他これらに類似する物による広告及び陳列物又は実演による広告
　四　新聞紙、雑誌その他の出版物、放送（有線電気通信設備又は拡声機による放送を含む。）、映写、演劇又は電光による広告
　五　情報処理の用に供する機器による広告その他の表示（インターネット、パソコン通信等によるものを含む。）

「一般消費者に対する景品類の提供に関する事項の制限」の運用基準
（昭和52年4月1日事務局長通達第6号）
改正　平成8年2月16日事務局長通達第1号

公正取引委員会の決定に基づき、「一般消費者に対する景品類の提供に関する事項の制限」（昭和52年公正取引委員会告示第5号）の運用基準を次のとおり定めたので、これによられたい。
「一般消費者に対する景品類の提供に関する事項の制限」の運用基準
1　告示第1項の「景品類の提供に係る取引の価額」について
　（1）購入者を対象とし、購入額に応じて景品類を提供する場合は、当該購入額を「取引の価額」とする。

資料編　253

（２）購入者を対象とするが購入額の多少を問わないで景品類を提供する場合の「取引の価額」は、原則として、100円とする。ただし、当該景品類提供の対象商品又は役務の取引の価額のうちの最低のものが明らかに100円を下回っていると認められるときは、当該最低のものを「取引の価額」とすることとし、当該景品類提供の対象商品又は役務について通常行われる取引の価額のうちの最低のものが100円を超えると認められるときは、当該最低のものを「取引の価額」とすることができる。

（３）購入を条件とせずに、店舗への入店者に対して景品類を提供する場合の「取引の価額」は、原則として、100円とする。ただし、当該店舗において通常行われる取引の価額のうち最低のものが100円を超えると認められるときは、当該最低のものを「取引の価額」とすることができる。この場合において、特定の種類の商品又は役務についてダイレクトメールを送り、それに応じて来店した顧客に対して景品類を提供する等の方法によるため、景品類提供に係る対象商品をその特定の種類の商品又は役務に限定していると認められるときはその商品又は役務の価額を「取引の価額」として取り扱う。

（４）景品類の限度額の算定に係る「取引の価額」は、景品類の提供者が小売業者又はサービス業者である場合は対象商品又は役務の実際の取引価格を、製造業者又は卸売業者である場合は景品類提供の実施地域における対象商品又は役務の通常の取引価格を基準とする。

（５）同一の取引に附随して二以上の景品類提供が行われる場合については、次による。

　　ア　同一の事業者が行う場合は、別々の企画によるときであっても、これらを合算した額の景品類を提供したことになる。

　　イ　他の事業者と共同して行う場合は、別々の企画によるときであっても、共同した事業者が、それぞれ、これらを合算した額の景品類を提供したことになる。

　　ウ　他の事業者と共同しないで景品類を追加した場合は、追加した事業者が、これらを合算した額の景品類を提供したことになる。

２　告示第２項第１号の「商品の販売若しくは使用のため又は役務の提供のため必要な物品又はサービス」について

　当該物品又はサービスの特徴、その必要性の程度、当該物品又はサービスが通常別に対価を支払って購入されるものであるか否か、関連業種におけるその物品又はサービスの提供の実態等を勘案し、公正な競争秩序の観点から判断する（例えば、重量家具の配送、講習の教材、交通の不便な場所にある旅館の送迎サービス、ポータブルラジオの電池、劇場内で配布する筋書等を書いたパンフレット等で、適当な限度内のものは、原則として、告示第２項第１号に当たる。）。

３　第２項第２号の「見本その他宣伝用の物品又はサービス」について

（１）見本等の内容、その提供の方法、その必要性の限度、関連業種における見本等の提供の実態等を勘案し、公正な競争秩序の観点から判断する。

（２）自己の供給する商品又は役務について、その内容、特徴、風味、品質等を試食、試用等によって知らせ、購買を促すために提供する物品又はサービスで、適当な限度のものは、原則として、告示第２項第２号に当たる（例　食品や日用品の小型の見本・試供品、食品売場の試食品、化粧品売場におけるメイクアップサービス、スポーツスクールの一日無料体験。商品又は役務そのものを提供する場合には、最小取引単位のものであって、試食、試用等のためのものである旨が明確に表示されていなければならない。）。

(3) 事業者名を広告するために提供する物品又はサービスで、適当な限度のものは、原則として、告示第2項第2号に当たる（例　社名入りのカレンダーやメモ帳）。
(4) 他の事業者の依頼を受けてその事業者が供給する見本その他宣伝用の物品又はサービスを配布するものである場合も、原則として、告示第2項第2号に当たる。
4　告示第2項第3号の「自己の供給する商品又は役務の取引において用いられる割引券その他割引を約する証票」について
(1)「証票」の提供方法、割引の程度又は方法、関連業種における割引の実態等を勘案し、公正な競争秩序の観点から判断する。
(2)「証票」には、金額を示して取引の対価の支払いに充当される金額証（特定の商品又は役務と引き換えることにしか用いることのできないものを除く。）並びに自己の供給する商品又は役務の取引及び他の事業者の供給する商品又は役務の取引において共通して用いられるものであって、同額の割引を約する証票を含む。
5　公正競争規約との関係について
本告示で規定する景品類の提供に関する事項について、本告示及び運用基準の範囲内で公正競争規約が設定された場合には、本告示の運用に当たって、その定めるところを参酌する。

一般消費者に対する景品類の提供に関する事項の制限

（総付け景品制限告示）

（昭和52年3月1日公正取引委員会告示第5号）
改正　平成8年2月16日公正取引委員会告示第2号

不当景品類及び不当表示防止法（昭和37年法律第134号）第3条の規定に基づき、一般消費者に対する景品類の提供に関する事項の制限を次のように定め、昭和52年4月1日から施行する。

一般消費者に対する景品類の提供に関する事項の制限
1　一般消費者に対して懸賞（「懸賞による景品類の提供に関する事項の制限」（昭和52年公正取引委員会告示第3号）第1項に規定する懸賞をいう。）によらないで提供する景品類の価額は、景品類の提供に係る取引の価額の10分の1の金額（当該金額が100円未満の場合にあつては、100円）の範囲内であつて、正常な商慣習に照らして適当と認められる限度を超えてはならない。
2　次に掲げる経済上の利益については、景品類に該当する場合であつても、前項の規定を適用しない。
一　商品の販売若しくは使用のため又は役務の提供のため必要な物品又はサービスであつて、正常な商慣習に照らして適当と認められるもの
二　見本その他宣伝用の物品又はサービスであつて、正常な商慣習に照らして適当と認められるもの
三　自己の供給する商品又は役務の取引において用いられる割引券その他割引を約する証票であつて、正常な商慣習に照らして適当と認められるもの
四　開店披露、創業記念等の行事に際して提供する物品又はサービスであつて、正常な商慣習に照らして適当と認められるもの
備考　不当景品類及び不当表示防止法第3条の規定に基づく特定の種類の事業における景品類の提供に関する事項の制限の告示で定める事項については、当該告示の定めるところによる。

「懸賞による景品類の提供に関する事項の制限」の運用基準

（昭和52年4月1日事務局長通達第4号）
変更　平成8年2月16日事務局長通達第1号

公正取引委員会の決定に基づき、「懸賞による景品類の提供に関する事項の制限」（昭和52年公正取引委員会告示第3号）の

運用基準を次のとおり定めたので、これによられたい。
1 告示第1項第1号の「くじその他偶然性を利用して定める方法」について
　これを例示すると、次のとおりである。
　（1）抽せん券を用いる方法
　（2）レシート、商品の容器包装等を抽せん券として用いる方法
　（3）商品のうち、一部のものにのみ景品類を添付し、購入の際には相手方がいずれに添付されているかを判別できないようにしておく方法
　（4）すべての商品に景品類を添付するが、その価額に差等があり、購入の際には相手方がその価額を判別できないようにしておく方法
　（5）いわゆる宝探し、じゃんけん等による方法
2 告示第1項第2号の「特定の行為の優劣又は正誤によって定める方法」について
　これを例示すると、次のとおりである。
　（1）応募の際一般に明らかでない事項（例　その年の十大ニュース）について予想を募集し、その回答の優劣又は正誤によって定める方法
　（2）キャッチフレーズ、写真、商品の改良の工夫等を募集し、その優劣によって定める方法
　（3）パズル、クイズ等の解答を募集し、その正誤によって定める方法
　（4）ボーリング、魚釣り、○○コンテストその他の競技、演技又は遊技等の優劣によって定める方法（ただし、セールスコンテスト、陳列コンテスト等相手方事業者の取引高その他取引の状況に関する優劣によって定める方法は含まれない。）
3 先着順について
　来店又は申込みの先着順によって定めることは、「懸賞」に該当しない（「一般消費者に対する景品類の提供に関する事項の制限」その他の告示の規制を受けることがある。）。
4 告示第5項（カード合わせ）について
　次のような場合は、告示第5項のカード合わせの方法に当たらない。
　（1）異なる種類の符票の特定の組合せの提示を求めるが、取引の相手方が商品を購入する際の選択によりその組合せを完成できる場合（カード合わせ以外の懸賞にも当たらないが、「一般消費者に対する景品類の提供に関する事項の制限」その他の告示の規制を受けることがある。）
　（2）一点券、二点券、五点券というように、異なる点数の表示されている符票を与え、合計が一定の点数に達すると、点数に応じて景品類を提供する場合（カード合わせには当たらないが、購入の際には、何点の券が入っているかがわからないようになっている場合は、懸賞の方法に当たる（本運用基準第1項（4）参照）。これがわかるようになっている場合は、「一般消費者に対する景品類の提供に関する事項の制限」その他の告示の規制を受けることがある。）
　（3）符票の種類は二以上であるが、異種類の符票の組合せではなく、同種類の符票を一定個数提示すれば景品類を提供する場合（カード合わせには当たらないが、購入の際にはいずれの種類の符票が入っているかがわからないようになっている場合は、懸賞の方法に当たる（本運用基準第1項（3）参照）。これがわかるようになっている場合は、「一般消費者に対する景品類の提供に関する事項の制限」その他の告示の規制を受けることがある。）
5 告示第2項の「懸賞に係る取引の価額」について
　（1）「一般消費者に対する景品類の提供に関する事項の制限」の運用基準第1項（1）から（4）までは、懸賞に係る取引の場合に準用する。
　（2）同一の取引に附随して二以上の懸賞による景品類提供が行われる場合に

ついては、次による。
　ア　同一の事業者が行う場合は、別々の企画によるときであっても、これらを合算した額の景品類を提供したことになる。
　イ　他の事業者と共同して行う場合は、別々の企画によるときであっても、それぞれ、共同した事業者がこれらの額を合算した額の景品類を提供したことになる。
　ウ　他の事業者と共同しないで、その懸賞の当選者に対して更に懸賞によって景品類を追加した場合は、追加した事業者がこれらを合算した額の景品類を提供したことになる。
6　賞により提供する景品類の限度について
　懸賞に係る一の取引について、同一の企画で数回の景品類獲得の機会を与える場合であっても、その取引について定められている制限額を超えて景品類を提供してはならない（例えば、1枚の抽せん券により抽せんを行って景品類を提供し、同一の抽せん券により更に抽せんを行って景品類を提供する場合にあっては、これらを合算した額が制限額を超えてはならない。）。
7　告示第3項及び第4項の「懸賞に係る取引の予定総額」について
　懸賞販売実施期間中における対象商品の売上予定総額とする。
8　告示第4項第1号及び第3号の「一定の地域」について
（1）小売業者又はサービス業者の行う告示第4項第1号又は第3号の共同懸賞については、その店舗又は営業施設の所在する市町村（東京都にあっては、特別区又は市町村）の区域を「一定の地域」として取り扱う。
　　一の市町村（東京都にあっては、特別区又は市町村）の区域よりも狭い地域における小売業者又はサービス業者の相当多数が共同する場合には、その業種及びその地域における競争の状況等を勘案して判断する。
（2）小売業者及びサービス業者以外の事業者の行う共同懸賞については、同種類の商品をその懸賞販売の実施地域において供給している事業者の相当多数が参加する場合は、告示第4項第3号に当たる。
9　告示第4項第2号の共同懸賞について
　商店街振興組合法の規定に基づき設立された商店街振興組合が主催して行う懸賞は、第4項第2号の共同懸賞に当たるものとして取り扱う。
10　告示第4項の「相当多数」について
　共同懸賞の参加者がその地域における「小売業者又はサービス業者」又は「一定の種類の事業を行う事業者」の過半数であり、かつ、通常共同懸賞に参加する者の大部分である場合は、「相当多数」に当たるものとして取り扱う。
11　告示第4項第3号の「一定の種類の事業」について
　日本標準産業分類の細分類として掲げられている種類の事業（例　1311　清涼飲料製造業、7231　理容業、7663　ゴルフ場）は、原則として、「一定の種類の事業」に当たるものとして取り扱うが、これにより難い場合は、当該業種及び関連業種における競争の状況等を勘案して判断する。
12　共同懸賞への参加の不当な制限について
　次のような場合は、告示第4項ただし書の規定により、同項の規定による懸賞販売を行うことができない。
（1）共同懸賞への参加資格を売上高等によって限定し、又は特定の事業者団体の加入者、特定の事業者の取引先等に限定する場合
（2）懸賞の実施に要する経費の負担、宣伝の方法、抽せん券の配分等について一部の者に対し不利な取扱いをし、実際上共同懸賞に参加できないようにする場合

懸賞による景品類の提供に関する事項の制限（懸賞制限告示）

（昭和52年3月1日公正取引委員会告示第3号）
変更　平成8年2月16日公正取引委員会告示第1号

不当景品類及び不当表示防止法（昭和37年法律第134号）第3条の規定に基づき、懸賞による景品類の提供に関する事項の制限（昭和37年公正取引委員会告示第5号）の全部を次のように改正する。

懸賞による景品類の提供に関する事項の制限
1　この告示において「懸賞」とは、次に掲げる方法によつて景品類の提供の相手方又は提供する景品類の価額を定めることをいう。
　一　くじその他偶然性を利用して定める方法
　二　特定の行為の優劣又は正誤によつて定める方法
2　懸賞により提供する景品類の最高額は、懸賞に係る取引の価額の20倍の金額（当該金額が10万円を超える場合にあつては、10万円）を超えてはならない。
3　懸賞により提供する景品類の総額は、当該懸賞に係る取引の予定総額の100分の2を超えてはならない。
4　前2項の規定にかかわらず、次の各号に掲げる場合において、懸賞により景品類を提供するときは、景品類の最高額は30万円を超えない額、景品類の総額は懸賞に係る取引の予定総額の100分の3を超えない額とすることができる。ただし、他の事業者の参加を不当に制限する場合は、この限りでない。
　一　一定の地域における小売業者又はサービス業者の相当多数が共同して行う場合
　二　一の商店街に属する小売業者又はサービス業者の相当多数が共同して行う場合。ただし、中元、年末等の時期において、年3回を限度とし、かつ、年間通算して70日の期間内で行う場合に限る。
　三　一定の地域において一定の種類の事業を行う事業者の相当多数が共同して行う場合
5　前3項の規定にかかわらず、二以上の種類の文字、絵、符号等を表示した符票のうち、異なる種類の符票の特定の組合せを提示させる方法を用いた懸賞による景品類の提供は、してはならない。

景品類等の指定の告示の運用基準

（昭和52年4月1日事務局長通達第7号）
変更　平成8年2月16日事務局長通達第1号

公正取引委員会の決定に基づき、景品類等の指定の告示（昭和37年公正取引委員会告示第3号）の運用基準を次のとおり定めたので、これによられたい。

景品類等の指定の告示の運用基準
1　「顧客を誘引するための手段として」について
　（1）提供者の主観的意図やその企画の名目のいかんを問わず、客観的に顧客誘引のための手段になっているかどうかによって判断する。したがって、例えば、親ぼく、儀礼、謝恩等のため、自己の供給する商品の容器の回収促進のため又は自己の供給する商品に関する市場調査のアンケート用紙の回収促進のための金品の提供であっても、「顧客を誘引するための手段として」の提供と認められることがある。
　（2）新たな顧客の誘引に限らず、取引の継続又は取引量の増大を誘引するための手段も、「顧客を誘引するための手段」に含まれる。
2　「事業者」について
　（1）営利を目的としない協同組合、共済組合等であっても、商品又は役務を供給する事業については、事業者に当たる。
　（2）学校法人、宗教法人等であっても、

収益事業（私立学校法第26条等に定める収益事業をいう。）を行う場合は、その収益事業については、事業者に当たる。
（3）学校法人、宗教法人等又は地方公共団体その他の公的機関等が一般の事業者の私的な経済活動に類似する事業を行う場合は、その事業については、一般の事業者に準じて扱う。
（4）事業者団体が構成事業者の供給する商品又は役務の取引に附随して不当な景品類の提供を企画し、実施させた場合には、その景品類提供を行った構成事業者に対して景品表示法が適用されるほか、その事業者団体に対しては独占禁止法第8条第1項第5号が適用されることになる（景品表示法第7条第1項参照）。

3 「自己の供給する商品又は役務の取引」について
（1）「自己の供給する商品又は役務の取引」には、自己が製造し、又は販売する商品についての、最終需要者に至るまでのすべての流通段階における取引が含まれる。
（2）販売のほか、賃貸、交換等も、「取引」に含まれる。
（3）銀行と預金者との関係、クレジット会社とカードを利用する消費者との関係等も、「取引」に含まれる。
（4）自己が商品等の供給を受ける取引（例えば、古本の買入れ）は、「取引」に含まれない。
（5）商品（甲）を原材料として製造された商品（乙）の取引は、商品（甲）がその製造工程において変質し、商品（甲）と商品（乙）とが別種の商品と認められるようになった場合は、商品（甲）の供給業者にとって、「自己の供給する商品の取引」に当たらない。ただし、商品（乙）の原材料として商品（甲）の用いられていることが、商品（乙）の需要者に明らかである場合（例えば、コーラ飲料の原液の供給業者が、その原液を使用したびん詰コーラ飲料について景品類の提供を行う場合）は、商品（乙）の取引は、商品（甲）の供給業者にとっても、「自己の供給する商品の取引」に当たる。

4 「取引に附随して」について
（1）取引を条件として他の経済上の利益を提供する場合は、「取引に附随」する提供に当たる。
（2）取引を条件としない場合であっても、経済上の利益の提供が、次のように取引の相手方を主たる対象として行われるときは、「取引に附随」する提供に当たる（取引に附随しない提供方法を併用していても同様である。）。
　ア　商品の容器包装に経済上の利益を提供する企画の内容を告知している場合（例　商品の容器包装にクイズを出題する等応募の内容を記載している場合）
　イ　商品又は役務を購入することにより、経済上の利益の提供を受けることが可能又は容易になる場合（例　商品を購入しなければ解答やそのヒントが分からない場合、商品のラベルの模様を模写させる等のクイズを新聞広告に出題し、回答者に対して提供する場合）
　ウ　小売業者又はサービス業者が、自己の店舗への入店者に対し経済上の利益を提供する場合（他の事業者が行う経済上の利益の提供の企画であっても、自己が当該他の事業者に対して協賛、後援等の特定の協力関係にあって共同して経済上の利益を提供していると認められる場合又は他の事業者をして経済上の利益を提供させていると認められる場合もこれに当たる。）
　エ　次のような自己と特定の関連がある小売業者又はサービス業者の店舗への入店者に対し提供する場合
　　◎自己が資本の過半を拠出している小売業者又はサービス業者

資料編　259

◎自己とフランチャイズ契約を締結しているフランチャイジー
　　　◎その小売業者又はサービス業者の店舗への入店者の大部分が、自己の供給する商品又は役務の取引の相手方であると認められる場合（例　元売業者と系列ガソリンスタンド）
　（3）取引の勧誘に際して、相手方に、金品、招待券等を供与するような場合は、「取引に附随」する提供に当たる。
　（4）正常な商慣習に照らして取引の本来の内容をなすと認められる経済上の利益の提供は、「取引に附随」する提供に当たらない（例　宝くじの当せん金、パチンコの景品、喫茶店のコーヒーに添えられる砂糖・クリーム）。
　（5）ある取引において二つ以上の商品又は役務が提供される場合であっても、次のアからウまでのいずれかに該当するときは、原則として、「取引に附随」する提供に当たらない。ただし、懸賞により提供する場合（例「○○が当たる」）及び取引の相手方に景品類であると認識されるような仕方で提供するような場合（例「○○プレゼント」、「××を買えば○○が付いてくる」、「○○無料」）は、「取引に附随」する提供に当たる。
　　ア　商品又は役務を二つ以上組み合わせて販売していることが明らかな場合（例「ハンバーガーとドリンクをセットで○○円」、「ゴルフのクラブ、バッグ等の用品一式で○○円」、美容院の「カット（シャンプー、ブロー付き）○○円」、しょう油とサラダ油の詰め合わせ）
　　イ　商品又は役務を二つ以上組み合わせて販売することが商慣習となっている場合（例　乗用車とスペアタイヤ）
　　ウ　商品又は役務が二つ以上組み合わされたことにより独自の機能、効用を持つ一つの商品又は役務になっている場合（例　玩菓、パック旅行）
　（6）広告において一般消費者に対し経済上の利益の提供を申し出る企画（昭和46年公正取引委員会告示第34号参照）が取引に附随するものと認められない場合は、応募者の中にたまたま当該事業者の供給する商品又は役務の購入者が含まれるときであっても、その者に対する提供は、「取引に附随」する提供に当たらない。
　（7）自己の供給する商品又は役務の購入者を紹介してくれた人に対する謝礼は、「取引に附随」する提供に当たらない（紹介者を当該商品又は役務の購入者に限定する場合を除く。）。
5「物品、金銭その他の経済上の利益」について
　（1）事業者が、そのための特段の出費を要しないで提供できる物品等であっても、又は市販されていない物品等であっても、提供を受ける者の側からみて、通常、経済的対価を支払って取得すると認められるものは、「経済上の利益」に含まれる。ただし、経済的対価を支払って取得すると認められないもの（例　表彰状、表彰盾、表彰バッジ、トロフィー等のように相手方の名誉を表するもの）は、「経済上の利益」に含まれない。
　（2）商品又は役務を通常の価格よりも安く購入できる利益も、「経済上の利益」に含まれる。
　（3）取引の相手方に提供する経済上の利益であっても、仕事の報酬等と認められる金品の提供は、景品類の提供に当たらない（例　企業がその商品の購入者の中から応募したモニターに対して支払うその仕事に相応する報酬）。
6「正常な商慣習に照らして値引と認められる経済上の利益」について
　（1）「値引と認められる経済上の利益」に当たるか否かについては、当該取引の内容、その経済上の利益の内容及び提供の方法等を勘案し、公正な競争秩

序の観点から判断する。
（2）これに関し、公正競争規約が設定されている業種については、当該公正競争規約の定めるところを参酌する。
（3）次のような場合は、原則として、「正常な商慣習に照らして値引と認められる経済上の利益」に当たる。
　ア　取引通念上妥当と認められる基準に従い、取引の相手方に対し、支払うべき対価を減額すること（複数回の取引を条件として対価を減額する場合を含む。）（例「×個以上買う方には、〇〇円引き」、「背広を買う方には、その場でコート〇〇％引き」、「×××円お買上げごとに、次回の買物で〇〇円の割引」、「×回御利用していただいたら、次回〇〇円割引」）。
　イ　取引通念上妥当と認められる基準に従い、取引の相手方に対し、支払った代金について割戻しをすること（複数回の取引を条件として割り戻す場合を含む。）（例「レシート合計金額の〇％割戻し」、「商品シール〇枚ためて送付すれば〇〇円キャッシュバック」）。
　ウ　取引通念上妥当と認められる基準に従い、ある商品又は役務の購入者に対し、同じ対価で、それと同一の商品又は役務を付加して提供すること（実質的に同一の商品又は役務を付加して提供する場合及び複数回の取引を条件として付加して提供する場合を含む（例「ＣＤ３枚買ったらもう１枚進呈」、「背広１着買ったらスペアズボン無料」、「コーヒー５回飲んだらコーヒー１杯無料券をサービス」、「クリーニングスタンプ〇〇個でワイシャツ１枚分をサービス」、「当社便〇〇マイル搭乗の方に××行航空券進呈」）。ただし、「コーヒー〇回飲んだらジュース１杯無料券をサービス」、「ハンバーガーを買ったらフライドポテト無料」等の場合は実質的な同一商品又は役務の付加には当たらない。
（4）次のような場合は、「値引と認められる経済上の利益」に当たらない
　ア　対価の減額又は割戻しであっても、懸賞による場合、減額し若しくは割り戻した金銭の使途を制限する場合（例　旅行費用に充当させる場合）又は同一の企画において景品類の提供とを併せて行う場合（例　取引の相手方に金銭又は招待旅行のいずれかを選択させる場合）
　イ　ある商品又は役務の購入者に対し、同じ対価で、それと同一の商品又は役務を付加して提供する場合であっても、懸賞による場合又は同一の企画において景品類の提供とを併せて行う場合（例　Ａ商品の購入者に対し、Ａ商品又はＢ商品のいずれかを選択させてこれを付加して提供する場合）

7「正常な商慣習に照らしてアフターサービスと認められる経済上の利益」について
（1）この「アフターサービスと認められる経済上の利益」に当たるか否かについては、当該商品又は役務の特徴、そのサービスの内容、必要性、当該取引の約定の内容等を勘案し、公正な競争秩序の観点から判断する。
（2）これに関し、公正競争規約が設定されている業種については、当該公正競争規約の定めるところを参酌する。

8「正常な商慣習に照らして当該取引に係る商品又は役務に附属すると認められる経済上の利益」について
（1）この「商品又は役務に附属すると認められる経済上の利益」に当たるか否かについては、当該商品又は役務の特徴、その経済上の利益の内容等を勘案し、公正な競争秩序の観点から判断する。
（2）これに関し、公正競争規約が設定されている業種については、当該公正

競争規約の定めるところを参酌する。
（3）商品の内容物の保護又は品質の保全に必要な限度内の容器包装は、景品類に当たらない。

インターネット上で行われる懸賞企画の取扱いについて

平成13年4月26日
公正取引委員会

公正取引委員会は、インターネット上の商取引サイトを利用した電子商取引が飛躍的に発展している中で、インターネットホームページ上で消費者に対する懸賞企画が広く行われるようになってきている状況にかんがみ、インターネットホームページ上で行われる景品提供企画について、取引に付随して提供される景品類を規制している不当景品類及び不当表示防止法（昭和37年法律第134号。以下「景品表示法」という。）の規制の対象となるかどうかを下記のとおり明確化し、別添のとおり各都道府県及び関係団体へ周知を図ることとした。

〈要点〉
① ホームページ上で実施される懸賞企画は、懸賞の告知や応募の受付が商取引サイト上にあるなど、懸賞に応募する者が商取引サイトを見ることを前提としているサイト構造のホームページ上で実施されるものであっても、消費者はホームページ内のサイト間を自由に移動できることから、取引に付随する経済上の利益の提供に該当せず、景品表示法の規制の対象とならない（いわゆるオープン懸賞企画として取り扱われる。）。
ただし、商取引サイトにおいて商品やサービスを購入しなければ懸賞に応募できない場合、購入することで景品の提供を受けることが容易になる場合などは、取引付随性が認められることから、景品表示法に基づく規制の対象となる。
② インターネットサービスプロバイダー、電話会社などインターネットに接続するために必要な接続サービスを提供する事業者が開設しているホームページで行う懸賞企画は、懸賞に応募できる者を自己が提供する接続サービスの利用者に限定しない限り取引付随性が認められず、景品表示法の規制の対象とならない（いわゆるオープン懸賞企画として取り扱われる。）。

「別添」
インターネット上で行われる懸賞企画の取扱いについて

インターネットホームページ上の商取引サイトを利用した電子商取引が飛躍的に発展している中で、インターネットホームページ上で消費者に対する懸賞企画が広く行われるようになってきている。そこで、公正取引委員会としては、インターネット上で行われる懸賞企画について、今後、次のとおり取り扱うこととした。

1　インターネット上のオープン懸賞について

インターネット上のホームページは、誰に対しても開かれているというその特徴から、いわゆるオープン懸賞（顧客を誘引する手段として、広告において一般消費者に対しくじの方法等により特定の者を選び、これに経済上の利益の提供を申し出る企画であって、不当景品類及び不当表示防止法〔昭和37年法律第134号。以下「景品表示法」という。〕に規定する景品類として同法に基づく規制の対象となるものを除くもの。）の告知及び当該懸賞への応募の受付の手段として利用可能なものであり、既に広く利用されてきている。また、消費者はホームページ内のサイト間を自由に移動することができることから、懸賞サイトが商取引サイト上にあったり、商取引サイトを見なければ懸賞サイトを見ることができないようなホームページの構造であったとしても、懸賞に応募しようとする者が商品やサービスを購入することに直ちにつながるものではない。

したがって、ホームページ上で実施される懸賞企画は、当該ホームページの構造が上記のようなものであったとしても、取引

に付随する経済上の利益の提供に該当せず、景品表示法に基づく規制の対象とはならない（いわゆるオープン懸賞として取り扱われる。）（図1-1及び図1-2）。ただし、商取引サイトにおいて商品やサービスを購入しなければ懸賞企画に応募できない場合や、商品又はサービスを購入することにより、ホームページ上の懸賞企画に応募することが可能又は容易になる場合（商品を購入しなければ懸賞に応募するためのクイズの正解やそのヒントが分からない場合等）には、取引付随性が認められることから、景品表示法に基づく規制の対象となる。

2　インターネットサービスプロバイダー等によるオープン懸賞について

　インターネットサービスプロバイダー、電話会社等一般消費者がインターネットに接続するために必要な接続サービスを提供する事業者がインターネット上で行う懸賞企画は、インターネット上のホームページには当該ホームページを開設しているプロバイダー等と契約している者以外の者でもアクセスすることができるという特徴にかんがみ、懸賞企画へ応募できる者を自己が提供する接続サービスの利用者に限定しない限り取引付随性が認められず、景品表示法に基づく規制の対象とはならない（いわゆるオープン懸賞として取り扱われる。）（図2）。

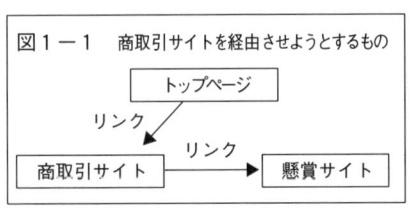

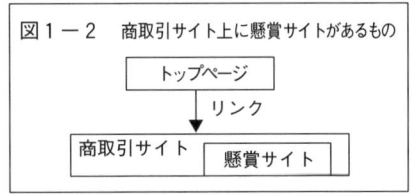

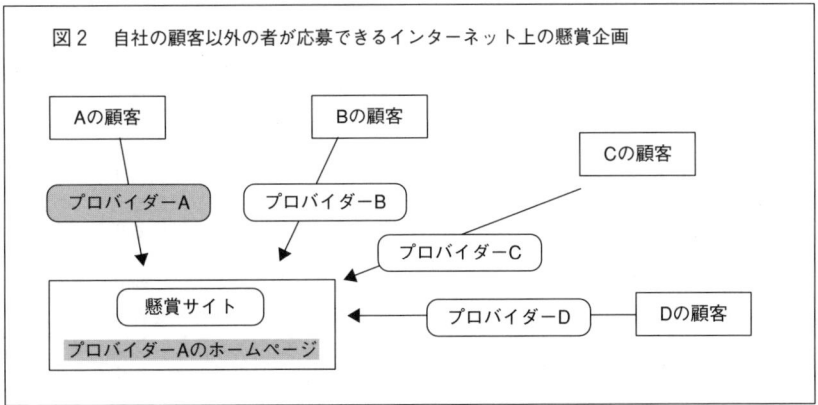

図1-1　商取引サイトを経由させようとするもの

```
        トップページ
     リンク │
        ↓
商取引サイト ──リンク──→ 懸賞サイト
```

図1-2　商取引サイト上に懸賞サイトがあるもの

```
        トップページ
           │リンク
           ↓
    ┌─────────────┐
    │商取引サイト │懸賞サイト│
    └─────────────┘
```

図2　自社の顧客以外の者が応募できるインターネット上の懸賞企画

```
Aの顧客         Bの顧客
   ↓              ↓                Cの顧客
プロバイダーA   プロバイダーB           ↓
   │              │            プロバイダーC
   ↓              ↓                
┌──────────────┐    ← プロバイダーD ← Dの顧客
│   懸賞サイト     │
│プロバイダーAのホームページ│
└──────────────┘
```

迷惑メール防止法関連

特定電子メールの送信の適正化等に関する法律

(平成14年4月17日法律第26号)

(目的)
第1条　この法律は、一時に多数の者に対してされる特定電子メールの送信等による電子メールの送受信上の支障を防止する必要性が生じていることにかんがみ、特定電子メールの送信の適正化のための措置等を定めることにより、電子メールの利用についての良好な環境の整備を図り、もって高度情報通信社会の健全な発展に寄与することを目的とする。

(定義)
第2条　この法律において、次の各号に掲げる用語の意義は、当該各号に定めるところによる。
一　電子メール特定の者に対し通信文その他の情報をその使用する通信端末機器（入出力装置を含む。次条において同じ。）の映像面に表示されるようにすることにより伝達するための電気通信（電気通信事業法（昭和59年法律第86号）第2条第1号に規定する電気通信をいう。）であって、総務省令で定める通信方式を用いるものをいう。
二　特定電子メール次に掲げる者以外の個人（事業のために電子メールの受信をする場合における個人を除く。）に対し、電子メールの送信をする者（営利を目的とする団体及び営業を営む場合における個人に限る。以下「送信者」という。）が自己又は他人の営業につき広告又は宣伝を行うための手段として送信をする電子メールをいう。
　　イ　あらかじめ、その送信をするように求める旨又は送信をすることに同意する旨をその送信者に対し通知した者（当該通知の後、その送信をしないように求める旨を当該送信者に対し通知した者を除く。）
　　ロ　その広告又は宣伝に係る営業を営む者と取引関係にある者
　　ハ　その他政令で定める者
三　電子メールアドレス電子メールの利用者を識別するための文字、番号、記号その他の符号をいう。

(表示義務)
第3条　送信者は、特定電子メールの送信に当たっては、総務省令で定めるところにより、その受信をする者が使用する通信端末機器の映像面に次の事項が正しく表示されるようにしなければならない。
一　特定電子メールである旨
二　当該送信者の氏名又は名称及び住所
三　当該特定電子メールの送信に用いた電子メールアドレス
四　次条の通知を受けるための当該送信者の電子メールアドレス
五　その他総務省令で定める事項

(拒否者に対する送信の禁止)
第4条　送信者は、その送信をした特定電子メールの受信をした者であって、総務省令で定めるところにより特定電子メールの送信をしないように求める旨（一定の事項に係る特定電子メールの送信をしないように求める場合にあっては、その旨）を当該送信者に対して通知したものに対し、これに反して、特定電子メールの送信をしてはならない。

(架空電子メールアドレスによる送信の禁止)
第5条　送信者は、自己又は他人の営業につき広告又は宣伝を行うための手段として電子メールの送信をするときは、電子メールアドレスとして利用することが可能な符号を作成する機能を有するプログラム（電子計算機に対する指令であって一の結果を得ることができるように組み合わされたものをいい、総務省令で定める方法により当該符号を作成するものに限る。）を用いて作成した架空電子メールアドレス（符号であってこれを電子メールアドレスとして利用する者がないも

のをいう。第10条及び第16条第1項において同じ。）をその受信をする者の電子メールアドレスとしてはならない。
（措置命令）
第6条　総務大臣は、送信者が一時に多数の者に対してする特定電子メールの送信その他の電子メールの送信につき前3条の規定を遵守していないと認める場合において、電子メールの送受信上の支障を防止するため必要があると認めるときは、当該送信者に対し、当該規定が遵守されることを確保するため必要な措置をとるべきことを命ずることができる。
（総務大臣に対する申出）
第7条　特定電子メールの受信をした者は、第3条又は第4条の規定に違反して当該特定電子メールの送信がされたと認めるときは、総務大臣に対し、適当な措置をとるべきことを申し出ることができる。
2　総務大臣は、前項の規定による申出があったときは、必要な調査を行い、その結果に基づき必要があると認めるときは、この法律に基づく措置その他適当な措置をとらなければならない。
（苦情等の処理）
第8条　特定電子メールの送信者は、その特定電子メールの送信についての苦情、問合せ等については、誠意をもって、これを処理しなければならない。
（電気通信事業者による情報の提供及び技術の開発等）
第9条　電子メールに係る役務を提供する電気通信事業者（電気通信事業法第2条第5号に規定する電気通信事業者をいう。以下同じ。）は、その役務の利用者に対し、特定電子メールによる電子メールの送受信上の支障の防止に資するその役務に関する情報の提供を行うように努めなければならない。
2　電子メールに係る役務を提供する電気通信事業者は、特定電子メールによる電子メールの送受信上の支障の防止に資する技術の開発又は導入に努めなければならない。

（電気通信役務の提供の拒否）
第10条　第一種電気通信事業者（電気通信事業法第12条第1項に規定する第一種電気通信事業者をいう。）は、一時に多数の架空電子メールアドレスをその受信をする者の電子メールアドレスとして電子メールの送信がされた場合において、自己の電気通信設備（同法第2条第2号に規定する電気通信設備をいう。）の機能に著しい障害を生ずることにより電子メールの利用者に対する電気通信役務（同条第3号に規定する電気通信役務をいう。以下この条において同じ。）の提供に著しい支障を生ずるおそれがあると認められるときは、当該架空電子メールアドレスに係る電子メールの送信をした者に対し、その送信をした電子メールにつき、電気通信役務の提供を拒むことができる。
（電気通信事業者の団体に対する指導及び助言）
第11条　総務大臣は、民法（明治29年法律第89号）第34条の規定により設立された法人であって、その会員である電気通信事業者に対して情報の提供その他の特定電子メールによる電子メールの送受信上の支障の防止に資する業務を行うものに対し、その業務に関し必要な指導及び助言を行うように努めるものとする。
（研究開発等の状況の公表）
第12条　総務大臣は、毎年少なくとも1回、特定電子メールによる電子メールの送受信上の支障の防止に資する技術の研究開発及び電子メールに係る役務を提供する電気通信事業者によるその導入の状況を公表するものとする。
（指定法人）
第13条　総務大臣は、総務省令で定めるところにより、民法第34条の規定により設立された法人であって、次項に規定する業務（以下「特定電子メール送信適正化業務」という。）を適正かつ確実に行うことができると認められるものを、その申請により、特定電子メール送信適正化業務を行う者（以下「指定法人」とい

う。）として指定することができる。
2　指定法人は、次に掲げる業務を行うものとする。
　　一　第7条第1項の規定による総務大臣に対する申出をしようとする者に対し指導又は助言を行うこと。
　　二　総務大臣から求められた場合において、第7条第2項の申出に係る事実関係につき調査を行うこと。
　　三　特定電子メールに関する情報又は資料を収集し、及び提供すること。
（改善命令）
第14条　総務大臣は、指定法人の特定電子メール送信適正化業務の運営に関し改善が必要であると認めるときは、その指定法人に対し、その改善に必要な措置を講ずべきことを命ずることができる。
（指定の取消し）
第15条　総務大臣は、指定法人が前条の規定による命令に違反したときは、その指定を取り消すことができる。
（報告及び立入検査）
第16条　総務大臣は、この法律の施行に必要な限度において、特定電子メール若しくは架空電子メールアドレスをその受信をする者の電子メールアドレスとする電子メールの送信者に対し、これらの送信に関し必要な報告をさせ、又はその職員に、これらの送信者の事業所に立ち入り、帳簿、書類その他の物件を検査させることができる。
2　総務大臣は、特定電子メール送信適正化業務の適正な運営を確保するために必要な限度において、指定法人に対し、特定電子メール送信適正化業務若しくは資産の状況に関し必要な報告をさせ、又はその職員に、指定法人の事務所に立ち入り、特定電子メール送信適正化業務の状況若しくは帳簿、書類その他の物件を検査させることができる。
3　前2項の規定により立入検査をする職員は、その身分を示す証明書を携帯し、関係人に提示しなければならない。
4　第1項又は第2項の規定による立入検査の権限は、犯罪捜査のために認められたものと解釈してはならない。
（都道府県が処理する事務）
第17条　この法律に規定する総務大臣の権限に属する事務の一部は、政令で定めるところにより、都道府県知事が行うこととすることができる。
（罰則）
第18条　第6条の規定による命令に違反した者は、50万円以下の罰金に処する。
第19条　第16条第1項若しくは第2項の規定による報告をせず、若しくは虚偽の報告をし、又はこれらの規定による検査を拒み、妨げ、若しくは忌避した者は、30万円以下の罰金に処する。
第20条　法人の代表者又は法人若しくは人の代理人、使用人その他の従業者が、その法人又は人の業務に関し、前2条の違反行為をしたときは、行為者を罰するほか、その法人又は人に対しても、各本条の刑を科する。
　　　附　則
（施行期日）
1　この法律は、公布の日から起算して6月を超えない範囲内において政令で定める日から施行する。
（検討）
2　政府は、この法律の施行後3年以内に、電気通信に係る技術の水準その他の事情を勘案しつつ、この法律の施行の状況について検討を加え、その結果に基づいて必要な措置を講ずるものとする。

特定電子メールの送信の適正化等に関する法律施行規則

(平成14年6月21日総務省令第66号)

「特定電子メールの送信の適正化等に関する法律施行規則」
(通信方式)
第1条　特定電子メールの送信の適正化等に関する法律(以下「法」という。)第2条第1号の総務省令で定める通信方式は、シンプルメールトランスファープロトコルとする。
(表示の方法等)
第2条　法第3条各号に掲げる事項は、次の各号に定める特定電子メールの受信に係る通信端末機器の映像面に表示される場所に表示されるようにしなければならない。
　一　法第3条第1号に掲げる事項　当該特定電子メールに係る表題部の最前部
　二　法第3条第2号に掲げる事項(当該特定電子メールの送信者の氏名または名称に限る。)、同条第4号に掲げる事項及び同条第5号に掲げる事項(次条第1号に掲げる事項に限る。)　当該特定電子メールにかかる通信文より前
　三　法第3条第2号に掲げる事項(当該特定電子メールの送信者の住所に限る。)及び同条第5号に掲げる事項(次条第2号に掲げる事項に限る。)　任意の場所(当該事項を当該特定電子メールに係る場所以外の場所に表示されるようにするときは、その場所を示す情報を当該特定電子メールに係る任意の場所に表示されるようにしなければならない。)
　四　法第3条第3号に掲げる事項　当該特定電子メールに係る送信者の電子メールアドレスの表示部
　五　法第3条第5号に掲げる事項(次条第3号に掲げる事項に限る。)　当該特定電子メールに係る任意の場所
2　法第3条第1号に掲げる事項の表示は、「未承諾広告※」とする。
3　第1項第1号から第3号までに掲げる事項(同項第3号に掲げる事項については、当該特定電子メールに係る任意の場所に表示されるようにするときに限る。)は、通信文で用いられるものと同一の文字コードを用いて符号化することにより表示されるようにしなければならない。ただし、特定電子メールの送信に必要な範囲において、他の符号化方法により重ねて符号化したものは、重ねて符号化する前の文字コードを用いて符号化しているものとみなす。
4　送信者は、第1項第2号に掲げる事項の表示の直前に、「＜送信者＞」と表示されるようにしなければならない。
(その他の表示を要する事項)
第3条　法第3条第5号の総務省令で定める事項は、次に掲げる事項とする。
　一　次条に定める方法により、特定電子メールの送信をしないように求める旨の通知を、法第3条第4号に掲げる電子メールアドレスあてに行うことができる旨
　二　特定電子メールの送信者の電話番号
　三　特定電子メールの伝送に関する経路を示す情報
(特定電子メールの送信をしないように求める旨の通知の方法)
第4条　法第4条の規定による特定電子メールの送信をしないように求める旨(一定の事項に係る特定電子メールの送信のみをしないように求める場合にあってはその旨、特定電子メールの送信を一定の期間しないように求める場合にあってはその旨及びその期間)の通知は、特定電子メールの受信に係る電子メールアドレスを明らかにして、電子メールその他適宜の方法によって行うものとする。
(架空電子メールアドレス等を作成する方法)
第5条　法第5条の総務省令で定める方法は、文字、番号、記号その他の符号を、専ら電子メールアドレスとして利用することが可能な符号を作成するため、自動

的に組み合わせるものとする。
（総務大臣に対する申出の手続）
第６条　法第７号第１項の規定により総務大臣に対して申出をしようとする者は、次の事項を記載した申出書を提出しなければならない。
一　申出人の氏名または名称、住所及び連絡先
二　申出対象の送信者に関する事項
三　申出に係る特定電子メールアドレスの受信に係る通信端末機器の映像面に表示された事項
四　申出の理由
五　その他参考となる事項
2　前項の規定により提出する申出書は、付録様式によること。
（指定の申請）
第７条　法第13条第１項の規定による指定（以下「指定」という。）を受けようとする者は、次の事項を記載した申請書を総務大臣に提出しなければならない。
一　名称、住所及び代表者の氏名
二　特定電子メール送信適正化業務を行おうとする事務所の所在地
2　前項の申請書には、次に掲げる書類を添付しなければならない。
一　定款または寄附行為及び登記簿の謄本
二　申請の日の属する事業年度の前事業年度における事業報告書、貸借対照表、収支決算書、財産目録その他の特定電子メール適正化業務を適正かつ確実に実施できることを証する書面
三　役員の名簿及び履歴書
四　指定の申請に関する意思の決定を証する書類
五　組織及び運営に関する事項を記載した書類
3　総務大臣は、前項各号に掲げるもののほか、指定のために必要な書類の提出を求めることができる。
（指定の基準）
第８条　総務大臣は、指定の申請が次の各号に適合していると認めるときでなければ、その指定をしてはならない。
一　特定電子メール送信適正化業務を適正かつ確実に行うために必要な経理的基礎及び技術的能力を有すること。
二　役員または社員の構成が特定電子メール送信適正化業務の公正な実施に支障を及ぼすおそれのないものであること。
三　特定電子メール送信適正化業務以外の業務を行っているときは、当該業務を行うことにより特定電子メール送信適正化業務が不公正になるおそれがないこと。
四　その指定をすることによって特定電子メール送信適正化業務の適正かつ確実な実施を阻害することとならないこと。
（変更の届出）
第９条　指定を受けた法人（以下「指定法人」という。）は、その名称、住所、代表者又は事務所の所在地を変更しようとするときは、あらかじめ、その旨を総務大臣に届け出なければならない。
（事業計画等）
第10条　指定法人は、毎事業年度の事業計画書及び収支予算書を作成し、当該事業年度の開始前に総務大臣に提出しなければならない。これを変更しようとするときも、同様とする。
2　指定法人は、毎事業年度終了後３月以内に、事業報告書、貸借対照表、収支決算書および財産目録を作成し、総務大臣に提出しなければならない。
　　附　則
この省令は、法の施行の日（平成14年７月１日）から施行する。

特定商取引法関連

特定商取引に関する法律（抄）

第3節　通信販売
（通信販売についての広告）
第11条　販売業者又は役務提供事業者は、通信販売をする場合の指定商品若しくは指定権利の販売条件又は指定役務の提供条件について広告をするときは、経済産業省令で定めるところにより、当該広告に、当該商品若しくは当該権利又は当該役務に関する次の事項を表示しなければならない。ただし、当該広告に、請求により、これらの事項を記載した書面を遅滞なく交付し、又はこれらの事項を記録した電磁的記録（電子的方式、磁気的方式その他人の知覚によっては認識することができない方式で作られる記録であって、電子計算機による情報処理の用に供されるものをいう。）を遅滞なく提供する旨の表示をする場合には、販売業者又は役務提供事業者は、経済産業省令で定めるところにより、これらの事項の一部を表示しないことができる。
一　商品若しくは権利の販売価格又は役務の対価（販売価格に商品の送料が含まれない場合には、販売価格及び商品の送料）
二　商品若しくは権利の代金又は役務の対価の支払の時期及び方法
三　商品の引渡時期若しくは権利の移転時期又は役務の提供時期
四　商品の引渡し又は権利の移転後におけるその引取り又は返還についての特約に関する事項（その特約がない場合には、その旨）
五　前各号に掲げるもののほか、経済産業省令で定める事項
2　前項各号に掲げる事項のほか、販売業者又は役務提供事業者は、通信販売をする場合の指定商品若しくは指定権利の販売条件又は指定役務の提供条件について電磁的方法（電子情報処理組織を使用する方法その他の情報通信の技術を利用する方法であつて経済産業省令で定めるものをいう。以下同じ。）により広告をするとき（その相手方の求めに応じて広告をするとき、その他の経済産業省令で定めるときを除く。）は、経済産業省令で定めるところにより、当該広告に、その相手方が当該広告に係る販売業者又は役務提供事業者から電磁的方法による広告の提供を受けることを希望しない旨の意思を表示するための方法を表示しなければならない。

（誇大広告等の禁止）
第12条　販売業者又は役務提供事業者は、通信販売をする場合の指定商品若しくは指定権利の販売条件又は指定役務の提供条件について広告をするときは、当該商品の性能又は当該権利若しくは当該役務の内容、当該商品の引渡し又は当該権利の移転後におけるその引取り又はその返還についての特約その他の経済産業省令で定める事項について、著しく事実に相違する表示をし、又は実際のものよりも著しく優良であり、若しくは有利であると人を誤認させるような表示をしてはならない。

（電磁的方法による広告の提供を受けることを希望しない旨の意思の表示を受けている者に対する提供の禁止）
第12条の2　販売業者又は役務提供事業者は、通信販売をする場合の指定商品若しくは指定権利の販売条件又は指定役務の提供条件について電磁的方法により広告をする場合において、その相手方から第11条第2項の規定により電磁的方法による広告の提供を受けることを希望しない旨の意思の表示を受けているときは、その者に対し、電磁的方法による広告の提供を行つてはならない。

（通信販売における承諾等の通知）
第13条　販売業者又は役務提供事業者は、指定商品若しくは指定権利又は指定役務につき売買契約又は役務提供契約の申込

みをした者から当該商品の引渡し若しくは当該権利の移転又は当該役務の提供に先立って当該商品若しくは当該権利の代金又は当該役務の対価の全部又は一部を受領することとする通信販売をする場合において、郵便等により当該商品若しくは当該権利又は当該役務につき売買契約又は役務提供契約の申込みを受け、かつ、当該商品若しくは当該権利の代金又は当該役務の対価の全部又は一部を受領したときは、遅滞なく、経済産業省令で定めるところにより、その申込みを承諾する旨又は承諾しない旨（その受領前にその申込みを承諾する旨又は承諾しない旨をその申込みをした者に通知している場合には、その旨）その他の経済産業省令で定める事項をその者に書面により通知しなければならない。ただし、当該商品若しくは当該権利の代金又は当該役務の対価の全部又は一部を受領した後遅滞なく当該商品を送付し、若しくは当該権利を移転し、又は当該役務を提供したときは、この限りでない。

2　販売業者又は役務提供事業者は、前項本文の規定による書面による通知に代えて、政令で定めるところにより、当該申込みをした者の承諾を得て、当該通知すべき事項を電磁的方法その他の経済産業省令で定める方法により提供することができる。この場合において、当該販売業者又は役務提供事業者は、当該書面による通知をしたものとみなす。

（指示）

第14条　主務大臣は、販売業者又は役務提供事業者が第11条から第12条の2まで又は前条第1項の規定に違反し、又は顧客の意に反して売買契約若しくは役務提供契約の申込みをさせようとする行為として経済産業省令で定めるものをした場合において、通信販売に係る取引の公正及び購入者又は役務の提供を受ける者の利益が害されるおそれがあると認めるときは、その販売業者又は役務提供事業者に対し、必要な措置をとるべきことを指示することができる。

（業務の停止等）

第15条　主務大臣は、販売業者若しくは役務提供事業者が第11条から第12条の2まで若しくは第13条第1項の規定に違反した場合において通信販売に係る取引の公正及び購入者若しくは役務の提供を受ける者の利益が著しく害されるおそれがあると認めるとき、又は販売業者若しくは役務提供事業者が前条の規定による指示に従わないときは、その販売業者又は役務提供事業者に対し、1年以内の期間を限り、通信販売に関する業務の全部又は一部を停止すべきことを命ずることができる。

2　主務大臣は、前項の規定による命令をしたときは、その旨を公表しなければならない。

インターネット通販における「意に反して契約の申込みをさせようとする行為」に係るガイドライン

　特定商取引法第14条では、販売業者又は役務提供事業者が「顧客の意に反して売買、契約若しくは役務提供契約の申込みをさせようとする行為として経済産業省令で定めるものをした場合」において、取引の公正及び購入者等の利益が害されるおそれがあると認めるときは、主務大臣が指示を行うことができる旨を定めている。

　この規定に基づき、省令第16条では「顧客の意に反して契約の申込みをさせようと、する行為」の具体的内容を定めている。このうち、第1号及び第2号が、インターネット通販に対応した規定である（第1号又は第2号のいずれかに該当する場合に、指示の対象となる。なお、第3号は、葉書等で申し込む場合に対応した規定である。）

【省令第16条の規定】

一　販売業者又は役務提供事業者が、電子契約の申込みを受ける場合において、電子契約に係る電子計算機の操作（当

該電子契約の申込みとなるものに限る。次号において同じ。）が当該電子契約の申込みとなることを、顧客が当該操作を行う際に容易に認識できるように表示していないこと。
二　販売業者又は役務提供事業者が、電子契約の申込みを受ける場合において、申込みの内容を、顧客が電子契約に係る電子計算機の操作を行う際に容易に確認し及び訂正できるようにしていないこと。

1．第1号（申込みとなることの表示）について
（1）第1号は、インターネット通販において、あるボタンをクリックすれば、それが有料の申込みとなることを、消費者が容易に認識できるように表示していないことを規定するもの。
（2）以下のような場合は、一般に、第1号で定める行為に該当しないと考えられる。
①　申込みの最終段階において「注文内容の確認」といった表題の画面（いわゆる、最終確認画面）が必ず表示され、その画面上で「この内容で注文する」といった表示のあるボタンをクリックしてはじめて申込みになる場合（参考：【画面例1】）。
②　いわゆる最終確認画面がない場合であっても、以下のような措置が講じられ、最終的な申込みの操作となることが明示されている場合（参考：【画面例2】）。
ア　最終的な申込みにあたるボタンのテキストに「私は上記の商品を購入（注文、申込み）します」と表示されている。
イ　最終的な申込みにあたるボタンに近接して「購入（注文、申込み）しますか」との表示があり、ボタンのテキストに「はい」と表示されている。

（3）以下のような場合は、第1号で定める行為に該当するおそれがある。
①　最終的な申込みにあたるボタン上では「購入（注文、申込み）などといった用，」語ではなく「送信」などの用語で表示がされており、また、画面上の他の部分で，も「申込み」であることを明らかにする表示がない場合（参考：【画面例3】）。
②　最終的な申込みにあたるボタンに近接して「プレゼント」と表示されているなど、有償契約の申込みではないとの誤解を招くような表示がなされている場合。

2．第2号（確認・訂正機会の提供）について
（1）第2号は、インターネット通販において、申込みをする際に、消費者が申込み内容を容易に確認し、かつ、訂正できるように措置していないことを規定するもの。
（2）以下のⅠ及びⅡの両方を充たしているような場合は、一般に、第2号で定める行為に該当しないと考えられる（参考：【画面例1】【画面例4】）。
Ⅰ　申込みの最終段階で、以下のいずれかの措置が講じられ、申込み内容を容易に確認できるようになっていること。
①　申込みの最終段階の画面上において、申込み内容が表示される場合。
②　申込みの最終段階の画面上において、申込み内容そのものは表示されていない場合であっても「注文内容を確認する」といったボタンが用意されそれをクリックすることにより確認できる場合。あるいは「確認したい場合には、ブラウザ，の戻るボタンで前のページに戻って下さい」といった説明がなされている場合。
Ⅱ　Ⅰにより申込み内容を確認した上で、以下のいずれかの措置により、

容易に訂正できるようになっていること。
① 申込みの最終段階の画面上において「変更」「取消し」といったボタンが用意され、そのボタンをクリックすることにより訂正ができるようになっている場合
② 申込みの最終段階の画面上において「修正したい部分があれば、ブラウザの戻るボタンで前のページに戻って下さい」といった説明がなされている場合。
（3）以下のような場合は、第2号で定める行為に該当するおそれがある。
① 申込みの最終段階の画面上において、申込み内容が表示されず、これを確認するための手段（「注文内容を確認」などのボタンの設定や「ブラウザの戻るボタンで前に戻ることができる旨」の説明）も提供されていない場合（参考：【画面例5】）
② 申込みの最終段階の画面上において、訂正するための手段（「変更」などのボタンの設定や、「ブラウザの戻るボタンで前に戻ることができる」旨の説明）が提供されていない場合（参考：【画面例5】）
③ 申込みの内容として、あらかじめ（申込み者が自分で変更しない限りは）、同一商品を複数申し込むように設定してあるなど、一般的には想定されない設定がなされており、よほど注意していない限り、申込み内容を認識しないままに申し込んでしまうようになっている場合（参考：【画面例6】）

（参考）
【画面例1】

・ステップ1：商品の選択

商品広告

商品①　　商品①
　　　　　○×社製
　　　　　価格　1,000円　　［買い物かごに入れる］

商品②　　商品②
　　　　　△△社
　　　　　価格　1,200円　　［買い物かごに入れる］

商　品	単価	数量	小　計	
商品①	1,000円	1個	1,000円	削除

［買い物を続ける］　　［レジに進む］

・ステップ2：個人情報の入力

お届け先を記入下さい

氏　　名：
郵便番号：　　　－
都道府県：　選択して下さい　▼
住　　所：
電話番号：
電子メールアドレス：

［次の画面へ］

・ステップ3：最終確認画面の表示

注文内容確認
　注文内容を確認し、注文を確定して下さい（これが最後の手続きです。）
　下記の注文内容が正しいことを確認してください。
　〔注文を確認する〕ボタンをクリックするまで、実際の注文は行われません。

○お届け先
　経済　太郎
　〒100-8901
　東京都千代田区霞が関1-3-1　　［変更］

○支払方法
　△△カード　××××－×××
　有効期限：06/2002　　　　　　［変更］

○注文明細

商品	単価	数量	小　計
商品①	1,000円	1個	1,000円
		送　料	200円
		消費税	60円
		合　計	1,260円

［変更］

○発送方法：宅配便　　［変更］

［注文を確定する］

TOPに戻る（注文は確定されません）

・ステップ4：最終的な申込み

［ご注文ありがとうございました。］

【画面例2】

注文書

○ご希望の商品を選んで下さい。
　(1)　希望商品を選んで下さい　▼
　(2)　希望商品を選んで下さい　▼

○お届け先
氏　　名：
郵便番号：　　　－
都道府県：　選択して下さい　▼
住　　所：
電話番号：
電子メールアドレス：

［注文］　　［やり直し］

資料編　273

【画面例3】
（1ページ）

申込フォーム

・申込手順

・返品について

・お支払い方法

（2ページ）

・ご贈答品について

・申し込み
商品A □　　商品B □
（チェックを入れて下さい。）
商品01 □　商品02 □　商品03 □
・・・・・・・・・・・
・・・・・・・・・・・
商品13 □　商品14 □　商品15 □
（チェックを入れて下さい。）

（3ページ）

申込者名　[　　　]
e-mail　　[　　　]
郵便番号　[　　　]
住所　　　[　　　]
電話番号　[　　　]

・お支払い方法
銀行振り込み□　郵便振替□　代金引換□
（チェックを入れて下さい。）

・送料
銀行振り込み、郵便振替は全国一律〇〇円
代金引換の場合は地域によって異なります（別表参考）。送料に代金引換手数料△△円が加算されます。

[送信]　[取消]

【画面例４】

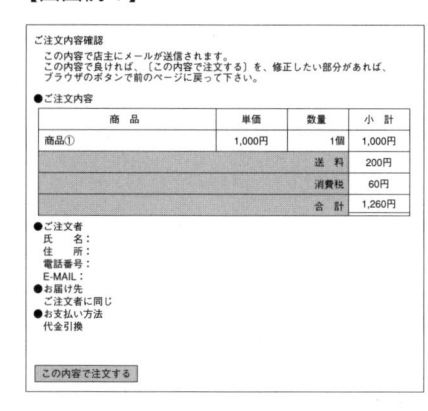

ご注文内容確認

この内容で店主にメールが送信されます。
この内容で良ければ、［この内容で注文する］を、修正したい部分があれば、
ブラウザのボタンで前のページへ戻って下さい。

●ご注文内容

商品	単価	数量	小計
商品①	1,000円	1個	1,000円
		送料	200円
		消費税	60円
		合計	1,260円

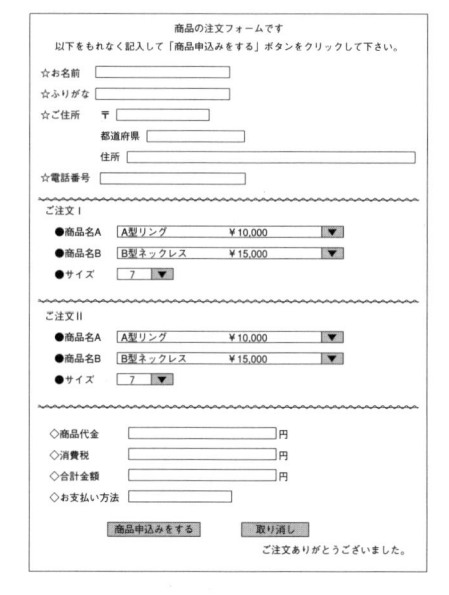

●ご注文者
　氏　　名：
　住　　所：
　電話番号：
　E-MAIL：
●お届け先
　ご注文者に同じ
●お支払い方法
　代金引換

［この内容で注文する］

【画面例５】

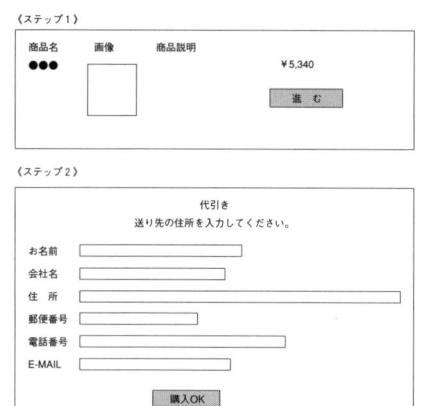

〈ステップ１〉

商品名	画像	商品説明	
●●●			￥5,340

［進　む］

〈ステップ２〉

代引き
送り先の住所を入力してください。

お名前　［　　　　　］
会社名　［　　　　　］
住　所　［　　　　　　　　　　　　］
郵便番号［　　　　　］
電話番号［　　　　　］
E-MAIL　［　　　　　］

［購入OK］

【画面例６】

商品の注文フォームです

以下をもれなく記入して［商品申込みをする］ボタンをクリックして下さい。

☆お名前　［　　　　　］
☆ふりがな［　　　　　］
☆ご住所　〒［　　　　　］
　　　　　都道府県［　　　　　］
　　　　　住所［　　　　　　　　　　　］
☆電話番号［　　　　　　　　］

ご注文Ｉ
●商品名A　［A型リング　　￥10,000　▼］
●商品名B　［B型ネックレス　￥15,000　▼］
●サイズ　　［7　▼］

ご注文Ⅱ
●商品名A　［A型リング　　￥10,000　▼］
●商品名B　［B型ネックレス　￥15,000　▼］
●サイズ　　［7　▼］

◇商品代金　［　　　　　］円
◇消費税　　［　　　　　］円
◇合計金額　［　　　　　］円
◇お支払い方法［　　　　　］

［商品申込みをする］　［取り消し］

ご注文ありがとうございました。

個人情報保護関連

民間部門における電子計算機処理に係る個人情報の保護に関するガイドライン

(平成9年3月4日通商産業省告示第98号)

第1章 ガイドラインの目的
(目的)
第1条 このガイドラインは、民間企業等が取り扱う個人情報の適切な保護のため、事業者団体がその構成員の事業の実情に応じた業種別のガイドラインを定める際の指針となる項目を定め、民間企業等がその活動の実態に応じた個人情報保護のための実践遵守計画(コンプライアンス・プログラム)を策定することを支援し、及び促進することを目的とする。

第2章 定義
(定義)
第2条 このガイドラインにおいて、次の各号に掲げる用語の意義は、当該各号に定めるところによる。
(1) 個人情報 個人に関する情報であって、当該情報に含まれる氏名、生年月日その他の記述又は個人別に付された番号、記号その他の符号、画像若しくは音声により当該個人を識別できるもの(当該情報のみでは識別できないが、他の情報と容易に照合することができ、それにより当該個人を識別できるものを含む。)をいう。ただし、法人その他の団体に関して記録された情報に含まれる当該法人その他の団体の役員に関する情報を除く。
(2) 管理者 企業等の内部において代表者により指名された者であって、個人情報の収集、利用又は提供の目的及び手段等を決定する権限を有する者をいう。
(3) 受領者 個人情報の提供を受ける者をいう。

(4) 情報主体の同意 情報主体が署名押印、口頭による回答等の明示的方法により、自己に関する個人情報の取扱いを承諾する意思表示を行うことをいう。ただし、書面の交付等による契約手続を伴わない取引、申込、加入等の行為の場合においては、当該行為の手続において、反対の意思を表明しない等の黙示的方法による意思表示を含めることができるものとする。

第3章 ガイドラインの適用範囲
(対象となる個人情報)
第3条 このガイドラインは、企業等の内部において、その全部又は一部が電子計算機、光学式情報処理装置等の自動処理システムにより処理されている個人情報を対象とし、自動処理システムによる処理を行うことを目的として書面等により処理されている個人情報についてもこれを適用する。ただし、個人が自己のために収集する個人情報については、この限りでない。
(ガイドラインの拡張)
第4条 このガイドラインは、個人情報の適切な保護の目的の範囲内において業種、企業等の活動の実態に応じた項目を追加し、又は修正することができる。

第4章 個人情報の収集に関する措置
(収集範囲の制限)
第5条 個人情報の収集は、収集する企業等の正当な事業の範囲内で、収集目的を明確に定め、その目的の達成に必要な限度においてこれを行うものとする。
(収集方法の制限)
第6条 個人情報の収集は、適法かつ公正な手段によって行うものとする。
(特定の機微な個人情報の収集の禁止)
第7条 次に掲げる種類の内容を含む個人情報については、これを収集し、利用し又は提供してはならない。ただし、当該情報の収集、利用又は提供についての情報主体の明確な同意がある場合、法令に

特段の規定がある場合及び司法手続上必要不可欠である場合については、この限りでない。
（1）人種及び民族
（2）門地及び本籍地（所在都道府県に関する情報を除く）
（3）信教（宗教、思想及び信条）、政治的見解及び労働組合への加盟
（4）保健医療及び性生活
（情報主体から直接収集する場合の措置）
第8条　情報主体から直接に個人情報を収集する際には、情報主体に対して、少なくとも、次に掲げる事項又はそれと同等以上の内容の事項を書面により通知し、当該個人情報の収集、利用又は提供に関する同意を得るものとする。ただし、既に情報主体が、次に掲げる事項の通知を受けていることが明白である場合及び情報主体により不特定多数の者に公開された情報からこれを収集する場合には、この限りでない。
（1）企業等内部の個人情報に関する管理者又はその代理人の氏名又は職名、所属及び連絡先
（2）個人情報の収集及び利用の目的
（3）個人情報の提供を行うことが予定される場合には、その目的、当該情報の受領者又は受領者の組織の種類、属性及び個人情報の取扱いに関する契約の有無
（4）個人情報の提供に関する情報主体の任意性及び当該情報を提供しなかった場合に生じる結果
（5）個人情報の開示を求める権利及び開示の結果、当該情報が誤っている場合に訂正又は削除を要求する権利の存在並びに当該権利を行使するための具体的方法
（情報主体以外から間接的に収集する場合の措置）
第9条　情報主体以外から間接的に個人情報を収集する際には、情報主体に対して、少なくとも、前条（1）から（3）まで及び（5）に掲げる事項を書面により通知し、当該個人情報の収集、利用又は提供に関する同意を得るものとする。ただし、次の（1）から（4）までに掲げるいずれかの場合においては、この限りでない。
（1）情報主体からの個人情報の収集時に、あらかじめ自己への情報の提供を予定している旨前条（3）に従い情報主体の同意を得ている提供者から収集を行う場合
（2）提供される個人情報に関する守秘義務、再提供禁止及び事故時の責任分担等の契約の締結により、個人情報に関して提供者と同等の取扱いを担保することによって個人情報の提供を受け、収集を行う場合
（3）既に情報主体が、前条（1）から（5）までに掲げる事項の通知を受けていることが明白である場合及び情報主体により不特定多数の者に公開された情報からこれを収集する場合
（4）正当な事業の範囲内であって、情報主体の保護に値する利益が侵害されるおそれのない収集を行う場合

第5章　個人情報の利用に関する措置
（利用範囲の制限）
第10条　個人情報の利用は、原則として収集目的の範囲内で行うものとする。
（目的内の利用の場合の措置）
第11条　収集目的の範囲内で行う個人情報の利用は、次の（1）から（6）までに掲げるいずれかの場合にのみこれを行うものとする。
（1）情報主体が同意を与えた場合
（2）情報主体が当事者である契約の準備又は履行のために必要な場合
（3）企業等が従うべき法的義務のために必要な場合
（4）情報主体の生命、健康、財産等の重大な利益を保護するために必要な場合
（5）公共の利益の保護又は企業等若しくは個人情報の開示の対象となる第三

者の法令に基づく権限の行使のために必要な場合
（6）情報主体の利益を侵害しない範囲内において、企業等及び個人情報の開示の対象となる第三者その他の当事者の合法的な利益のために必要な場合
（目的外の利用の場合の措置）
第12条　収集目的の範囲を超えて個人情報の利用を行う場合又は前条（1）から（6）までに掲げるいずれの場合にも当たらない個人情報の利用を行う場合においては、少なくとも、第8条（1）から（3）まで及び（5）に掲げる事項を書面により通知し、あらかじめ情報主体の同意を得、又は利用より前の時点で情報主体に拒絶の機会を与える等、情報主体による事前の了解の下に行うものとする。

第6章　個人情報の提供に関する措置
（提供範囲の制限）
第13条　個人情報の提供は、原則として収集目的の範囲内で行うものとする。
（目的内の提供の場合の措置）
第14条　収集目的の範囲内で行う個人情報の提供は、少なくとも、第8条（1）から（3）まで及び（5）に掲げる事項を書面により通知し、あらかじめ情報主体の同意を得、又は提供より前の時点で情報主体に拒絶の機会を与える等、情報主体による事前の了解の下に行うものとする。ただし、次の（1）から（4）までに掲げるいずれかの場合においては、この限りでない。
（1）情報主体からの個人情報の収集時に、あらかじめ当該情報の提供を予定している旨第8条（3）に従い情報主体の同意を得ている受領者に対して提供を行う場合
（2）提供した個人情報に関する守秘義務、再提供禁止及び事故時の責任分担等の契約の締結により、個人情報に関する自己と同等の取扱いが担保されている受領者に対して提供を行う場合
（3）受領者が当該個人情報について改めて第8条（1）から（5）までに掲げる事項を提供し、情報主体の同意を得る措置を採ることが明白である場合
（4）正当な事業の範囲内であって、情報主体の保護に値する利益が侵害されるおそれのない提供を行う場合
（目的外の提供の場合の措置）
第15条　収集目的の範囲を超えて個人情報の提供を行う場合又は前条（1）から（4）までに掲げるいずれの場合にも当たらない個人情報の提供を行う場合においては、情報主体に対して、少なくとも、個人情報の受領者に関する第8条（1）から（3）まで及び（5）に相当する事項を書面により通知し、情報主体の同意を得るものとする。この場合において、第8条（1）中「企業等」とあるのは「受領者」と、第8条（3）中「提供」とあるのは「再提供」と読み替えるものとする。ただし、既に情報主体が、当該事項の通知を受け包括的な同意を与えていることが明白な場合は、この限りでない。

第7章　個人情報の適正管理義務
（個人情報の正確性の確保）
第16条　個人情報は利用目的に応じ必要な範囲内において、正確かつ最新の状態で管理するものとする。
（個人情報の利用の安全性の確保）
第17条　個人情報への不当なアクセス又は個人情報の紛失、破壊、改ざん、漏えい等の危険に対して、技術面及び組織面において合理的な安全対策を講ずるものとする。
（個人情報の秘密保持に関する従事者の責務）
第18条　企業等の内部において個人情報の収集、利用及び提供に従事する者は、法令の規定又は企業等の内部の管理者が定めた規程若しくは指示した事項に従い、個人情報の秘密の保持に十分な注意を払いつつその業務を行うものとする。
（個人情報の委託処理に関する措置）
第19条　企業等が、情報処理を委託する等

のため個人情報を外部に預託する場合においては、十分な個人情報の保護水準を提供する者を選定し、契約等の法律行為により、管理者の指示の遵守、個人情報に関する秘密の保持、再提供の禁止及び事故時の責任分担等を担保するとともに、当該契約書等の書面又は電磁的記録を個人情報の保有期間にわたり保存するものとする。

第8章　自己情報に関する情報主体の権利
（自己情報に関する権利）
第20条　情報主体から自己の情報について開示を求められた場合は、原則として合理的な期間内にこれに応ずる。また開示の結果、誤った情報があった場合で、訂正又は削除を求められた場合には、原則として合理的な期間内にこれに応ずるとともに、訂正又は削除を行った場合には、可能な範囲内で当該個人情報の受領者に対して通知を行うものとする。
（自己情報の利用又は提供の拒否権）
第21条　企業等が既に保有している個人情報について、情報主体から自己の情報についての利用又は第三者への提供を拒まれた場合は、これに応ずるものとする。ただし、公共の利益の保護又は企業等若しくは個人情報の開示の対象となる第三者の法令に基づく権限の行使又は義務の履行のために必要な場合については、この限りでない。

第9章　組織及び実施責任
（代表者による管理者の指名）
第22条　企業等の代表者は、このガイドラインの内容を理解し実践する能力のある者を企業等の内部から1名指名し、個人情報の管理者としての業務を行わせるものとする。
（管理者の責務）
第23条　企業等における個人情報の管理者は、このガイドラインに定められた事項を理解し、及び遵守するとともに、従事者にこれを理解させ、及び遵守させるための教育訓練、内部規程の整備、安全対策の実施並びに実践遵守計画（コンプライアンス・プログラム）の策定及び周知徹底等の措置を実施する責任を負うものとする。

第10章　その他
（通信網を利用して電磁的記録を送受信する場合の通知）
第24条　通信網を利用して電磁的記録を送受信する場合において、送受信の相手先に関する個人情報を通信網により収集する企業等については、送受信の相手先たる情報主体に対しては、このガイドライン第8条、第9条、第12条、第14条及び第15条に定める情報主体への書面による通知に代えて、電磁的記録の送信の方法による通知を行うことができる。

個人情報の保護に関する法律

目次
第1章　総則（第1条－第3条）
第2章　国及び地方公共団体の責務等
　　　　（第4条－第6条）
第3章　個人情報の保護に関する施策等
　　第1節　個人情報の保護に関する基本方針（第7条）
　　第2節　国の施策（第8条－第10条）
　　第3節　地方公共団体の施策（第11条－第13条）
　　第4節　国及び地方公共団体の協力（第14条）
第4章　個人情報取扱事業者の義務等
　　第1節　個人情報取扱事業者の義務（第15条－第36条）
　　第2節　民間団体による個人情報の保護の推進（第37条－第49条）
第5章　雑則（第50条－第55条）
第6章　罰則（第56条－第59条）
附則

第1章　総則
（目的）
第1条　この法律は、高度情報通信社会の進展に伴い個人情報の利用が著しく拡大していることにかんがみ、個人情報の適正な取扱いに関し、基本理念及び政府による基本方針の作成その他の個人情報の保護に関する施策の基本となる事項を定め、国及び地方公共団体の責務等を明らかにするとともに、個人情報を取り扱う事業者の遵守すべき義務等を定めることにより、個人情報の有用性に配慮しつつ、個人の権利利益を保護することを目的とする。
（定義）
第2条　この法律において「個人情報」とは、生存する個人に関する情報であって、当該情報に含まれる氏名、生年月日その他の記述等により特定の個人を識別することができるもの（他の情報と容易に照合することができ、それにより特定の個人を識別することができることとなるものを含む。）をいう。
2　この法律において「個人情報データベース等」とは、個人情報を含む情報の集合物であって、次に掲げるものをいう。
　一　特定の個人情報を電子計算機を用いて検索することができるように体系的に構成したもの
　二　前号に掲げるもののほか、特定の個人情報を容易に検索することができるように体系的に構成したものとして政令で定めるもの
3　この法律において「個人情報取扱事業者」とは、個人情報データベース等を事業の用に供している者をいう。ただし、次に掲げる者を除く。
　一　国の機関
　二　地方公共団体
　三　独立行政法人等（独立行政法人等の保有する個人情報の保護に関する法律（平成15年法律第59号）第2条第1項に規定する独立行政法人等をいう。以下同じ。）
　四　その取り扱う個人情報の量及び利用方法からみて個人の権利利益を害するおそれが少ないものとして政令で定める者
4　この法律において「個人データ」とは、個人情報データベース等を構成する個人情報をいう。
5　この法律において「保有個人データ」とは、個人情報取扱事業者が、開示、内容の訂正、追加又は削除、利用の停止、消去及び第三者への提供の停止を行うことのできる権限を有する個人データであって、その存否が明らかになることにより公益その他の利益が害されるものとして政令で定めるもの又は1年以内の政令で定める期間以内に消去することとなるもの以外のものをいう。
6　この法律において個人情報について「本人」とは、個人情報によって識別される特定の個人をいう。

（基本理念）
第3条　個人情報は、個人の人格尊重の理念の下に慎重に取り扱われるべきものであることにかんがみ、その適正な取扱いが図られなければならない。

第2章　国及び地方公共団体の責務等
（国の責務）
第4条　国は、この法律の趣旨にのっとり、個人情報の適正な取扱いを確保するために必要な施策を総合的に策定し、及びこれを実施する責務を有する。
（地方公共団体の責務）
第5条　地方公共団体は、この法律の趣旨にのっとり、その地方公共団体の区域の特性に応じて、個人情報の適正な取扱いを確保するために必要な施策を策定し、及びこれを実施する責務を有する。
（法制上の措置等）
第6条　政府は、国の行政機関について、その保有する個人情報の性質、当該個人情報を保有する目的等を勘案し、その保有する個人情報の適正な取扱いが確保されるよう法制上の措置その他必要な措置を講ずるものとする。
2　政府は、独立行政法人等について、その性格及び業務内容に応じ、その保有する個人情報の適正な取扱いが確保されるよう法制上の措置その他必要な措置を講ずるものとする。
3　政府は、前2項に定めるもののほか、個人情報の性質及び利用方法にかんがみ、個人の権利利益の一層の保護を図るため特にその適正な取扱いの厳格な実施を確保する必要がある個人情報について、保護のための格別の措置が講じられるよう必要な法制上の措置その他の措置を講ずるものとする。

第3章　個人情報の保護に関する施策等
第1節　個人情報の保護に関する基本方針
第7条　政府は、個人情報の保護に関する施策の総合的かつ一体的な推進を図るため、個人情報の保護に関する基本方針（以下「基本方針」という。）を定めなければならない。
2　基本方針は、次に掲げる事項について定めるものとする。
　一　個人情報の保護に関する施策の推進に関する基本的な方向
　二　国が講ずべき個人情報の保護のための措置に関する事項
　三　地方公共団体が講ずべき個人情報の保護のための措置に関する基本的な事項
　四　独立行政法人等が講ずべき個人情報の保護のための措置に関する基本的な事項
　五　個人情報取扱事業者及び第40条第1項に規定する認定個人情報保護団体が講ずべき個人情報の保護のための措置に関する基本的な事項
　六　個人情報の取扱いに関する苦情の円滑な処理に関する事項
　七　その他個人情報の保護に関する施策の推進に関する重要事項
3　内閣総理大臣は、国民生活審議会の意見を聴いて、基本方針の案を作成し、閣議の決定を求めなければならない。
4　内閣総理大臣は、前項の規定による閣議の決定があったときは、遅滞なく、基本方針を公表しなければならない。
5　前2項の規定は、基本方針の変更について準用する。

第2節　国の施策
（地方公共団体等への支援）
第8条　国は、地方公共団体が策定し、又は実施する個人情報の保護に関する施策及び国民又は事業者等が個人情報の適正な取扱いの確保に関して行う活動を支援するため、情報の提供、事業者等が講ずべき措置の適切かつ有効な実施を図るための指針の策定その他の必要な措置を講ずるものとする。
（苦情処理のための措置）
第9条　国は、個人情報の取扱いに関し事

業者と本人との間に生じた苦情の適切かつ迅速な処理を図るために必要な措置を講ずるものとする。
（個人情報の適正な取扱いを確保するための措置）
第10条　国は、地方公共団体との適切な役割分担を通じ、次章に規定する個人情報取扱事業者による個人情報の適正な取扱いを確保するために必要な措置を講ずるものとする。

第3節　地方公共団体の施策
（保有する個人情報の保護）
第11条　地方公共団体は、その保有する個人情報の性質、当該個人情報を保有する目的等を勘案し、その保有する個人情報の適正な取扱いが確保されるよう必要な措置を講ずることに努めなければならない。
（区域内の事業者等への支援）
第12条　地方公共団体は、個人情報の適正な取扱いを確保するため、その区域内の事業者及び住民に対する支援に必要な措置を講ずるよう努めなければならない。
（苦情の処理のあっせん等）
第13条　地方公共団体は、個人情報の取扱いに関し事業者と本人との間に生じた苦情が適切かつ迅速に処理されるようにするため、苦情の処理のあっせんその他必要な措置を講ずるよう努めなければならない。

第4節　国及び地方公共団体の協力
第14条　国及び地方公共団体は、個人情報の保護に関する施策を講ずるにつき、相協力するものとする。

第4章　個人情報取扱事業者の義務等
第1節　個人情報取扱事業者の義務
（利用目的の特定）
第15条　個人情報取扱事業者は、個人情報を取り扱うに当たっては、その利用の目的（以下「利用目的」という。）をできる限り特定しなければならない。

2　個人情報取扱事業者は、利用目的を変更する場合には、変更前の利用目的と相当の関連性を有すると合理的に認められる範囲を超えて行ってはならない。
（利用目的による制限）
第16条　個人情報取扱事業者は、あらかじめ本人の同意を得ないで、前条の規定により特定された利用目的の達成に必要な範囲を超えて、個人情報を取り扱ってはならない。
2　個人情報取扱事業者は、合併その他の事由により他の個人情報取扱事業者から事業を承継することに伴って個人情報を取得した場合は、あらかじめ本人の同意を得ないで、承継前における当該個人情報の利用目的の達成に必要な範囲を超えて、当該個人情報を取り扱ってはならない。
3　前2項の規定は、次に掲げる場合については、適用しない。
　一　法令に基づく場合
　二　人の生命、身体又は財産の保護のために必要がある場合であって、本人の同意を得ることが困難であるとき。
　三　公衆衛生の向上又は児童の健全な育成の推進のために特に必要がある場合であって、本人の同意を得ることが困難であるとき。
　四　国の機関若しくは地方公共団体又はその委託を受けた者が法令の定める事務を遂行することに対して協力する必要がある場合であって、本人の同意を得ることにより当該事務の遂行に支障を及ぼすおそれがあるとき。
（適正な取得）
第17条　個人情報取扱事業者は、偽りその他不正の手段により個人情報を取得してはならない。
（取得に際しての利用目的の通知等）
第18条　個人情報取扱事業者は、個人情報を取得した場合は、あらかじめその利用目的を公表している場合を除き、速やかに、その利用目的を、本人に通知し、又は公表しなければならない。

2　個人情報取扱事業者は、前項の規定にかかわらず、本人との間で契約を締結することに伴って契約書その他の書面（電子的方式、磁気的方式その他人の知覚によっては認識することができない方式で作られる記録を含む。以下この項において同じ。）に記載された当該本人の個人情報を取得する場合その他本人から直接書面に記載された当該本人の個人情報を取得する場合は、あらかじめ、本人に対し、その利用目的を明示しなければならない。ただし、人の生命、身体又は財産の保護のために緊急必要がある場合は、この限りでない。

3　個人情報取扱事業者は、利用目的を変更した場合は、変更された利用目的について、本人に通知し、又は公表しなければならない。

4　前3項の規定は、次に掲げる場合については、適用しない。
　一　利用目的を本人に通知し、又は公表することにより本人又は第三者の生命、身体、財産その他の権利利益を害するおそれがある場合
　二　利用目的を本人に通知し、又は公表することにより当該個人情報取扱事業者の権利又は正当な利益を害するおそれがある場合
　三　国の機関又は地方公共団体が法令の定める事務を遂行することに対して協力する必要がある場合であって、利用目的を本人に通知し、又は公表することにより当該事務の遂行に支障を及ぼすおそれがあるとき。
　四　取得の状況からみて利用目的が明らかであると認められる場合

（データ内容の正確性の確保）

第19条　個人情報取扱事業者は、利用目的の達成に必要な範囲内において、個人データを正確かつ最新の内容に保つよう努めなければならない。

（安全管理措置）

第20条　個人情報取扱事業者は、その取り扱う個人データの漏えい、滅失又はき損の防止その他の個人データの安全管理のために必要かつ適切な措置を講じなければならない。

（従業者の監督）

第21条　個人情報取扱事業者は、その従業者に個人データを取り扱わせるに当たっては、当該個人データの安全管理が図られるよう、当該従業者に対する必要かつ適切な監督を行わなければならない。

（委託先の監督）

第22条　個人情報取扱事業者は、個人データの取扱いの全部又は一部を委託する場合は、その取扱いを委託された個人データの安全管理が図られるよう、委託を受けた者に対する必要かつ適切な監督を行わなければならない。

（第三者提供の制限）

第23条　個人情報取扱事業者は、次に掲げる場合を除くほか、あらかじめ本人の同意を得ないで、個人データを第三者に提供してはならない。
　一　法令に基づく場合
　二　人の生命、身体又は財産の保護のために必要がある場合であって、本人の同意を得ることが困難であるとき。
　三　公衆衛生の向上又は児童の健全な育成の推進のために特に必要がある場合であって、本人の同意を得ることが困難であるとき。
　四　国の機関若しくは地方公共団体又はその委託を受けた者が法令の定める事務を遂行することに対して協力する必要がある場合であって、本人の同意を得ることにより当該事務の遂行に支障を及ぼすおそれがあるとき。

2　個人情報取扱事業者は、第三者に提供される個人データについて、本人の求めに応じて当該本人が識別される個人データの第三者への提供を停止することとしている場合であって、次に掲げる事項について、あらかじめ、本人に通知し、又は本人が容易に知り得る状態に置いているときは、前項の規定にかかわらず、当該個人データを第三者に提供することが

できる。
　一　第三者への提供を利用目的とすること。
　二　第三者に提供される個人データの項目
　三　第三者への提供の手段又は方法
　四　本人の求めに応じて当該本人が識別される個人データの第三者への提供を停止すること。
3　個人情報取扱事業者は、前項第2号又は第3号に掲げる事項を変更する場合は、変更する内容について、あらかじめ、本人に通知し、又は本人が容易に知り得る状態に置かなければならない。
4　次に掲げる場合において、当該個人データの提供を受ける者は、前3項の規定の適用については、第三者に該当しないものとする。
　一　個人情報取扱事業者が利用目的の達成に必要な範囲内において個人データの取扱いの全部又は一部を委託する場合
　二　合併その他の事由による事業の承継に伴って個人データが提供される場合
　三　個人データを特定の者との間で共同して利用する場合であって、その旨並びに共同して利用される個人データの項目、共同して利用する者の範囲、利用する者の利用目的及び当該個人データの管理について責任を有する者の氏名又は名称について、あらかじめ、本人に通知し、又は本人が容易に知り得る状態に置いているとき。
5　個人情報取扱事業者は、前項第3号に規定する利用する者の利用目的又は個人データの管理について責任を有する者の氏名若しくは名称を変更する場合は、変更する内容について、あらかじめ、本人に通知し、又は本人が容易に知り得る状態に置かなければならない。

（保有個人データに関する事項の公表等）

第24条　個人情報取扱事業者は、保有個人データに関し、次に掲げる事項について、本人の知り得る状態（本人の求めに応じて遅滞なく回答する場合を含む。）に置かなければならない。
　一　当該個人情報取扱事業者の氏名又は名称
　二　すべての保有個人データの利用目的（第18条第4項第1号から第3号までに該当する場合を除く。）
　三　次項、次条第1項、第26条第1項又は第27条第1項若しくは第2項の規定による求めに応じる手続（第30条第2項の規定により手数料の額を定めたときは、その手数料の額を含む。）
　四　前3号に掲げるもののほか、保有個人データの適正な取扱いの確保に関し必要な事項として政令で定めるもの
2　個人情報取扱事業者は、本人から、当該本人が識別される保有個人データの利用目的の通知を求められたときは、本人に対し、遅滞なく、これを通知しなければならない。ただし、次の各号のいずれかに該当する場合は、この限りでない。
　一　前項の規定により当該本人が識別される保有個人データの利用目的が明らかな場合
　二　第18条第4項第1号から第3号までに該当する場合
3　個人情報取扱事業者は、前項の規定に基づき求められた保有個人データの利用目的を通知しない旨の決定をしたときは、本人に対し、遅滞なく、その旨を通知しなければならない。

（開示）

第25条　個人情報取扱事業者は、本人から、当該本人が識別される保有個人データの開示（当該本人が識別される保有個人データが存在しないときにその旨を知らせることを含む。以下同じ。）を求められたときは、本人に対し、政令で定める方法により、遅滞なく、当該保有個人データを開示しなければならない。ただし、開示することにより次の各号のいずれかに該当する場合は、その全部又は一部を開示しないことができる。
　一　本人又は第三者の生命、身体、財産

その他の権利利益を害するおそれがある場合
　二　当該個人情報取扱事業者の業務の適正な実施に著しい支障を及ぼすおそれがある場合
　三　他の法令に違反することとなる場合
２　個人情報取扱事業者は、前項の規定に基づき求められた保有個人データの全部又は一部について開示しない旨の決定をしたときは、本人に対し、遅滞なく、その旨を通知しなければならない。
３　他の法令の規定により、本人に対し第１項本文に規定する方法に相当する方法により当該本人が識別される保有個人データの全部又は一部を開示することとされている場合には、当該全部又は一部の保有個人データについては、同項の規定は、適用しない。

（訂正等）
第26条　個人情報取扱事業者は、本人から、当該本人が識別される保有個人データの内容が事実でないという理由によって当該保有個人データの内容の訂正、追加又は削除（以下この条において「訂正等」という。）を求められた場合には、その内容の訂正等に関して他の法令の規定により特別の手続が定められている場合を除き、利用目的の達成に必要な範囲内において、遅滞なく必要な調査を行い、その結果に基づき、当該保有個人データの内容の訂正等を行わなければならない。
２　個人情報取扱事業者は、前項の規定に基づき求められた保有個人データの内容の全部若しくは一部について訂正等を行ったとき、又は訂正等を行わない旨の決定をしたときは、本人に対し、遅滞なく、その旨（訂正等を行ったときは、その内容を含む。）を通知しなければならない。

（利用停止等）
第27条　個人情報取扱事業者は、本人から、当該本人が識別される保有個人データが第16条の規定に違反して取り扱われているという理由又は第17条の規定に違反して取得されたものであるという理由によって、当該保有個人データの利用の停止又は消去（以下この条において「利用停止等」という。）を求められた場合であって、その求めに理由があることが判明したときは、違反を是正するために必要な限度で、遅滞なく、当該保有個人データの利用停止等を行わなければならない。ただし、当該保有個人データの利用停止等に多額の費用を要する場合その他の利用停止等を行うことが困難な場合であって、本人の権利利益を保護するため必要なこれに代わるべき措置をとるときは、この限りでない。
２　個人情報取扱事業者は、本人から、当該本人が識別される保有個人データが第23条第１項の規定に違反して第三者に提供されているという理由によって、当該保有個人データの第三者への提供の停止を求められた場合であって、その求めに理由があることが判明したときは、遅滞なく、当該保有個人データの第三者への提供を停止しなければならない。ただし、当該保有個人データの第三者への提供の停止に多額の費用を要する場合その他の第三者への提供を停止することが困難な場合であって、本人の権利利益を保護するため必要なこれに代わるべき措置をとるときは、この限りでない。
３　個人情報取扱事業者は、第１項の規定に基づき求められた保有個人データの全部若しくは一部について利用停止等を行ったとき若しくは利用停止等を行わない旨の決定をしたとき、又は前項の規定に基づき求められた保有個人データの全部若しくは一部について第三者への提供を停止したとき若しくは第三者への提供を停止しない旨の決定をしたときは、本人に対し、遅滞なく、その旨を通知しなければならない。

（理由の説明）
第28条　個人情報取扱事業者は、第24条第３項、第25条第２項、第26条第２項又は前条第３項の規定により、本人から求められた措置の全部又は一部について、そ

の措置をとらない旨を通知する場合又はその措置と異なる措置をとる旨を通知する場合は、本人に対し、その理由を説明するよう努めなければならない。
（開示等の求めに応じる手続）
第29条　個人情報取扱事業者は、第24条第2項、第25条第1項、第26条第1項又は第27条第1項若しくは第2項の規定による求め（以下この条において「開示等の求め」という。）に関し、政令で定めるところにより、その求めを受け付ける方法を定めることができる。この場合において、本人は、当該方法に従って、開示等の求めを行わなければならない。
2　個人情報取扱事業者は、本人に対し、開示等の求めに関し、その対象となる保有個人データを特定するに足りる事項の提示を求めることができる。この場合において、個人情報取扱事業者は、本人が容易かつ的確に開示等の求めをすることができるよう、当該保有個人データの特定に資する情報の提供その他本人の利便を考慮した適切な措置をとらなければならない。
3　開示等の求めは、政令で定めるところにより、代理人によってすることができる。
4　個人情報取扱事業者は、前3項の規定に基づき開示等の求めに応じる手続を定めるに当たっては、本人に過重な負担を課するものとならないよう配慮しなければならない。
（手数料）
第30条　個人情報取扱事業者は、第24条第2項の規定による利用目的の通知又は第25条第1項の規定による開示を求められたときは、当該措置の実施に関し、手数料を徴収することができる。
2　個人情報取扱事業者は、前項の規定により手数料を徴収する場合は、実費を勘案して合理的であると認められる範囲内において、その手数料の額を定めなければならない。
（個人情報取扱事業者による苦情の処理）

第31条　個人情報取扱事業者は、個人情報の取扱いに関する苦情の適切かつ迅速な処理に努めなければならない。
2　個人情報取扱事業者は、前項の目的を達成するために必要な体制の整備に努めなければならない。
（報告の徴収）
第32条　主務大臣は、この節の規定の施行に必要な限度において、個人情報取扱事業者に対し、個人情報の取扱いに関し報告をさせることができる。
（助言）
第33条　主務大臣は、この節の規定の施行に必要な限度において、個人情報取扱事業者に対し、個人情報の取扱いに関し必要な助言をすることができる。
（勧告及び命令）
第34条　主務大臣は、個人情報取扱事業者が第16条から第18条まで、第20条から第27条まで又は第30条第2項の規定に違反した場合において個人の権利利益を保護するため必要があると認めるときは、当該個人情報取扱事業者に対し、当該違反行為の中止その他違反を是正するために必要な措置をとるべき旨を勧告することができる。
2　主務大臣は、前項の規定による勧告を受けた個人情報取扱事業者が正当な理由がなくてその勧告に係る措置をとらなかった場合において個人の重大な権利利益の侵害が切迫していると認めるときは、当該個人情報取扱事業者に対し、その勧告に係る措置をとるべきことを命ずることができる。
3　主務大臣は、前2項の規定にかかわらず、個人情報取扱事業者が第16条、第17条、第20条から第22条まで又は第23条第1項の規定に違反した場合において個人の重大な権利利益を害する事実があるため緊急に措置をとる必要があると認めるときは、当該個人情報取扱事業者に対し、当該違反行為の中止その他違反を是正するために必要な措置をとるべきことを命ずることができる。

（主務大臣の権限の行使の制限）
第35条　主務大臣は、前3条の規定により個人情報取扱事業者に対し報告の徴収、助言、勧告又は命令を行うに当たっては、表現の自由、学問の自由、信教の自由及び政治活動の自由を妨げてはならない。
2　前項の規定の趣旨に照らし、主務大臣は、個人情報取扱事業者が第50条第1項各号に掲げる者（それぞれ当該各号に定める目的で個人情報を取り扱う場合に限る。）に対して個人情報を提供する行為については、その権限を行使しないものとする。
（主務大臣）
第36条　この節の規定における主務大臣は、次のとおりとする。ただし、内閣総理大臣は、この節の規定の円滑な実施のため必要があると認める場合は、個人情報取扱事業者が行う個人情報の取扱いのうち特定のものについて、特定の大臣又は国家公安委員会（以下「大臣等」という。）を主務大臣に指定することができる。
一　個人情報取扱事業者が行う個人情報の取扱いのうち雇用管理に関するものについては、厚生労働大臣（船員の雇用管理に関するものについては、国土交通大臣）及び当該個人情報取扱事業者が行う事業を所管する大臣等
二　個人情報取扱事業者が行う個人情報の取扱いのうち前号に掲げるもの以外のものについては、当該個人情報取扱事業者が行う事業を所管する大臣等
2　内閣総理大臣は、前項ただし書の規定により主務大臣を指定したときは、その旨を公示しなければならない。
3　各主務大臣は、この節の規定の施行に当たっては、相互に緊密に連絡し、及び協力しなければならない。

　　第2節　民間団体による個人情報の保護の推進
（認定）
第37条　個人情報取扱事業者の個人情報の適正な取扱いの確保を目的として次に掲げる業務を行おうとする法人（法人でない団体で代表者又は管理人の定めのあるものを含む。次条第3号ロにおいて同じ。）は、主務大臣の認定を受けることができる。
一　業務の対象となる個人情報取扱事業者（以下「対象事業者」という。）の個人情報の取扱いに関する第42条の規定による苦情の処理
二　個人情報の適正な取扱いの確保に寄与する事項についての対象事業者に対する情報の提供
三　前2号に掲げるもののほか、対象事業者の個人情報の適正な取扱いの確保に関し必要な業務
2　前項の認定を受けようとする者は、政令で定めるところにより、主務大臣に申請しなければならない。
3　主務大臣は、第1項の認定をしたときは、その旨を公示しなければならない。
（欠格条項）
第38条　次の各号のいずれかに該当する者は、前条第1項の認定を受けることができない。
一　この法律の規定により刑に処せられ、その執行を終わり、又は執行を受けることがなくなった日から2年を経過しない者
二　第48条第1項の規定により認定を取り消され、その取消しの日から2年を経過しない者
三　その業務を行う役員（法人でない団体で代表者又は管理人の定めのあるものの代表者又は管理人を含む。以下この条において同じ。）のうちに、次のいずれかに該当する者があるもの
イ　禁錮以上の刑に処せられ、又はこの法律の規定により刑に処せられ、その執行を終わり、又は執行を受けることがなくなった日から2年を経過しない者
ロ　第48条第1項の規定により認定を取り消された法人において、その取消しの日前30日以内にその役員であ

った者でその取消しの日から2年を経過しない者
（認定の基準）
第39条　主務大臣は、第37条第1項の認定の申請が次の各号のいずれにも適合していると認めるときでなければ、その認定をしてはならない。
　一　第37条第1項各号に掲げる業務を適正かつ確実に行うに必要な業務の実施の方法が定められているものであること。
　二　第37条第1項各号に掲げる業務を適正かつ確実に行うに足りる知識及び能力並びに経理的基礎を有するものであること。
　三　第37条第1項各号に掲げる業務以外の業務を行っている場合には、その業務を行うことによって同項各号に掲げる業務が不公正になるおそれがないものであること。
（廃止の届出）
第40条　第37条第1項の認定を受けた者（以下「認定個人情報保護団体」という。）は、その認定に係る業務（以下「認定業務」という。）を廃止しようとするときは、政令で定めるところにより、あらかじめ、その旨を主務大臣に届け出なければならない。
2　主務大臣は、前項の規定による届出があったときは、その旨を公示しなければならない。
（対象事業者）
第41条　認定個人情報保護団体は、当該認定個人情報保護団体の構成員である個人情報取扱事業者又は認定業務の対象となることについて同意を得た個人情報取扱事業者を対象事業者としなければならない。
2　認定個人情報保護団体は、対象事業者の氏名又は名称を公表しなければならない。
（苦情の処理）
第42条　認定個人情報保護団体は、本人等から対象事業者の個人情報の取扱いに関する苦情について解決の申出があったときは、その相談に応じ、申出人に必要な助言をし、その苦情に係る事情を調査するとともに、当該対象事業者に対し、その苦情の内容を通知してその迅速な解決を求めなければならない。
2　認定個人情報保護団体は、前項の申出に係る苦情の解決について必要があると認めるときは、当該対象事業者に対し、文書若しくは口頭による説明を求め、又は資料の提出を求めることができる。
3　対象事業者は、認定個人情報保護団体から前項の規定による求めがあったときは、正当な理由がないのに、これを拒んではならない。
（個人情報保護指針）
第43条　認定個人情報保護団体は、対象事業者の個人情報の適正な取扱いの確保のために、利用目的の特定、安全管理のための措置、本人の求めに応じる手続その他の事項に関し、この法律の規定の趣旨に沿った指針（以下「個人情報保護指針」という。）を作成し、公表するよう努めなければならない。
2　認定個人情報保護団体は、前項の規定により個人情報保護指針を公表したときは、対象事業者に対し、当該個人情報保護指針を遵守させるため必要な指導、勧告その他の措置をとるよう努めなければならない。
（目的外利用の禁止）
第44条　認定個人情報保護団体は、認定業務の実施に際して知り得た情報を認定業務の用に供する目的以外に利用してはならない。
（名称の使用制限）
第45条　認定個人情報保護団体でない者は、認定個人情報保護団体という名称又はこれに紛らわしい名称を用いてはならない。
（報告の徴収）
第46条　主務大臣は、この節の規定の施行に必要な限度において、認定個人情報保護団体に対し、認定業務に関し報告をさせることができる。

（命令）
第47条　主務大臣は、この節の規定の施行に必要な限度において、認定個人情報保護団体に対し、認定業務の実施の方法の改善、個人情報保護指針の変更その他の必要な措置をとるべき旨を命ずることができる。

（認定の取消し）
第48条　主務大臣は、認定個人情報保護団体が次の各号のいずれかに該当するときは、その認定を取り消すことができる。
一　第38条第1号又は第3号に該当するに至ったとき。
二　第39条各号のいずれかに適合しなくなったとき。
三　第44条の規定に違反したとき。
四　前条の命令に従わないとき。
五　不正の手段により第37条第1項の認定を受けたとき。
2　主務大臣は、前項の規定により認定を取り消したときは、その旨を公示しなければならない。

（主務大臣）
第49条　この節の規定における主務大臣は、次のとおりとする。ただし、内閣総理大臣は、この節の規定の円滑な実施のため必要があると認める場合は、第37条第1項の認定を受けようとする者のうち特定のものについて、特定の大臣等を主務大臣に指定することができる。
一　設立について許可又は認可を受けている認定個人情報保護団体（第37条第1項の認定を受けようとする者を含む。次号において同じ。）については、その設立の許可又は認可をした大臣等
二　前号に掲げるもの以外の認定個人情報保護団体については、当該認定個人情報保護団体の対象事業者が行う事業を所管する大臣等
2　内閣総理大臣は、前項ただし書の規定により主務大臣を指定したときは、その旨を公示しなければならない。

第5章　雑則

（適用除外）
第50条　個人情報取扱事業者のうち次の各号に掲げる者については、その個人情報を取り扱う目的の全部又は一部がそれぞれ当該各号に規定する目的であるときは、前章の規定は、適用しない。
一　放送機関、新聞社、通信社その他の報道機関（報道を業として行う個人を含む。）　報道の用に供する目的
二　著述を業として行う者　著述の用に供する目的
三　大学その他の学術研究を目的とする機関若しくは団体又はそれらに属する者　学術研究の用に供する目的
四　宗教団体　宗教活動（これに付随する活動を含む。）の用に供する目的
五　政治団体　政治活動（これに付随する活動を含む。）の用に供する目的
2　前項第1号に規定する「報道」とは、不特定かつ多数の者に対して客観的事実を事実として知らせること（これに基づいて意見又は見解を述べることを含む。）をいう。
3　第1項各号に掲げる個人情報取扱事業者は、個人データの安全管理のために必要かつ適切な措置、個人情報の取扱いに関する苦情の処理その他の個人情報の適正な取扱いを確保するために必要な措置を自ら講じ、かつ、当該措置の内容を公表するよう努めなければならない。

（地方公共団体が処理する事務）
第51条　この法律に規定する主務大臣の権限に属する事務は、政令で定めるところにより、地方公共団体の長その他の執行機関が行うこととすることができる。

（権限又は事務の委任）
第52条　この法律により主務大臣の権限又は事務に属する事項は、政令で定めるところにより、その所属の職員に委任することができる。

（施行の状況の公表）
第53条　内閣総理大臣は、関係する行政機関（法律の規定に基づき内閣に置かれる

機関（内閣府を除く。）及び内閣の所轄の下に置かれる機関、内閣府、宮内庁、内閣府設置法（平成11年法律第89号）第49条第1項及び第2項に規定する機関並びに国家行政組織法（昭和23年法律第120号）第3条第2項に規定する機関をいう。次条において同じ。）の長に対し、この法律の施行の状況について報告を求めることができる。
2　内閣総理大臣は、毎年度、前項の報告を取りまとめ、その概要を公表するものとする。
（連絡及び協力）
第54条　内閣総理大臣及びこの法律の施行に関係する行政機関の長は、相互に緊密に連絡し、及び協力しなければならない。
（政令への委任）
第55条　この法律に定めるもののほか、この法律の実施のため必要な事項は、政令で定める。

第6章　罰則
第56条　第34条第2項又は第3項の規定による命令に違反した者は、6月以下の懲役又は30万円以下の罰金に処する。
第57条　第32条又は第46条の規定による報告をせず、又は虚偽の報告をした者は、30万円以下の罰金に処する。
第58条　法人（法人でない団体で代表者又は管理人の定めのあるものを含む。以下この項において同じ。）の代表者又は法人若しくは人の代理人、使用人その他の従業者が、その法人又は人の業務に関して、前2条の違反行為をしたときは、行為者を罰するほか、その法人又は人に対しても、各本条の罰金刑を科する。
2　法人でない団体について前項の規定の適用がある場合には、その代表者又は管理人が、その訴訟行為につき法人でない団体を代表するほか、法人を被告人又は被疑者とする場合の刑事訴訟に関する法律の規定を準用する。
第59条　次の各号のいずれかに該当する者は、10万円以下の過料に処する。

一　第40条第1項の規定による届出をせず、又は虚偽の届出をした者
二　第45条の規定に違反した者
　　附　則
（施行期日）
第1条　この法律は、公布の日から施行する。ただし、第4章から第6章まで及び附則第2条から第6条までの規定は、公布の日から起算して2年を超えない範囲内において政令で定める日から施行する。
（本人の同意に関する経過措置）
第2条　この法律の施行前になされた本人の個人情報の取扱いに関する同意がある場合において、その同意が第15条第1項の規定により特定される利用目的以外の目的で個人情報を取り扱うことを認める旨の同意に相当するものであるときは、第16条第1項又は第2項の同意があったものとみなす。
第3条　この法律の施行前になされた本人の個人情報の取扱いに関する同意がある場合において、その同意が第23条第1項の規定による個人データの第三者への提供を認める旨の同意に相当するものであるときは、同項の同意があったものとみなす。
（通知に関する経過措置）
第4条　第23条第2項の規定により本人に通知し、又は本人が容易に知り得る状態に置かなければならない事項に相当する事項について、この法律の施行前に、本人に通知されているときは、当該通知は、同項の規定により行われたものとみなす。
第5条　第23条第4項第3号の規定により本人に通知し、又は本人が容易に知り得る状態に置かなければならない事項に相当する事項について、この法律の施行前に、本人に通知されているときは、当該通知は、同号の規定により行われたものとみなす。
（名称の使用制限に関する経過措置）
第6条　この法律の施行の際現に認定個人情報保護団体という名称又はこれに紛らわしい名称を用いている者については、

第45条の規定は、同条の規定の施行後6月間は、適用しない。
（内閣府設置法の一部改正）
第7条　内閣府設置法の一部を次のように改正する。
　第4条第3項第38号の次に次の1号を加える。
　　三十八の二　個人情報の保護に関する基本方針（個人情報の保護に関する法律（平成15年法律第57号）第7条第1項に規定するものをいう。）の作成及び推進に関すること。
　第38条第1項第1号中「並びに市民活動の促進」を「、市民活動の促進並びに個人情報の適正な取扱いの確保」に改め、同項第3号中「（昭和48年法律第121号）」の下に「及び個人情報の保護に関する法律」を加える。

消費者契約法関連

消費者契約法

（平成12年5月12日法律第61号）

第1章　総則
（目的）
第1条　この法律は、消費者と事業者との間の情報の質及び量並びに交渉力の格差にかんがみ、事業者の一定の行為により消費者が誤認し、又は困惑した場合について契約の申込み又はその承諾の意思表示を取り消すことができることとするとともに、事業者の損害賠償の責任を免除する条項その他の消費者の利益を不当に害することとなる条項の全部又は一部を無効とすることにより、消費者の利益の擁護を図り、もって国民生活の安定向上と国民経済の健全な発展に寄与することを目的とする。
（定義）
第2条　この法律において「消費者」とは、個人（事業として又は事業のために契約の当事者となる場合におけるものを除く。）をいう。
2　この法律において「事業者」とは、法人その他の団体及び事業として又は事業のために契約の当事者となる場合における個人をいう。
3　この法律において「消費者契約」とは、消費者と事業者との間で締結される契約をいう。
（事業者及び消費者の努力）
第3条　事業者は、消費者契約の条項を定めるに当たっては、消費者の権利義務その他の消費者契約の内容が消費者にとって明確かつ平易なものになるよう配慮するとともに、消費者契約の締結について勧誘をするに際しては、消費者の理解を深めるために、消費者の権利義務その他の消費者契約の内容についての必要な情報を提供するよう努めなければならない。
2　消費者は、消費者契約を締結するに際

しては、事業者から提供された情報を活用し、消費者の権利義務その他の消費者契約の内容について理解するよう努めるものとする。

第2章　消費者契約の申込み又はその承諾の意思表示の取消し

（消費者契約の申込み又はその承諾の意思表示の取消し）

第4条　消費者は、事業者が消費者契約の締結について勧誘をするに際し、当該消費者に対して次の各号に掲げる行為をしたことにより当該各号に定める誤認をし、それによって当該消費者契約の申込み又はその承諾の意思表示をしたときは、これを取り消すことができる。
　一　重要事項について事実と異なることを告げること。当該告げられた内容が事実であるとの誤認
　二　物品、権利、役務その他の当該消費者契約の目的となるものに関し、将来におけるその価額、将来において当該消費者が受け取るべき金額その他の将来における変動が不確実な事項につき断定的判断を提供すること。当該提供された断定的判断の内容が確実であるとの誤認
　2　消費者は、事業者が消費者契約の締結について勧誘をするに際し、当該消費者に対してある重要事項又は当該重要事項に関連する事項について当該消費者の利益となる旨を告げ、かつ、当該重要事項について当該消費者の不利益となる事実（当該告知により当該事実が存在しないと消費者が通常考えるべきものに限る。）を故意に告げなかったことにより、当該事実が存在しないとの誤認をし、それによって当該消費者契約の申込み又はその承諾の意思表示をしたときは、これを取り消すことができる。ただし、当該事業者が当該消費者に対し当該事実を告げようとしたにもかかわらず、当該消費者がこれを拒んだときは、この限りでない。
　3　消費者は、事業者が消費者契約の締結について勧誘をするに際し、当該消費者に対して次に掲げる行為をしたことにより困惑し、それによって当該消費者契約の申込み又はその承諾の意思表示をしたときは、これを取り消すことができる。
　一　当該事業者に対し、当該消費者が、その住居又はその業務を行っている場所から退去すべき旨の意思を示したにもかかわらず、それらの場所から退去しないこと。
　二　当該事業者が当該消費者契約の締結について勧誘をしている場所から当該消費者が退去する旨の意思を示したにもかかわらず、その場所から当該消費者を退去させないこと。
　4　第1項第1号及び第2項の「重要事項」とは、消費者契約に係る次に掲げる事項であって消費者の当該消費者契約を締結するか否かについての判断に通常影響を及ぼすべきものをいう。
　一　物品、権利、役務その他の当該消費者契約の目的となるものの質、用途その他の内容
　二　物品、権利、役務その他の当該消費者契約の目的となるものの対価その他の取引条件
　5　第1項から第3項までの規定による消費者契約の申込み又はその承諾の意思表示の取消しは、これをもって善意の第三者に対抗することができない。

（媒介の委託を受けた第三者及び代理人）

第5条　前条の規定は、事業者が第三者に対し、当該事業者と消費者との間における消費者契約の締結について媒介をすることの委託（以下この項において単に「委託」という。）をし、当該委託を受けた第三者（その第三者から委託を受けた者（二以上の段階にわたる委託を受けた者を含む。）を含む。次項において「受託者等」という。）が消費者に対して同条第1項から第3項までに規定する行為をした場合について準用する。この場合において、同条第2項ただし書中「当該事業者」とあるのは、「当該事業者又は

次条第1項に規定する受託者等」と読み替えるものとする。
2　消費者契約の締結に係る消費者の代理人、事業者の代理人及び受託者等の代理人は、前条第1項から第3項まで（前項において準用する場合を含む。次条及び第7条において同じ。）の規定の適用については、それぞれ消費者、事業者及び受託者等とみなす。

（解釈規定）
第6条　第4条第1項から第3項までの規定は、これらの項に規定する消費者契約の申込み又はその承諾の意思表示に対する民法（明治29年法律第89号）第96条の規定の適用を妨げるものと解してはならない。

（取消権の行使期間等）
第7条　第4条第1項から第3項までの規定による取消権は、追認をすることができる時から6箇月間行わないときは、時効によって消滅する。当該消費者契約の締結の時から5年を経過したときも、同様とする。
2　商法（明治32年法律第48号）第191条及び第280条ノ12の規定（これらの規定を他の法律において準用する場合を含む。）は、第4条第1項から第3項までの規定による消費者契約としての株式又は新株の引受けの取消しについて準用する。この場合において、同法第191条中「錯誤若ハ株式申込証ノ用紙ノ要件ノ欠缺ヲ理由トシテ其ノ引受ノ無効ヲ主張シ又ハ詐欺若ハ強迫ヲ理由トシテ」とあり、及び同法第280条ノ12中「錯誤若ハ株式申込証若ハ新株引受権証書ノ要件ノ欠缺ヲ理由トシテ其ノ引受ノ無効ヲ主張シ又ハ詐欺若ハ強迫ヲ理由トシテ」とあるのは、「消費者契約法第4条第1項乃至第3項（同法第5条第1項ニ於テ準用スル場合ヲ含ム）ノ規定ニ因リ」と読み替えるものとする。

第3章　消費者契約の条項の無効
（事業者の損害賠償の責任を免除する条項の無効）
第8条　次に掲げる消費者契約の条項は、無効とする。
　一　事業者の債務不履行により消費者に生じた損害を賠償する責任の全部を免除する条項
　二　事業者の債務不履行（当該事業者、その代表者又はその使用する者の故意又は重大な過失によるものに限る。）により消費者に生じた損害を賠償する責任の一部を免除する条項
　三　消費者契約における事業者の債務の履行に際してされた当該事業者の不法行為により消費者に生じた損害を賠償する民法の規定による責任の全部を免除する条項
　四　消費者契約における事業者の債務の履行に際してされた当該事業者の不法行為（当該事業者、その代表者又はその使用するメの故意又は重大な過失によるものに限る。）により消費者に生じた損害を賠償する民法の規定による責任の一部を免除する条項
　五　消費者契約が有償契約である場合において、当該消費者契約の目的物に隠れた瑕疵があるとき（当該消費者契約が請負契約である場合には、当該消費者契約の仕事の目的物に瑕疵があるとき。次項において同じ。）に、当該瑕疵により消費者に生じた損害を賠償する事業者の責任の全部を免除する条項
2　前項第5号に掲げる条項については、次に掲げる場合に該当するときは、同項の規定は、適用しない。
　一　当該消費者契約において、当該消費者契約の目的物に隠れた瑕疵があるときに、当該事業者が瑕疵のない物をもってこれに代える責任又は当該瑕疵を修補する責任を負うこととされている場合
　二　当該消費者と当該事業者の委託を受けた他の事業者との間の契約又は当該

事業者と他の事業者との間の当該消費者のためにする契約で、当該消費者契約の締結に先立って又はこれと同時に締結されたものにおいて、当該消費者契約の目的物に隠れた瑕疵があるときに、当該他の事業者が、当該瑕疵により当該消費者に生じた損害を賠償する責任の全部若しくは一部を負い、瑕疵のない物をもってこれに代える責任を負い、又は当該瑕疵を修補する責任を負うこととされている場合

（消費者が支払う損害賠償の額を予定する条項等の無効）

第9条　次の各号に掲げる消費者契約の条項は、当該各号に定める部分について、無効とする。

一　当該消費者契約の解除に伴う損害賠償の額を予定し、又は違約金を定める条項であって、これらを合算した額が、当該条項において設定された解除の事由、時期等の区分に応じ、当該消費者契約と同種の消費者契約の解除に伴い当該事業者に生ずべき平均的な損害の額を超えるもの　当該超える部分

二　当該消費者契約に基づき支払うべき金銭の全部又は一部を消費者が支払期日（支払回数が二以上である場合には、それぞれの支払期日。以下この号において同じ。）までに支払わない場合における損害賠償の額を予定し、又は違約金を定める条項であって、これらを合算した額が、支払期日の翌日からその支払をする日までの期間について、その日数に応じ、当該支払期日に支払うべき額から当該支払期日に支払うべき額のうち既に支払われた額を控除した額に年14.6パーセントの割合を乗じて計算した額を超えるもの　当該超える部分

（消費者の利益を一方的に害する条項の無効）

第10条　民法、商法その他の法律の公の秩序に関しない規定の適用による場合に比し、消費者の権利を制限し、又は消費者の義務を加重する消費者契約の条項であって、民法第1条第2項に規定する基本原則に反して消費者の利益を一方的に害するものは、無効とする。

第4章　雑則
（他の法律の適用）

第11条　消費者契約の申込み又はその承諾の意思表示の取消し及び消費者契約の条項の効力については、この法律の規定によるほか、民法及び商法の規定による。

2　消費者契約の申込み又はその承諾の意思表示の取消し及び消費者契約の条項の効力について民法及び商法以外の他の法律に別段の定めがあるときは、その定めるところによる。

（適用除外）

第12条　この法律の規定は、労働契約については、適用しない。

　　　附　則

この法律は、平成13年4月1日から施行し、この法律の施行後に締結された消費者契約について適用する。

電子消費者契約及び電子承諾通知に関する民法の特例に関する法律

（趣旨）

第1条　この法律は、消費者が行う電子消費者契約の要素に特定の錯誤があった場合及び隔地者間の契約において電子承諾通知を発する場合に関し民法（明治29年法律第89号）の特例を定めるものとする。

（定義）

第2条　この法律において「電子消費者契約」とは、消費者と事業者との間で電磁的方法により電子計算機の映像面を介して締結される契約であって、事業者又はその委託を受けた者が当該映像面に表示する手続に従って消費者がその使用する電子計算機を用いて送信することによってその申込み又はその承諾の意思表示を行うものをいう。

2　この法律において「消費者」とは、個

人（事業として又は事業のために契約の当事者となる場合におけるものを除く。）をいい、「事業者」とは、法人その他の団体及び事業として又は事業のために契約の当事者となる場合における個人をいう。
3　この法律において「電磁的方法」とは、電子情報処理組織を使用する方法その他の情報通信の技術を利用する方法をいう。
4　この法律において「電子承諾通知」とは、契約の申込みに対する承諾の通知であって、電磁的方法のうち契約の申込みに対する承諾をしようとする者が使用する電子計算機等（電子計算機、ファクシミリ装置、テレックス又は電話機をいう。以下同じ。）と当該契約の申込みをした者が使用する電子計算機等とを接続する電気通信回線を通じて送信する方法により行うものをいう。

（電子消費者契約に関する民法の特例）
第3条　民法第95条ただし書の規定は、消費者が行う電子消費者契約の申込み又はその承諾の意思表示について、その電子消費者契約の要素に錯誤があった場合であって、当該錯誤が次のいずれかに該当するときは、適用しない。ただし、当該電子消費者契約の相手方である事業者（その委託を受けた者を含む。以下同じ。）が、当該申込み又はその承諾の意思表示に際して、電磁的方法によりその映像面を介して、その消費者の申込み若しくはその承諾の意思表示を行う意思の有無について確認を求める措置を講じた場合又はその消費者から当該事業者に対して当該措置を講ずる必要がない旨の意思の表明があった場合は、この限りでない。
　一　消費者がその使用する電子計算機を用いて送信した時に当該事業者との間で電子消費者契約の申込み又はその承諾の意思表示を行う意思がなかったとき。
　二　消費者がその使用する電子計算機を用いて送信した時に当該電子消費者契約の申込み又はその承諾の意思表示と異なる内容の意思表示を行う意思があったとき。

（電子承諾通知に関する民法の特例）
第4条　民法第526条第1項及び第527条の規定は、隔地者間の契約において電子承諾通知を発する場合については、適用しない。

附　則
（施行期日）
第1条　この法律は、公布の日から起算して6月を超えない範囲内において政令で定める日（平成13.12.25　平成13政390）から施行する。
（経過措置）
第2条　この法律の施行前にその申込み又はその承諾の意思表示を行った電子消費者契約については、なお従前の例による。
第3条　この法律の施行前に隔地者間の契約において発した電子承諾通知については、なお従前の例による。

IT 基本法

高度情報通信ネットワーク社会形成基本法

(平成12年12月6日法律第114号)

目次
- 第1章　総則（第1条―第15条）
- 第2章　施策の策定に係る基本方針（第16条―第24条）
- 第3章　高度情報通信ネットワーク社会推進戦略本部（第25条―第34条）
- 第4章　高度情報通信ネットワーク社会の形成に関する重点計画（第35条）
- 附則

第1章　総則

（目的）

第1条　この法律は、情報通信技術の活用により世界的規模で生じている急激かつ大幅な社会経済構造の変化に適確に対応することの緊要性にかんがみ、高度情報通信ネットワーク社会の形成に関し、基本理念及び施策の策定に係る基本方針を定め、国及び地方公共団体の責務を明らかにし、並びに高度情報通信ネットワーク社会推進戦略本部を設置するとともに、高度情報通信ネットワーク社会の形成に関する重点計画の作成について定めることにより、高度情報通信ネットワーク社会の形成に関する施策を迅速かつ重点的に推進することを目的とする。

（定義）

第2条　この法律において「高度情報通信ネットワーク社会」とは、インターネットその他の高度情報通信ネットワークを通じて自由かつ安全に多様な情報又は知識を世界的規模で入手し、共有し、又は発信することにより、あらゆる分野における創造的かつ活力ある発展が可能となる社会をいう。

（すべての国民が情報通信技術の恵沢を享受できる社会の実現）

第3条　高度情報通信ネットワーク社会の形成は、すべての国民が、インターネットその他の高度情報通信ネットワークを容易にかつ主体的に利用する機会を有し、その利用の機会を通じて個々の能力を創造的かつ最大限に発揮することが可能となり、もって情報通信技術の恵沢をあまねく享受できる社会が実現されることを旨として、行われなければならない。

（経済構造改革の推進及び産業国際競争力の強化）

第4条　高度情報通信ネットワーク社会の形成は、電子商取引その他の高度情報通信ネットワークを利用した経済活動（以下「電子商取引等」という。）の促進、中小企業者その他の事業者の経営の能率及び生産性の向上、新たな事業の創出並びに就業の機会の増大をもたらし、もって経済構造改革の推進及び産業の国際競争力の強化に寄与するものでなければならない。

（ゆとりと豊かさを実感できる国民生活の実現）

第5条　高度情報通信ネットワーク社会の形成は、インターネットその他の高度情報通信ネットワークを通じた、国民生活の全般にわたる質の高い情報の流通及び低廉な料金による多様なサービスの提供により、生活の利便性の向上、生活様式の多様化の促進及び消費者の主体的かつ合理的選択の機会の拡大が図られ、もってゆとりと豊かさを実感できる国民生活の実現に寄与するものでなければならない。

（活力ある地域社会の実現及び住民福祉の向上）

第6条　高度情報通信ネットワーク社会の形成は、情報通信技術の活用による、地域経済の活性化、地域における魅力ある就業の機会の創出並びに地域内及び地域間の多様な交流の機会の増大による住民生活の充実及び利便性の向上を通じて、個性豊かで活力に満ちた地域社会の実現及び地域住民の福祉の向上に寄与するも

のでなければならない。
（国及び地方公共団体と民間との役割分担）
第7条　高度情報通信ネットワーク社会の形成に当たっては、民間が主導的役割を担うことを原則とし、国及び地方公共団体は、公正な競争の促進、規制の見直し等高度情報通信ネットワーク社会の形成を阻害する要因の解消その他の民間の活力が十分に発揮されるための環境整備等を中心とした施策を行うものとする。
（利用の機会等の格差の是正）
第8条　高度情報通信ネットワーク社会の形成に当たっては、地理的な制約、年齢、身体的な条件その他の要因に基づく情報通信技術の利用の機会又は活用のための能力における格差が、高度情報通信ネットワーク社会の円滑かつ一体的な形成を著しく阻害するおそれがあることにかんがみ、その是正が積極的に図られなければならない。
（社会経済構造の変化に伴う新たな課題への対応）
第9条　高度情報通信ネットワーク社会の形成に当たっては、情報通信技術の活用により生ずる社会経済構造の変化に伴う雇用その他の分野における各般の新たな課題について、適確かつ積極的に対応しなければならない。
（国及び地方公共団体の責務）
第10条　国は、第3条から前条までに定める高度情報通信ネットワーク社会の形成についての基本理念（以下「基本理念」という。）にのっとり、高度情報通信ネットワーク社会の形成に関する施策を策定し、及び実施する責務を有する。
第11条　地方公共団体は、基本理念にのっとり、高度情報通信ネットワーク社会の形成に関し、国との適切な役割分担を踏まえて、その地方公共団体の区域の特性を生かした自主的な施策を策定し、及び実施する責務を有する。
第12条　国及び地方公共団体は、高度情報通信ネットワーク社会の形成に関する施策が迅速かつ重点的に実施されるよう、相互に連携を図らなければならない。
（法制上の措置等）
第13条　政府は、高度情報通信ネットワーク社会の形成に関する施策を実施するため必要な法制上又は財政上の措置その他の措置を講じなければならない。
（統計等の作成及び公表）
第14条　政府は、高度情報通信ネットワーク社会に関する統計その他の高度情報通信ネットワーク社会の形成に資する資料を作成し、インターネットの利用その他適切な方法により随時公表しなければならない。
（国民の理解を深めるための措置）
第15条　政府は、広報活動等を通じて、高度情報通信ネットワーク社会の形成に関する国民の理解を深めるよう必要な措置を講ずるものとする。

第2章　施策の策定に係る基本方針
（高度情報通信ネットワークの一層の拡充等の一体的な推進）
第16条　高度情報通信ネットワーク社会の形成に関する施策の策定に当たっては、高度情報通信ネットワークの一層の拡充、高度情報通信ネットワークを通じて提供される文字、音声、映像その他の情報の充実及び情報通信技術の活用のために必要な能力の習得が不可欠であり、かつ、相互に密接な関連を有することにかんがみ、これらが一体的に推進されなければならない。
（世界最高水準の高度情報通信ネットワークの形成）
第17条　高度情報通信ネットワーク社会の形成に関する施策の策定に当たっては、広く国民が低廉な料金で利用することができる世界最高水準の高度情報通信ネットワークの形成を促進するため、事業者間の公正な競争の促進その他の必要な措置が講じられなければならない。
（教育及び学習の振興並びに人材の育成）
第18条　高度情報通信ネットワーク社会の

形成に関する施策の策定に当たっては、すべての国民が情報通信技術を活用することができるようにするための教育及び学習を振興するとともに、高度情報通信ネットワーク社会の発展を担う専門的な知識又は技術を有する創造的な人材を育成するために必要な措置が講じられなければならない。

（電子商取引等の促進）

第19条　高度情報通信ネットワーク社会の形成に関する施策の策定に当たっては、規制の見直し、新たな準則の整備、知的財産権の適正な保護及び利用、消費者の保護その他の電子商取引等の促進を図るために必要な措置が講じられなければならない。

（行政の情報化）

第20条　高度情報通信ネットワーク社会の形成に関する施策の策定に当たっては、国民の利便性の向上を図るとともに、行政運営の簡素化、効率化及び透明性の向上に資するため、国及び地方公共団体の事務におけるインターネットその他の高度情報通信ネットワークの利用の拡大等行政の情報化を積極的に推進するために必要な措置が講じられなければならない。

（公共分野における情報通信技術の活用）

第21条　高度情報通信ネットワーク社会の形成に関する施策の策定に当たっては、国民の利便性の向上を図るため、情報通信技術の活用による公共分野におけるサービスの多様化及び質の向上のために必要な措置が講じられなければならない。

（高度情報通信ネットワークの安全性の確保等）

第22条　高度情報通信ネットワーク社会の形成に関する施策の策定に当たっては、高度情報通信ネットワークの安全性及び信頼性の確保、個人情報の保護その他国民が高度情報通信ネットワークを安心して利用することができるようにするために必要な措置が講じられなければならない。

（研究開発の推進）

第23条　高度情報通信ネットワーク社会の形成に関する施策の策定に当たっては、急速な技術の革新が、今後の高度情報通信ネットワーク社会の発展の基盤であるとともに、我が国産業の国際競争力の強化をもたらす源泉であることにかんがみ、情報通信技術について、国、地方公共団体、大学、事業者等の相互の密接な連携の下に、創造性のある研究開発が推進されるよう必要な措置が講じられなければならない。

（国際的な協調及び貢献）

第24条　高度情報通信ネットワーク社会の形成に関する施策の策定に当たっては、高度情報通信ネットワークが世界的規模で展開していることにかんがみ、高度情報通信ネットワーク及びこれを利用した電子商取引その他の社会経済活動に関する、国際的な規格、準則等の整備に向けた取組、研究開発のための国際的な連携及び開発途上地域に対する技術協力その他の国際協力を積極的に行うために必要な措置が講じられなければならない。

第3章　高度情報通信ネットワーク社会推進戦略本部

（設置）

第25条　高度情報通信ネットワーク社会の形成に関する施策を迅速かつ重点的に推進するため、内閣に、高度情報通信ネットワーク社会推進戦略本部（以下「本部」という。）を置く。

（所掌事務）

第26条　本部は、次に掲げる事務をつかさどる。

一　高度情報通信ネットワーク社会の形成に関する重点計画（以下「重点計画」という。）を作成し、及びその実施を推進すること。

二　前号に掲げるもののほか、高度情報通信ネットワーク社会の形成に関する施策で重要なものの企画に関して審議し、及びその施策の実施を推進すること。

（組織）
第27条　本部は、高度情報通信ネットワーク社会推進戦略本部長、高度情報通信ネットワーク社会推進戦略副本部長及び高度情報通信ネットワーク社会推進戦略本部員をもって組織する。
（高度情報通信ネットワーク社会推進戦略本部長）
第28条　本部の長は、高度情報通信ネットワーク社会推進戦略本部長（以下「本部長」という。）とし、内閣総理大臣をもって充てる。
2　本部長は、本部の事務を総括し、所部の職員を指揮監督する。
（高度情報通信ネットワーク社会推進戦略副本部長）
第29条　本部に、高度情報通信ネットワーク社会推進戦略副本部長（以下「副本部長」という。）を置き、国務大臣をもって充てる。
2　副本部長は、本部長の職務を助ける。
（高度情報通信ネットワーク社会推進戦略本部員）
第30条　本部に、高度情報通信ネットワーク社会推進戦略本部員（以下「本部員」という。）を置く。
2　本部員は、次に掲げる者をもって充てる。
　一　本部長及び副本部長以外のすべての国務大臣
　二　高度情報通信ネットワーク社会の形成に関し優れた識見を有する者のうちから、内閣総理大臣が任命する者
（資料の提出その他の協力）
第31条　本部は、その所掌事務を遂行するため必要があると認めるときは、関係行政機関、地方公共団体及び独立行政法人（独立行政法人通則法（平成11年法律第103号）第2条第1項に規定する独立行政法人をいう。）の長並びに特殊法人（法律により直接に設立された法人又は特別の法律により特別の設立行為をもって設立された法人であって、総務省設置法（平成11年法律第91号）第4条第15号の規定の適用を受けるものをいう。）の代表者に対して、資料の提出、意見の開陳、説明その他必要な協力を求めることができる。
2　本部は、その所掌事務を遂行するため特に必要があると認めるときは、前項に規定する者以外の者に対しても、必要な協力を依頼することができる。
（事務）
第32条　本部に関する事務は、内閣官房において処理し、命を受けて内閣官房副長官補が掌理する。
（主任の大臣）
第33条　本部に係る事項については、内閣法（昭和22年法律第5号）にいう主任の大臣は、内閣総理大臣とする。
（政令への委任）
第34条　この法律に定めるもののほか、本部に関し必要な事項は、政令で定める。

　第4章　高度情報通信ネットワーク社会の形成に関する重点計画
第35条　本部は、この章の定めるところにより、重点計画を作成しなければならない。
2　重点計画は、次に掲げる事項について定めるものとする。
　一　高度情報通信ネットワーク社会の形成のために政府が迅速かつ重点的に実施すべき施策に関する基本的な方針
　二　世界最高水準の高度情報通信ネットワークの形成の促進に関し政府が迅速かつ重点的に講ずべき施策
　三　教育及び学習の振興並びに人材の育成に関し政府が迅速かつ重点的に講ずべき施策
　四　電子商取引等の促進に関し政府が迅速かつ重点的に講ずべき施策
　五　行政の情報化及び公共分野における情報通信技術の活用の推進に関し政府が迅速かつ重点的に講ずべき施策
　六　高度情報通信ネットワークの安全性及び信頼性の確保に関し政府が迅速かつ重点的に講ずべき施策

七　前各号に定めるもののほか、高度情報通信ネットワーク社会の形成に関する施策を政府が迅速かつ重点的に推進するために必要な事項
３　重点計画に定める施策については、原則として、当該施策の具体的な目標及びその達成の期間を定めるものとする。
４　本部は、第１項の規定により重点計画を作成したときは、遅滞なく、これをインターネットの利用その他適切な方法により公表しなければならない。
５　本部は、適時に、第３項の規定により定める目標の達成状況を調査し、その結果をインターネットの利用その他適切な方法により公表しなければならない。
６　第４項の規定は、重点計画の変更について準用する。
　　附　則
（施行期日）
１　この法律は、平成13年１月６日から施行する。
（検討）
２　政府は、この法律の施行後３年以内に、この法律の施行の状況について検討を加え、その結果に基づいて必要な措置を講ずるものとする。

不正競争防止法

不正競争防止法

（平成５年５月19日法律47号）

（目的）
第１条　この法律は、事業者間の公正な競争及びこれに関する国際約束の的確な実施を確保するため、不正競争の防止及び不正競争に係る損害賠償に関する措置等を講じ、もって国民経済の健全な発展に寄与することを目的とする。
（定義）
第２条　この法律において「不正競争」とは、次に掲げるものをいう。
　１．他人の商品等表示（人の業務に係る氏名、商号、商標、標章、商品の容器若しくは包装その他の商品又は営業を表示するものをいう。以下同じ。）として需要者の間に広く認識されているものと同一若しくは類似の商品等表示を使用し、又はその商品等表示を使用した商品を譲渡し、引き渡し、譲渡若しくは引渡しのために展示し、輸出し、若しくは輸入して、他人の商品又は営業と混同を生じさせる行為
　２．自己の商品等表示として他人の著名な商品等表示と同一若しくは類似のものを使用し、又はその商品等表示を使用した商品を譲渡し、引き渡し、譲渡若しくは引渡しのために展示し、輸出し、若しくは輸入する行為
　３．他人の商品（最初に販売された日から起算して３年を経過したものを除く。）の形態（当該他人の商品と同種の商品（同種の商品かない場合にあっては、当該他人の商品とその機能及び効用が同一又は類似の商品）が通常有する形態を除く。）を模倣した商品を譲渡し、貸し渡し、譲渡若しくは貸渡しのために展示し、輸出し、若しくは輸入する行為
　４．窃取、詐欺、強迫その他の不正の手

段により営業秘密を取得する行為（以下「不正取得行為」という。）又は不正取得行為により取得した営業秘密を使用し、若しくは開示する行為（秘密を保持しつつ特定の者に示すことを含む。以下同じ。）

5．その営業秘密について不正取得行為が介在したことを知って、若しくは重大な過失により知らないで営業秘密を取得し、又はその取得した営業秘密を使用し、若しくは開示する行為

6．その取得した後にその営業秘密について不正取得行為が介在したことを知って、又は重大な過失により知らないでその取得した営業秘密を使用し、又は開示する行為

7．営業秘密を保有する事業者（以下「保有者」という。）からその営業秘密を示された場合において、不正の競業その他の不正の利益を得る目的で、又はその保有者に損害を加える目的で、その営業秘密を使用し、又は開示する行為

8．その営業秘密について不正開示行為（前号に規定する場合において同号に規定する目的でその営業秘密を開示する行為又は秘密を守る法律上の義務に違反してその営業秘密を開示する行為をいう。以下同じ。）であること若しくはその営業秘密について不正開示行為が介在したことを知って、若しくは重大な過失により知らないで営業秘密を取得し、又はその取得した営業秘密を使用し、若しくは開示する行為

9．その取得した後にその営業秘密について不正開示行為があったこと若しくはその営業秘密について不正開示行為が介在したことを知って、又は重大な過失により知らないでその取得した営業秘密を使用し、又は開示する行為

10．営業上用いられている技術的制限手段（他人が特定の者以外の者に影像若しくは音の視聴若しくはプログラムの実行又は影像、音若しくはプログラムの記録をさせないために用いているものを除く。）により制限されている影像若しくは音の視聴若しくはプログラムの実行又は影像、音若しくはプログラムの記録を当該技術的制限手段の効果を妨げることにより可能とする機能のみを有する装置（当該装置を組み込んだ機器を含む。）若しくは当該機能のみを有するプログラム（当該プログラムが他のプログラムと組み合わされたものを含む。）を記録した記録媒体若しくは記憶した機器を譲渡し、引き渡し、譲渡若しくは引渡しのために展示し、輸出し、若しくは輸入し、又は当該機能のみを有するプログラムを電気通信回線を通じて提供する行為

11．他人が特定の者以外の者に影像若しくは音の視聴若しくはプログラムの実行又は影像、音若しくはプログラムの記録をさせないために営業上用いている技術的制限手段により制限されている影像若しくは音の視聴若しくはプログラムの実行又は影像、音若しくはプログラムの記録を当該技術的制限手段の効果を妨げることにより可能とする機能のみを有する装置（当該装置を組み込んだ機器を含む。）若しくは当該機能のみを有するプログラム（当該プログラムが他のプログラムと組み合わされたものを含む。）を記録した記録媒体若しくは記憶した機器を当該特定の者以外の者に譲渡し、引き渡し、譲渡若しくは引渡しのために展示し、輸出し、若しくは輸入し、又は当該機能のみを有するプログラムを電気通信回線を通じて提供する行為

12．不正の利益を得る目的で、又は他人に損害を加える目的で、他人の特定商品等表示（人の業務に係る氏名、商号、商標、標章その他の商品又は役務を表示するものをいう。）と同一若しくは類似のドメイン名を使用する権利を取得し、若しくは保有し、又はそのドメイン名を使用する行為

13. 商品若しくは役務若しくはその広告若しくは取引に用いる書類若しくは通信にその商品の原産地、品質、内容、製造方法、用途若しくは数量若しくはその役務の質、内容、用途若しくは数量について誤認させるような表示をし、又はその表示をした商品を譲渡し、引き渡し、譲渡若しくは引渡しのために展示し、輸出し、若しくは輸入し、若しくはその表示をして役務を提供する行為
14. 競争関係にある他人の営業上の信用を害する虚偽の事実を告知し、又は流布する行為
15. パリ条約（商標法（昭和34年法律第127号）第4条第1項第2号に規定するパリ条約をいう。）の同盟国、世界貿易機関の加盟国又は商標法条約の締約国において商標に関する権利（商標権に相当する権利に限る。以下この号において単に「権利」という。）を有する者の代理人若しくは代表者又はその行為の日前1年以内に代理人若しくは代表者であった者が、正当な理由がないのに、その権利を有する者の承諾を得ないでその権利に係る商標と同一若しくは類似の商標をその権利に係る商品若しくは役務と同一若しくは類似の商品若しくは役務に使用し、又は当該商標を使用したその権利に係る商品と同一若しくは類似の商品を譲渡し、引き渡し、譲渡若しくは引渡しのために展示し、輸出し、若しくは輸入し、若しくは当該商標を使用してその権利に係る役務と同一若しくは類似の役務を提供する行為

2　この法律において「商標」とは、商標法第2条第1項に規定する商標をいう。
3　この法律において「標章」とは、商標法第2条第1項に規定する標章をいう。
4　この法律において「営業秘密」とは、秘密として管理されている生産方法、販売方法その他の事業活動に有用な技術上又は営業上の情報であって、公然と知られていないものをいう。
5　この法律において「技術的制限手段」とは、電磁的方法（電子的方法、磁気的方法その他の人の知覚によって認識することができない方法をいう。）により影像若しくは音の視聴若しくはプログラムの実行又は影像、音若しくはプログラムの記録を制限する手段であって、視聴等機器（影像若しくは音の視聴若しくはプログラムの実行又は影像、音若しくはプログラムの記録のために用いられる機器をいう。以下同じ。）が特定の反応をする信号を影像、音若しくはプログラムとともに記録媒体に記録し、若しくは送信する方式又は視聴等機器が特定の変換を必要とするよう影像、音若しくはプログラムを変換して記録媒体に記録し、若しくは送信する方式によるものをいう。
6　この法律において「プログラム」とは、電子計算機に対する指令であって、一の結果を得ることができるように組み合わされたものをいう。
7　この法律において「ドメイン名」とは、インターネットにおいて、個々の電子計算機を識別するために割り当てられる番号、記号又は文字の組合せに対応する文字、番号、記号その他の符号又はこれらの結合をいう。

（差止請求権）
第3条　不正競争によって営業上の利益を侵害され、又は侵害されるおそれがある者は、その営業上の利益を侵害する者又は侵害するおそれがある者に対し、その侵害の停止又は予防を請求することができる。
2　不正競争によって営業上の利益を侵害され、又は侵害されるおそれがある者は、前項の規定による請求をするに際し、侵害の行為を組成した物（侵害の行為により生じた物を含む、）の廃棄、侵害の行為に供した設備の除却その他の侵害の停止又は予防に必要な行為を請求することができる。

（損害賠償）

第4条　故意又は過失により不正競争を行って他人の営業上の利益を侵害した者は、これによって生じた損害を賠償する責めに任ずる。ただし、第8条の規定により同条に規定する権利が消滅した後にその営業秘密を使用する行為によって生じた損害については、この限りでない。
（損害の額の推定等）
第5条　不正競争によって営業上の利益を侵害された者が故意又は過失により自己の営業上の利益を侵害した者に対しその侵害により自己が受けた損害の賠償を請求する場合において、その者がその侵害の行為により利益を受けているときは、その利益の額は、その営業上の利益を侵害された者が受けた損害の額と推定する。
2　第2条第1項第1号から第9号まで、第12号又は第15号に掲げる不正競争によって営業上の利益を侵害された者は、故意又は過失により自己の営業上の利益を侵害した者に対し、次の各号に掲げる不正競争の区分に応じて当該各号に定める行為に対し通常受けるべき金銭の額に相当する額の金銭を、自己が受けた損害の額としてその賠償を請求することができる。
　1．第2条第1項第1号又は第2号に掲げる不正競争　当該侵害に係る商品等表示の使用
　2．第2条第1項第3号に掲げる不正競争　当該侵害に係る商品の形態の使用
　3．第2条第1項第4号から第9号までに掲げる不正競争　当該侵害に係る営業秘密の使用
　4．第2条第1項第12号に掲げる不正競争　当該侵害に係るドメイン名の使用
　5．第2条第1項第15号に掲げる不正競争　当該侵害に係る商標の使用
3　前項の規定は、同項に規定する金額を超える損害の賠償の請求を妨げない。この場合において、その営業上の利益を侵害した者に故意又は重大な過失がなかったときは、裁判所は、損害の賠償の額を定めるについて、これを参酌することができる。
（書類の提出）
第6条　裁判所は、不正競争による営業上の利益の侵害に係る訴訟においては、当事者の申立てにより、当事者に対し、当該侵害の行為による損害の計算をするため必要な書類の提出を命ずることができる。ただし、その書類の所持者においてその提出を拒むことについて正当な理由があるときは、この限りでない。
（信用回復の措置）
第7条　故意又は過失により不正競争を行って他人の営業上の信用を害した者に対しては、裁判所は、その営業上の信用を害された者の請求により、損害の賠償に代え、又は損害の賠償とともに、その者の営業上の信用を回復するのに必要な措置を命ずることができる。
（消滅時効）
第8条　第2条第1項第4号から第9号までに掲げる不正競争のうち、営業秘密を使用する行為に対する第3条第1項の規定による侵害の停止又は予防を請求する権利は、その行為を行う者がその行為を継続する場合において、その行為により営業上の利益を侵害され、又は侵害されるおそれがある保有者がその事実及びその行為を行う者を知った時から3年間行わないときは、時効によって消滅する。その行為の開始の時から10年を経過したときも、同様とする。
（外国の国旗等の商業上の使用禁止）
第9条　何人も、外国の国旗若しくは国の紋章その他の記章であって経済産業省令で定めるもの（以下「外国国旗等」という。）と同一若しくは類似のもの（以下「外国国旗等類似記章」という。）を商標として使用し、又は外国国旗等類似記章を商標として使用した商品を譲渡し、引き渡し、譲渡若しくは引渡しのために展示し、輸出し、若しくは輸入し、若しくは外国国旗等類似記章を商標として使用して役務を提供してはならない。ただし、その外国国旗等の使用の許可（許可に類

する行政処分を含む。以下同じ。）を行う権限を有する外国の官庁の許可を受けたときは、この限りでない。
2　前項に規定するもののほか、何人も、商品の原産地を誤認させるような方法で、同項の経済産業省令で定める外国の国の紋章（以下「外国紋章」という。）を使用し、又は外国紋章を使用した商品を譲渡し、引き渡し、譲渡若しくは引渡しのために展示し、輸出し、若しくは輸入し、若しくは外国紋章を使用して役務を提供してはならない。ただし、その外国紋章の使用の許可を行う権限を有する外国の官庁の許可を受けたときは、この限りでない。
3　何人も、外国の政府若しくは地方公共団体の監督用若しくは証明用の印章若しくは記号であって経済産業省令で定めるもの（以下「外国政府等記号」という。）と同一若しくは類似のもの（以下「外国政府等類似記号」という。）をその外国政府等記号が用いられている商品若しくは役務と同一若しくは類似の商品若しくは役務の商標として使用し、又は外国政府等類似記号を当該商標として使用した商品を譲渡し、引き渡し、譲渡若しくは引渡しのために展示し、輸出し、若しくは輸入し、若しくは外国政府等類似記号を当該商標として使用して役務を提供してはならない。ただし、その外国政府等記号の使用の許可を行う権限を有する外国の官庁の許可を受けたときは、この限りでない。

（国際機関の標章の商業上の使用禁止）
第10条　何人も、その国際機関（政府間の国際機関及びこれに準ずるものとして経済産業省令で定める国際機関をいう。以下この条において同じ。）と関係があると誤認させるような方法で、国際機関を表示する標章であって経済産業省令で定めるものと同一若しくは類似のもの（以下「国際機関類似標章」という。）を商標として使用し、又は国際機関類似標章を商標として使用した商品を譲渡し、引き渡し、譲渡若しくは引渡しのために展示し、輸出し、若しくは輸入し、若しくは国際機関類似標章を商標として使用して役務を提供してはならない。ただし、その国際機関の許可を受けたときは、この限りでない。

（外国公務員等に対する不正の利益の供与等の禁止）
第11条　何人も、外国公務員等に対し、国際的な商取引に関して営業上の不正の利益を得るために、その外国公務員等に、その職務に関する行為をさせ若しくはさせないこと、又はその地位を利用して他の外国公務員等にその職務に関する行為をさせ若しくはさせないようにあっせんをさせることを目的として、金銭その他の利益を供与し、又はその申込み若しくは約束をしてはならない。
2　前項において「外国公務員等」とは、次に掲げる者をいう。
　1．外国の政府又は地方公共団体の公務に従事する者
　2．公共の利益に関する特定の事務を行うために外国の特別の法令により設立されたものの事務に従事する者
　3．1又は2以上の外国の政府又は地方公共団体により、発行済株式のうち議決権のある株式の総数若しくは出資の金額の総額の100分の50を超える当該株式の数若しくは出資の金額を直接に所有され、又は役員（取締役、監査役、理事、監事及び清算人並びにこれら以外の者で事業の経営に従事しているものをいう。）の過半数を任命され若しくは指名されている事業者であって、その事業の遂行に当たり、外国の政府又は地方公共団体から特に権益を付与されているものの事務に従事する者その他これに準ずる者として政令で定める者
　4．国際機関（政府又は政府間の国際機関によって構成される国際機関をいう。次号において同じ。）の公務に従事する者

5．外国の政府若しくは地方公共団体又は国際機関の権限に属する事務であって、これらの機関から委任されたものに従事する者

（適用除外等）
第12条　第3条から第8条まで、第14条（第3号に係る部分を除く。）及び第15条の規定は、次の各号に掲げる不正競争の区分に応じて当該各号に定める行為については、適用しない。
1．第2条第1項第1号、第2号、第13号及び第15号に掲げる不正競争　商品若しくは営業の普通名称（ぶどうを原料又は材料とする物の原産地の名称であって、普通名称となったものを除く。）若しくは同一若しくは類似の商品若しくは営業について慣用されている商品等表示（以下「普通名称等」と総称する。）を普通に用いられる方法で使用し、若しくは表示をし、又は普通名称等を普通に用いられる方法で使用し、若しくは表示をした商品を譲渡し、引き渡し、譲渡若しくは引渡しのために展示し、輸出し、若しくは輸入する行為（同項第13号及び第15号に掲げる不正競争の場合にあっては、普通名称等を普通に用いられる方法で表示をし、又は使用して役務を提供する行為を含む。）
2．第2条第1項第1号、第2号及び第15号に掲げる不正競争　自己の氏名を不正の目的（不正の利益を得る目的、他人に損害を加える目的その他の不正の目的をいう。以下同じ。）でなく使用し、又は自己の氏名を不正の目的でなく使用した商品を譲渡し、引き渡し、譲渡若しくは引渡しのために展示し、輸出し、若しくは輸入する行為（同号に掲げる不正競争の場合にあっては、自己の氏名を不正の目的でなく使用して役務を提供する行為を含む。）
3．第2条第1項第1号に掲げる不正競争　他人の商品等表示が需要者の間に広く認識される前からその商品等表示と同一若しくは類似の商品等表示を使用する者又はその商品等表示に係る業務を承継した者がその商品等表示を不正の目的でなく使用し、又はその商品等表示を不正の目的でなく使用した商品を譲渡し、引き渡し、譲渡若しくは引渡しのために展示し、輸出し、若しくは輸入する行為
4．第2条第1項第2号に掲げる不正競争　他人の商品等表示が著名になる前からその商品等表示と同一若しくは類似の商品等表示を使用する者又はその商品等表示に係る業務を承継した者がその商品等表示を不正の目的でなく使用し、又はその商品等表示を不正の目的でなく使用した商品を譲渡し、引き渡し、譲渡若しくは引渡しのために展示し、輸出し、若しくは輸入する行為
5．第2条第1項第3号に掲げる不正競争　同号に規定する他人の商品の形態を模倣した商品を譲り受けた者（その譲り受けた時にその商品が他人の商品の形態を模倣した商品であることを知らず、かつ、知らないことにつき重大な過失がない者に限る。）がその商品を譲渡し、貸し渡し、譲渡若しくは貸渡しのために展示し、輸出し、若しくは輸入する行為
6．第2条第1項第4号から第9号までに掲げる不正競争　取引によって営業秘密を取得した者（その取得した時にその営業秘密について不正開示行為であること又はその営業秘密について不正取得行為若しくは不正開示行為が介在したことを知らず、かつ、知らないことにつき重大な過失がない者に限る。）がその取引によって取得した権原の範囲内においてその営業秘密を使用し、又は開示する行為
7．第2条第1項第10号及び第11号に掲げる不正競争　技術的制限手段の試験又は研究のために用いられる第2条第1項第10号及び第11号に規定する装置若しくはこれらの号に規定するプログ

ラムを記録した記録媒体若しくは記憶した機器を譲渡し、引き渡し、譲渡若しくは引渡しのために展示し、輸出し、若しくは輸入し、又は当該プログラムを電気通信回線を通じて提供する行為

2 前項第2号又は第3号に掲げる行為によって営業上の利益を侵害され、又は侵害されるおそれがある者は、次の各号に掲げる行為の区分に応じて当該各号に定める者に対し、自己の商品又は営業との混同を防ぐのに適当な表示を付すべきことを請求することができる。

1．前項第2号に掲げる行為 自己の氏名を使用する者（自己の氏名を使用した商品を自ら譲渡し、引き渡し、譲渡若しくは引渡しのために展示し、輸出し、又は輸入する者を含む。）

2．前項第3号に掲げる行為 他人の商品等表示と同一又は類似の商品等表示を使用する者及びその商品等表示に係る業務を承継した者（その商品等表示を使用した商品を自ら譲渡し、引き渡し、譲渡若しくは引渡しのために展示し、輸出し、又は輸入する者を含む。）

（経過措置）

第13条 この法律の規定に基づき政令又は経済産業省令を制定し、又は改廃する場合においては、その政令又は経済産業省令で、その制定又は改廃に伴い合理的に必要と判断される範囲内において、所要の経過措置（罰則に関する経過措置を含む。）を定めることができる。

（罰則）

第14条 次の各号のいずれかに該当する者は、3年以下の懲役又は300万円以下の罰金に処する。

1．不正の目的をもって第2条第1項第1号又は第13号に掲げる不正競争を行った者

2．商品若しくは役務若しくはその広告若しくは取引に用いる書類若しくは通信にその商品の原産地、品質、内容、製造方法、用途若しくは数量又はその役務の質、内容、用途若しくは数量について誤認させるような虚偽の表示をした者（前号に掲げる者を除く。）

3．第9条、第10条又は第11条第1項の規定に違反した者

第15条 法人の代表者又は法人若しくは人の代理人、使用人その他の従業者が、その法人又は人の業務に関し、前条の違反行為をしたときは、行為者を罰するほか、その法人に対して3億円以下の罰金刑を、その人に対して同条の罰金刑を科する。

不正アクセス禁止法

不正アクセス行為の禁止等に関する法律

(平成11年8月13日法律第128号)

(目的)
第1条　この法律は、不正アクセス行為を禁止するとともに、これについての罰則及びその再発防止のための都道府県公安委員会による援助措置等を定めることにより、電気通信回線を通じて行われる電子計算機に係る犯罪の防止及びアクセス制御機能により実現される電気通信に関する秩序の維持を図り、もって高度情報通信社会の健全な発展に寄与することを目的とする。

(定義)
第2条　この法律において「アクセス管理者」とは、電気通信回線に接続している電子計算機(以下「特定電子計算機」という。)の利用(当該電気通信回線を通じて行うものに限る。以下「特定利用」という。)につき当該特定電子計算機の動作を管理する者をいう。

2　この法律において「識別符号」とは、特定電子計算機の特定利用をすることについて当該特定利用に係るアクセス管理者の許諾を得た者(以下「利用権者」という。)及び当該アクセス管理者(以下この項において「利用権者等」という。)に、当該アクセス管理者において当該利用権者等を他の利用権者等と区別して識別することができるように付される符号であって、次のいずれかに該当するもの又は次のいずれかに該当する符号とその他の符号を組み合わせたものをいう。
　一　当該アクセス管理者によってその内容をみだりに第三者に知らせてはならないものとされている符号
　二　当該利用権者等の身体の全部若しくは一部の影像又は音声を用いて当該アクセス管理者が定める方法により作成される符号
　三　当該利用権者等の署名を用いて当該アクセス管理者が定める方法により作成される符号

3　この法律において「アクセス制御機能」とは、特定電子計算機の特定利用を自動的に制御するために当該特定利用に係るアクセス管理者によって当該特定電子計算機又は当該特定電子計算機に電気通信回線を介して接続された他の特定電子計算機に付加されている機能であって、当該特定利用をしようとする者により当該機能を有する特定電子計算機に入力された符号が当該特定利用に係る識別符号(識別符号を用いて当該アクセス管理者の定める方法により作成される符号と当該識別符号の一部を組み合わせた符号を含む。次条第2項第1号及び第2号において同じ。)であることを確認して、当該特定利用の制限の全部又は一部を解除するものをいう。

(不正アクセス行為の禁止)
第3条　何人も、不正アクセス行為をしてはならない。

2　前項に規定する不正アクセス行為とは、次の各号の一に該当する行為をいう。
　一　アクセス制御機能を有する特定電子計算機に電気通信回線を通じて当該アクセス制御機能に係る他人の識別符号を入力して当該特定電子計算機を作動させ、当該アクセス制御機能により制限されている特定利用をし得る状態にさせる行為(当該アクセス制御機能を付加したアクセス管理者がするもの及び当該アクセス管理者又は当該識別符号に係る利用権者の承諾を得てするものを除く。)
　二　アクセス制御機能を有する特定電子計算機に電気通信回線を通じて当該アクセス制御機能による特定利用の制限を免れることができる情報(識別符号であるものを除く。)又は指令を入力して当該特定電子計算機を作動させ、その制限されている特定利用をし得る

状態にさせる行為（当該アクセス制御機能を付加したアクセス管理者がするもの及び当該アクセス管理者の承諾を得てするものを除く。次号において同じ。）
三　電気通信回線を介して接続された他の特定電子計算機が有するアクセス制御機能によりその特定利用を制限されている特定電子計算機に電気通信回線を通じてその制限を免れることができる情報又は指令を入力して当該特定電子計算機を作動させ、その制限されている特定利用をし得る状態にさせる行為

（不正アクセス行為を助長する行為の禁止）
第4条　何人も、アクセス制御機能に係る他人の識別符号を、その識別符号がどの特定電子計算機の特定利用に係るものであるかを明らかにして、又はこれを知っている者の求めに応じて、当該アクセス制御機能に係るアクセス管理者及び当該識別符号に係る利用権者以外の者に提供してはならない。ただし、当該アクセス管理者がする場合又は当該アクセス管理者若しくは当該利用権者の承諾を得てする場合は、この限りでない。

（アクセス管理者による防御措置）
第5条　アクセス制御機能を特定電子計算機に付加したアクセス管理者は、当該アクセス制御機能に係る識別符号又はこれを当該アクセス制御機能により確認するために用いる符号の適正な管理に努めるとともに、常に当該アクセス制御機能の有効性を検証し、必要があると認めるときは速やかにその機能の高度化その他当該特定電子計算機を不正アクセス行為から防御するため必要な措置を講ずるよう努めるものとする。

（都道府県公安委員会による援助等）
第6条　都道府県公安委員会（道警察本部の所在地を包括する方面（警察法（昭和29年法律第162号）第51条第1項本文に規定する方面をいう。以下この項において同じ。）を除く方面にあっては、方面公安委員会。以下この条において同じ。）は、不正アクセス行為が行われたと認められる場合において、当該不正アクセス行為に係る特定電子計算機に係るアクセス管理者から、その再発を防止するため、当該不正アクセス行為が行われた際の当該特定電子計算機の作動状況及び管理状況その他の参考となるべき事項に関する書類その他の物件を添えて、援助を受けたい旨の申出があり、その申出を相当と認めるときは、当該アクセス管理者に対し、当該不正アクセス行為の手口又はこれが行われた原因に応じ当該特定電子計算機を不正アクセス行為から防御するため必要な応急の措置が的確に講じられるよう、必要な資料の提供、助言、指導その他の援助を行うものとする。

2　都道府県公安委員会は、前項の規定による援助を行うため必要な事例分析（当該援助に係る不正アクセス行為の手口、それが行われた原因等に関する技術的な調査及び分析を行うことをいう。次項において同じ。）の実施の事務の全部又は一部を国家公安委員会規則で定める者に委託することができる。

3　前項の規定により都道府県公安委員会が委託した事例分析の実施の事務に従事した者は、その実施に関して知り得た秘密を漏らしてはならない。

4　前3項に定めるもののほか、第1項の規定による援助に関し必要な事項は、国家公安委員会規則で定める。

第7条　国家公安委員会、総務大臣及び経済産業大臣は、アクセス制御機能を有する特定電子計算機の不正アクセス行為からの防御に資するため、毎年少なくとも1回、不正アクセス行為の発生状況及びアクセス制御機能に関する技術の研究開発の状況を公表するものとする。

2　前項に定めるもののほか、国は、アクセス制御機能を有する特定電子計算機の不正アクセス行為からの防御に関する啓発及び知識の普及に努めなければならな

い。
（罰則）
第8条　次の各号の一に該当する者は、1年以下の懲役又は50万円以下の罰金に処する。
　一　第3条第1項の規定に違反した者
　二　第6条第3項の規定に違反した者
第9条　第4条の規定に違反した者は、30万円以下の罰金に処する。
　　附　則
この法律は、公布の日から起算して6月を経過した日（平成12.2.13）から施行する。ただし、第6条及び第8条第2号の規定は、公布の日から起算して1年を超えない範囲内において政令で定める日（平成12.7.1　平成11政374）から施行する。

プロバイダ責任制限法関連

特定電気通信役務提供者の損害賠償責任の制限及び発信者情報の開示に関する法律

　　　　公布　平成13年11月30日法律第137号
　　　　施行　平成14年5月27日

（趣旨）
第1条　この法律は、特定電気通信による情報の流通によって権利の侵害があった場合について、特定電気通信役務提供者の損害賠償責任の制限及び発信者情報の開示を請求する権利につき定めるものとする。
（定義）
第2条　この法律において、次の各号に掲げる用語の意義は、当該各号に定めるところによる。
　一　特定電気通信　不特定の者によって受信されることを目的とする電気通信（電気通信事業法（昭和59年法律第86号）第2条第1号に規定する電気通信をいう。以下この号において同じ。）の送信（公衆によって直接受信されることを目的とする電気通信の送信を除く。）をいう。
　二　特定電気通信設備　特定電気通信の用に供される電気通信設備（電気通信事業法第2条第2号に規定する電気通信設備をいう。）をいう。
　三　特定電気通信役務提供者　特定電気通信設備を用いて他人の通信を媒介し、その他特定電気通信設備を他人の通信の用に供する者をいう。
　四　発信者　特定電気通信役務提供者の用いる特定電気通信設備の記録媒体（当該記録媒体に記録された情報が不特定の者に送信されるものに限る。）に情報を記録し、又は当該特定電気通信設備の送信装置（当該送信装置に入力された情報が不特定の者に送信されるものに限る。）に情報を入力した者

をいう。
（損害賠償責任の制限）
第3条　特定電気通信による情報の流通により他人の権利が侵害されたときは、当該特定電気通信の用に供される特定電気通信設備を用いる特定電気通信役務提供者（以下この項において「関係役務提供者」という。）は、これによって生じた損害については、権利を侵害した情報の不特定の者に対する送信を防止する措置を講ずることが技術的に可能な場合であって、次の各号のいずれかに該当するときでなければ、賠償の責めに任じない。ただし、当該関係役務提供者が当該権利を侵害した情報の発信者である場合は、この限りでない。
　一　当該関係役務提供者が当該特定電気通信による情報の流通によって他人の権利が侵害されていることを知っていたとき。
　二　当該関係役務提供者が、当該特定電気通信による情報の流通を知っていた場合であって、当該特定電気通信による情報の流通によって他人の権利が侵害されていることを知ることができたと認めるに足りる相当の理由があるとき。
2　特定電気通信役務提供者は、特定電気通信による情報の送信を防止する措置を講じた場合において、当該措置により送信を防止された情報の発信者に生じた損害については、当該措置が当該情報の不特定の者に対する送信を防止するために必要な限度において行われたものである場合であって、次の各号のいずれかに該当するときは、賠償の責めに任じない。
　一　当該特定電気通信役務提供者が当該特定電気通信による情報の流通によって他人の権利が不当に侵害されていると信じるに足りる相当の理由があったとき。
　二　特定電気通信による情報の流通によって自己の権利を侵害されたとする者から、当該権利を侵害したとする情報（以下「侵害情報」という。）、侵害されたとする権利及び権利が侵害されたとする理由（以下この号において「侵害情報等」という。）を示して当該特定電気通信役務提供者に対し侵害情報の送信を防止する措置（以下この号において「送信防止措置」という。）を講ずるよう申出があった場合に、当該特定電気通信役務提供者が、当該侵害情報の発信者に対し当該侵害情報等を示して当該送信防止措置を講ずることに同意するかどうかを照会した場合において、当該発信者が当該照会を受けた日から7日を経過しても当該発信者から当該送信防止措置を講ずることに同意しない旨の申出がなかったとき。
（発信者情報の開示請求等）
第4条　特定電気通信による情報の流通によって自己の権利を侵害されたとする者は、次の各号のいずれにも該当するときに限り、当該特定電気通信の用に供される特定電気通信設備を用いる特定電気通信役務提供者（以下「開示関係役務提供者」という。）に対し、当該開示関係役務提供者が保有する当該権利の侵害に係る発信者情報（氏名、住所その他の侵害情報の発信者の特定に資する情報であって総務省令で定めるものをいう。以下同じ。）の開示を請求することができる。
　一　侵害情報の流通によって当該開示の請求をする者の権利が侵害されたことが明らかであるとき。
　二　当該発信者情報が当該開示の請求をする者の損害賠償請求権の行使のために必要である場合その他発信者情報の開示を受けるべき正当な理由があるとき。
2　開示関係役務提供者は、前項の規定による開示の請求を受けたときは、当該開示の請求に係る侵害情報の発信者と連絡することができない場合その他特別の事情がある場合を除き、開示するかどうかについて当該発信者の意見を聴かなければならない。

3 第1項の規定により発信者情報の開示を受けた者は、当該発信者情報をみだりに用いて、不当に当該発信者の名誉又は生活の平穏を害する行為をしてはならない。

4 開示関係役務提供者は、第1項の規定による開示の請求に応じないことにより当該開示の請求をした者に生じた損害については、故意又は重大な過失がある場合でなければ、賠償の責めに任じない。ただし、当該開示関係役務提供者が当該開示の請求に係る侵害情報の発信者である場合は、この限りでない。

附　則

この法律は、公布の日から起算して6月を超えない範囲内において政令で定める日から施行する。

電子署名法

電子署名及び認証業務に関する法律

（平成12年5月31日法律第102号）

第1章　総則

（目的）

第1条　この法律は、電子署名に関し、電磁的記録の真正な成立の推定、特定認証業務に関する認定の制度その他必要な事項を定めることにより、電子署名の円滑な利用の確保による情報の電磁的方式による流通及び情報処理の促進を図り、もって国民生活の向上及び国民経済の健全な発展に寄与することを目的とする。

（定義）

第2条　この法律において「電子署名」とは、電磁的記録（電子的方式、磁気的方式その他人の知覚によっては認識することができない方式で作られる記録であって、電子計算機による情報処理の用に供されるものをいう。以下同じ。）に記録することができる情報について行われる措置であって、次の要件のいずれにも該当するものをいう。

一　当該情報が当該措置を行った者の作成に係るものであることを示すためのものであること。

二　当該情報について改変が行われていないかどうかを確認することができるものであること。

2　この法律において「認証業務」とは、自らが行う電子署名についてその業務を利用する者（以下「利用者」という。）その他の者の求めに応じ、当該利用者が電子署名を行ったものであることを確認するために用いられる事項が当該利用者に係るものであることを証明する業務をいう。

3　この法律において「特定認証業務」とは、電子署名のうち、その方式に応じて本人だけが行うことができるものとして主務省令で定める基準に適合するものに

ついて行われる認証業務をいう。

第2章　電磁的記録の真正な成立の推定
第3条　電磁的記録であって情報を表すために作成されたもの（公務員が職務上作成したものを除く。）は、当該電磁的記録に記録された情報について本人による電子署名（これを行うために必要な符号及び物件を適正に管理することにより、本人だけが行うことができることとなるものに限る。）が行われているときは、真正に成立したものと推定する。

第3章　特定認証業務の認定等
第1節　特定認証業務の認定
（認定）
第4条　特定認証業務を行おうとする者は、主務大臣の認定を受けることができる。
2　前項の認定を受けようとする者は、主務省令で定めるところにより、次の事項を記載した申請書その他主務省令で定める書類を主務大臣に提出しなければならない。
　一　氏名又は名称及び住所並びに法人にあっては、その代表者の氏名
　二　申請に係る業務の用に供する設備の概要
　三　申請に係る業務の実施の方法
3　主務大臣は、第1項の認定をしたときは、その旨を公示しなければならない。
（欠格条項）
第5条　次の各号のいずれかに該当する者は、前条第1項の認定を受けることができない。
　一　禁錮以上の刑（これに相当する外国の法令による刑を含む。）に処せられ、又はこの法律の規定により刑に処せられ、その執行を終わり、又は執行を受けることがなくなった日から2年を経過しない者
　二　第14条第1項又は第16条第1項の規定により認定を取り消され、その取消しの日から2年を経過しない者
　三　法人であって、その業務を行う役員のうちに前2号のいずれかに該当する者があるもの

（認定の基準）
第6条　主務大臣は、第4条第1項の認定の申請が次の各号のいずれにも適合していると認めるときでなければ、その認定をしてはならない。
　一　申請に係る業務の用に供する設備が主務省令で定める基準に適合するものであること。
　二　申請に係る業務における利用者の真偽の確認が主務省令で定める方法により行われるものであること。
　三　前号に掲げるもののほか、申請に係る業務が主務省令で定める基準に適合する方法により行われるものであること。
2　主務大臣は、第4条第1項の認定のための審査に当たっては、主務省令で定めるところにより、申請に係る業務の実施に係る体制について実地の調査を行うものとする。

（認定の更新）
第7条　第4条第1項の認定は、1年を下らない政令で定める期間ごとにその更新を受けなければ、その期間の経過によって、その効力を失う。
2　第4条第2項及び前2条の規定は、前項の認定の更新に準用する。

（承継）
第8条　第4条第1項の認定を受けた者（以下「認定認証事業者」という。）がその認定に係る業務を行う事業の全部を譲渡し、又は認定認証事業者について相続、合併若しくは分割（その認定に係る業務を行う事業の全部を承継させるものに限る。）があったときは、その事業の全部を譲り受けた者又は相続人（相続人が2人以上ある場合において、その全員の同意により事業を承継すべき相続人を選定したときは、その者。以下この条において同じ。）、合併後存続する法人若しくは合併により設立した法人は、その認定認証事業者の地位を承継する。ただし、そ

の事業の全部を譲り受けた者又は相続人若しくは合併後存続する法人若しくは合併により設立した法人若しくは分割によりその事業の全部を承継した法人が第5条各号のいずれかに該当するときは、この限りでない。
（変更の認定等）
第9条　認定認証事業者は、第4条第2項第2号又は第3号の事項を変更しようとするときは、主務大臣の認定を受けなければならない。ただし、主務省令で定める軽微な変更については、この限りでない。
2　前項の変更の認定を受けようとする者は、主務省令で定めるところにより、変更に係る事項を記載した申請書その他主務省令で定める書類を主務大臣に提出しなければならない。
3　第4条第3項及び第6条の規定は、第1項の変更の認定に準用する。
4　認定認証事業者は、第4条第2項第1号の事項に変更があったときは、遅滞なく、その旨を主務大臣に届け出なければならない。
（廃止の届出）
第10条　認定認証事業者は、その認定に係る業務を廃止しようとするときは、主務省令で定めるところにより、あらかじめ、その旨を主務大臣に届け出なければならない。
2　主務大臣は、前項の規定による届出があったときは、その旨を公示しなければならない。
（業務に関する帳簿書類）
第11条　認定認証事業者は、主務省令で定めるところにより、その認定に係る業務に関する帳簿書類を作成し、これを保存しなければならない。
（利用者の真偽の確認に関する情報の適正な使用）
第12条　認定認証事業者は、その認定に係る業務の利用者の真偽の確認に際して知り得た情報を認定に係る業務の用に供する目的以外に使用してはならない。

（表示）
第13条　認定認証事業者は、認定に係る業務の用に供する電子証明書等（利用者が電子署名を行ったものであることを確認するために用いられる事項が当該利用者に係るものであることを証明するために作成する電磁的記録その他の認証業務の用に供するものとして主務省令で定めるものをいう。次項において同じ。）に、主務省令で定めるところにより、当該業務が認定を受けている旨の表示を付することができる。
2　何人も、前項に規定する場合を除くほか、電子証明書等に、同項の表示又はこれと紛らわしい表示を付してはならない。
（認定の取消し）
第14条　主務大臣は、認定認証事業者が次の各号のいずれかに該当するときは、その認定を取り消すことができる。
　一　第5条第1号又は第3号のいずれかに該当するに至ったとき。
　二　第6条第1項各号のいずれかに適合しなくなったとき。
　三　第9条第1項、第11条、第12条又は前条第2項の規定に違反したとき。
　四　不正の手段により第4条第1項の認定又は第9条第1項の変更の認定を受けたとき。
2　主務大臣は、前項の規定により認定を取り消したときは、その旨を公示しなければならない。

　　第2節　外国における特定認証業務の認定
（認定）
第15条　外国にある事務所により特定認証業務を行おうとする者は、主務大臣の認定を受けることができる。
2　第4条第2項及び第3項並びに第5条から第7条までの規定は前項の認定に、第8条から第13条までの規定は同項の認定を受けた者（以下「認定外国認証事業者」という。）に準用する。この場合において、同条第2項中「何人も」とある

のは、「認定外国認証事業者は」と読み替えるものとする。
3　主務大臣は、第1項の認定若しくはその更新又は前項において準用する第9条第1項の変更の認定を受けようとする者が外国の法令に基づく認証業務に関する制度で第4条第1項の認定の制度に類するものに基づいて当該外国にある事務所により認証業務を行う者である場合であって、我が国が当該外国と締結した条約その他の国際約束を誠実に履行するために必要があると認めるときは、それらの者に対して、前項において準用する第6条第2項（前項において準用する第7条第2項及び第9条第3項において準用する場合を含む。）の規定による調査に代えて、主務省令で定める事項を記載した書類の提出をさせることができる。
4　前項の場合において、これらの者から当該書類の提出があったときは、主務大臣は当該書類を考慮して第1項の認定若しくはその更新又は第2項において準用する第9条第1項の変更の認定のための審査を行わなければならない。
（認定の取消し）
第16条　主務大臣は、認定外国認証事業者が次の各号のいずれかに該当するときは、その認定を取り消すことができる。
　一　前条第2項において準用する第5条第1号又は第3号のいずれかに該当するに至ったとき。
　二　前条第2項において準用する第6条第1項各号のいずれかに適合しなくなったとき。
　三　前条第2項において準用する第9条第1項若しくは第4項、第11条、第12条又は第13条第2項の規定に違反したとき。
　四　不正の手段により前条第1項の認定又は同条第2項において準用する第9条第1項の変更の認定を受けたとき。
　五　主務大臣が第35条第3項において準用する同条第1項の規定により認定外国認証事業者に対し報告をさせようとした場合において、その報告がされず、又は虚偽の報告がされたとき。
　六　主務大臣が第35条第3項において準用する同条第1項の規定によりその職員に認定外国認証事業者の営業所、事務所その他の事業場において検査をさせようとした場合において、その検査を拒まれ、妨げられ、若しくは忌避され、又は同項の規定による質問に対して答弁がされず、若しくは虚偽の答弁がされたとき。
2　主務大臣は、前項の規定により認定を取り消したときは、その旨を公示しなければならない。

第4章　指定調査機関等
第1節　指定調査機関
（指定調査機関による調査）
第17条　主務大臣は、その指定する者（以下「指定調査機関」という。）に第6条第2項（第7条第2項（第15条第2項において準用する場合を含む。）、第9条第3項（第15条第2項において準用する場合を含む。）及び第15条第2項において準用する場合を含む。）の規定による調査（次節を除き、以下「調査」という。）の全部又は一部を行わせることができる。
2　主務大臣は、前項の規定により指定調査機関に調査の全部又は一部を行わせるときは、当該調査の全部又は一部を行わないものとする。この場合において、主務大臣は、指定調査機関が第4項の規定により通知する調査の結果を考慮して第4条第1項の認定若しくはその更新、第9条第1項（第15条第2項において準用する場合を含む。）の変更の認定又は第15条第1項の認定若しくはその更新のための審査を行わなければならない。
3　主務大臣が第1項の規定により指定調査機関に調査の全部又は一部を行わせることとしたときは、第4条第1項の認定若しくはその更新、第9条第1項（第15条第2項において準用する場合を含む。）の変更の認定又は第15条第1項の認定若

しくはその更新を受けようとする者は、指定調査機関が行う調査については、第4条第2項（第7条第2項（第15条第2項において準用する場合を含む。）及び第15条第2項において準用する場合を含む。）及び第9条第2項（第15条第2項において準用する場合を含む。）の規定にかかわらず、主務省令で定めるところにより、指定調査機関に申請しなければならない。

4　指定調査機関は、前項の申請に係る調査を行ったときは、遅滞なく、当該調査の結果を主務省令で定めるところにより、主務大臣に通知しなければならない。
（指定）
第18条　前条第1項の規定による指定（以下「指定」という。）は、主務省令で定めるところにより、調査を行おうとする者（外国にある事務所により行おうとする者を除く。）の申請により行う。
（欠格条項）
第19条　次の各号のいずれかに該当する者は、指定を受けることができない。
一　禁錮以上の刑に処せられ、又はこの法律の規定により刑に処せられ、その執行を終わり、又は執行を受けることがなくなった日から2年を経過しない者
二　第29条第1項の規定により指定を取り消され、又は第32条第1項の規定により承認を取り消され、その取消しの日から2年を経過しない者
三　法人であって、その業務を行う役員のうちに前2号のいずれかに該当する者があるもの
（指定の基準）
第20条　主務大臣は、指定の申請が次の各号のいずれにも適合していると認めるときでなければ、その指定をしてはならない。
一　調査の業務を適確かつ円滑に実施するに足りる経理的基礎及び技術的能力を有すること。
二　法人にあっては、その役員又は法人の種類に応じて主務省令で定める構成員の構成が調査の公正な実施に支障を及ぼすおそれがないものであること。
三　調査の業務以外の業務を行っている場合には、その業務を行うことによって調査が不公正になるおそれがないものであること。
四　その指定をすることによって申請に係る調査の適確かつ円滑な実施を阻害することとならないこと。
（指定の公示等）
第21条　主務大臣は、指定をしたときは、指定調査機関の名称及び住所並びに調査の業務を行う事務所の所在地を公示しなければならない。

2　指定調査機関は、その名称若しくは住所又は調査の業務を行う事務所の所在地を変更しようとするときは、変更しようとする日の2週間前までに、その旨を主務大臣に届け出なければならない。

3　主務大臣は、前項の規定による届出があったときは、その旨を公示しなければならない。
（指定の更新）
第22条　指定は、5年以上10年以内において政令で定める期間ごとにその更新を受けなければ、その期間の経過によって、その効力を失う。

2　第18条から第20条までの規定は、前項の指定の更新に準用する。
（秘密保持義務等）
第23条　指定調査機関の役員（法人でない指定調査機関にあっては、当該指定を受けた者。次項並びに第43条及び第45条において同じ。）若しくは職員又はこれらの職にあった者は、調査の業務に関して知り得た秘密を漏らしてはならない。

2　調査の業務に従事する指定調査機関の役員又は職員は、刑法（明治40年法律第45号）その他の罰則の適用については、法令により公務に従事する職員とみなす。
（調査の義務）
第24条　指定調査機関は、調査を行うべきことを求められたときは、正当な理由が

ある場合を除き、遅滞なく、調査を行わなければならない。
（調査業務規程）
第25条　指定調査機関は、調査の業務に関する規程（以下「調査業務規程」という。）を定め、主務大臣の認可を受けなければならない。これを変更しようとするときも、同様とする。
2　調査業務規程で定めるべき事項は、主務省令で定める。
3　主務大臣は、第1項の認可をした調査業務規程が調査の公正な実施上不適当となったと認めるときは、その調査業務規程を変更すべきことを命ずることができる。
（帳簿の記載）
第26条　指定調査機関は、主務省令で定めるところにより、帳簿を備え、調査の業務に関し主務省令で定める事項を記載し、これを保存しなければならない。
（適合命令）
第27条　主務大臣は、指定調査機関が第20条第1号から第3号までに適合しなくなったと認めるときは、その指定調査機関に対し、これらの規定に適合するため必要な措置を講ずべきことを命ずることができる。
（業務の休廃止）
第28条　指定調査機関は、主務大臣の許可を受けなければ、調査の業務の全部又は一部を休止し、又は廃止してはならない。
2　主務大臣は、前項の許可をしたときは、その旨を公示しなければならない。
（指定の取消し等）
第29条　主務大臣は、指定調査機関が次の各号のいずれかに該当するときは、その指定を取り消し、又は期間を定めて調査の業務の全部若しくは一部の停止を命ずることができる。
一　この節の規定に違反したとき。
二　第19条第1号又は第3号に該当するに至ったとき。
三　第25条第1項の認可を受けた調査業務規程によらないで調査の業務を行ったとき。
四　第25条第3項又は第27条の規定による命令に違反したとき。
五　不正の手段により指定を受けたとき。
2　主務大臣は、前項の規定により指定を取り消し、又は調査の業務の全部若しくは一部の停止を命じたときは、その旨を公示しなければならない。
（主務大臣による調査の業務の実施）
第30条　主務大臣は、指定調査機関が第28条第1項の規定により調査の業務の全部若しくは一部を休止した場合、前条第1項の規定により指定調査機関に対し調査の業務の全部若しくは一部の停止を命じた場合又は指定調査機関が天災その他の事由により調査の業務の全部若しくは一部を実施することが困難となった場合において、必要があると認めるときは、第17条第2項の規定にかかわらず、調査の業務の全部又は一部を自ら行うものとする。
2　主務大臣は、前項の規定により調査の業務を行うこととし、又は同項の規定により行っている調査の業務を行わないこととするときは、あらかじめ、その旨を公示しなければならない。
3　主務大臣が、第1項の規定により調査の業務を行うこととし、第28条第1項の規定により調査の業務の廃止を許可し、又は前条第1項の規定により指定を取り消した場合における調査の業務の引継ぎその他の必要な事項は、主務省令で定める。

第2節　承認調査機関
（承認調査機関の承認等）
第31条　主務大臣は、第15条第2項において準用する第6条第2項（第15条第2項において準用する第7条第2項及び第9条第3項において準用する場合を含む。）の規定による調査（以下この節において「調査」という。）の全部又は一部を行おうとする者（外国にある事務所により行おうとする者に限る。）から申請があったときは、主務省令で定めるところにより、これを承認することができる。

2　主務大臣が前項の承認をしたときは、第15条第1項の認定若しくはその更新又は同条第2項において準用する第9条第1項の変更の認定を受けようとする者は、前項の承認を受けた者（以下「承認調査機関」という。）が行う調査については、第15条第2項において準用する第4条第2項（第15条第2項において準用する第7条第2項において準用する場合を含む。）、第15条第2項において準用する第9条第2項及び第17条第3項の規定にかかわらず、主務省令で定めるところにより、承認調査機関に申請をすることができる。この場合において、主務大臣は、承認調査機関が次の規定により通知する調査の結果を考慮して第15条第1項の認定若しくはその更新又は同条第2項において準用する第9条第1項の変更の認定のための審査を行わなければならない。

3　承認調査機関は、前項の申請に係る調査を行ったときは、遅滞なく、当該調査の結果を主務省令で定めるところにより、主務大臣に通知しなければならない。

4　承認調査機関は、調査の業務の全部又は一部を休止し、又は廃止したときは、遅滞なく、その旨を主務大臣に届け出なければならない。

5　主務大臣は、前項の規定による届出があったときは、その旨を公示しなければならない。

6　第19条から第22条までの規定は第1項の承認に、第24条から第27条までの規定は承認調査機関に準用する。この場合において、第25条第3項及び第27条中「命ずる」とあるのは、「請求する」と読み替えるものとする。

（承認の取消し）

第32条　主務大臣は、承認調査機関が次の各号のいずれかに該当するときは、その承認を取り消すことができる。

一　前条第3項若しくは第4項の規定又は同条第6項において準用する第21条第2項、第24条、第25条第1項若しくは第26条の規定に違反したとき。

二　前条第6項において準用する第19条第1号又は第3号に該当するに至ったとき。

三　前条第6項において準用する第25条第1項の認可を受けた調査業務規程によらないで調査の業務を行ったとき。

四　前条第6項において準用する第25条第3項又は第27条の規定による請求に応じなかったとき。

五　不正の手段により前条第1項の承認を受けたとき。

六　主務大臣が、承認調査機関が前各号のいずれかに該当すると認めて、期間を定めて調査の業務の全部又は一部の停止の請求をした場合において、その請求に応じなかったとき。

七　主務大臣が第35条第3項において準用する同条第2項の規定により承認調査機関に対し報告をさせようとした場合において、その報告がされず、又は虚偽の報告がされたとき。

八　主務大臣が第35条第3項において準用する同条第2項の規定によりその職員に承認調査機関の事務所において検査をさせようとした場合において、その検査が拒まれ、妨げられ、若しくは忌避され、又は同項の規定による質問に対して答弁がされず、若しくは虚偽の答弁がされたとき。

2　主務大臣は、前項の規定により承認を取り消したときは、その旨を公示しなければならない。

第5章　雑則

（特定認証業務に関する援助等）

第33条　主務大臣は、特定認証業務に関する認定の制度の円滑な実施を図るため、電子署名及び認証業務に係る技術の評価に関する調査及び研究を行うとともに、特定認証業務を行う者及びその利用者に対し必要な情報の提供、助言その他の援助を行うよう努めなければならない。

（国の措置）

第34条　国は、教育活動、広報活動等を通

じて電子署名及び認証業務に関する国民の理解を深めるよう努めなければならない。
（報告徴収及び立入検査）
第35条　主務大臣は、この法律の施行に必要な限度において、認定認証事業者に対し、その認定に係る業務に関し報告をさせ、又はその職員に、認定認証事業者の営業所、事務所その他の事業場に立ち入り、その認定に係る業務の状況若しくは設備、帳簿書類その他の物件を検査させ、若しくは関係者に質問させることができる。

2　主務大臣は、この法律の施行に必要な限度において、指定調査機関に対し、その業務に関し報告をさせ、又はその職員に、指定調査機関の事務所に立ち入り、業務の状況若しくは帳簿、書類その他の物件を検査させ、若しくは関係者に質問させることができる。

3　第1項の規定は認定外国認証事業者に、前項の規定は承認調査機関に、それぞれ準用する。

4　第1項及び第2項（それぞれ前項において準用する場合を含む。）の規定により立入検査をする職員は、その身分を示す証明書を携帯し、関係者に提示しなければならない。

5　第1項及び第2項（それぞれ第3項において準用する場合を含む。）の規定による立入検査の権限は、犯罪捜査のために認められたものと解釈してはならない。

（手数料）
第36条　次の各号に掲げる者は、実費を勘案して政令で定める額の手数料を国に納めなければならない。
一　第4条第1項の認定又はその更新を受けようとする者
二　第9条第1項（第15条第2項において準用する場合を含む。）の変更の認定を受けようとする者
三　第15条第1項の認定又はその更新を受けようとする者

2　指定調査機関が行う調査を受けようとする者は、政令で定めるところにより指定調査機関が主務大臣の認可を受けて定める額の手数料を当該指定調査機関に納めなければならない。

（主務大臣と国家公安委員会との関係）
第37条　国家公安委員会は、認定認証事業者又は認定外国認証事業者の認定に係る業務に関し、その利用者についての証明に係る重大な被害が生ずることを防止するため必要があると認めるときは、主務大臣に対し、必要な措置をとるべきことを要請することができる。

（審査請求）
第38条　この法律の規定による指定調査機関の処分又は不作為について不服がある者は、主務大臣に対し、行政不服審査法（昭和37年法律第160号）による審査請求をすることができる。

（経過措置）
第39条　この法律の規定に基づき政令又は主務省令を制定し、又は改廃する場合においては、それぞれ、政令又は主務省令で、その制定又は改廃に伴い合理的に必要と判断される範囲内において、所要の経過措置（罰則に関する経過措置を含む。）を定めることができる。

（主務大臣等）
第40条　この法律における主務大臣は、総務大臣、法務大臣及び経済産業大臣とする。ただし、第33条にあっては、総務大臣及び経済産業大臣とする。

2　この法律における主務省令は、総務大臣、法務大臣及び経済産業大臣が共同で発する命令とする。

第6章　罰則

第41条　認定認証事業者又は認定外国認証事業者に対し、その認定に係る認証業務に関し、虚偽の申込みをして、利用者について不実の証明をさせた者は、3年以下の懲役又は200万円以下の罰金に処する。

2　前項の未遂罪は、罰する。

3　前2項の罪は、刑法第2条の例に従う。

第42条　次の各号のいずれかに該当する者は、1年以下の懲役又は100万円以下の罰金に処する。
一　第13条第2項の規定に違反した者
二　第23条第1項の規定に違反してその職務に関して知り得た秘密を漏らした者

第43条　第29条第1項の規定による業務の停止の命令に違反したときは、その違反行為をした指定調査機関の役員又は職員は、1年以下の懲役又は100万円以下の罰金に処する。

第44条　次の各号のいずれかに該当する者は、30万円以下の罰金に処する。
一　第9条第1項の規定に違反して第4条第2項第2号又は第3号の事項を変更した者
二　第11条の規定による帳簿書類の作成若しくは保存をせず、又は虚偽の帳簿書類の作成をした者
三　第35条第1項の規定による報告をせず、若しくは虚偽の報告をし、又は同項の規定による検査を拒み、妨げ、若しくは忌避し、若しくは同項の規定による質問に対して答弁をせず、若しくは虚偽の答弁をした者

第45条　次の各号のいずれかに該当するときは、その違反行為をした指定調査機関の役員又は職員は、30万円以下の罰金に処する。
一　第26条の規定による帳簿の記載をせず、虚偽の記載をし、又は帳簿を保存しなかったとき。
二　第28条第1項の規定に違反して調査の業務の全部を廃止したとき。
三　第35条第2項の規定による報告をせず、若しくは虚偽の報告をし、又は同項の規定による検査を拒み、妨げ、若しくは忌避し、若しくは同項の規定による質問に対して答弁をせず、若しくは虚偽の答弁をしたとき。

第46条　法人の代表者又は法人若しくは人の代理人、使用人その他の従業者が、その法人又は人の業務に関して、第42条第1号又は第44条の違反行為をしたときは、行為者を罰するほか、その法人又は人に対して各本条の罰金刑を科する。

第47条　第9条第4項又は第10条第1項の規定による届出をせず、又は虚偽の届出をした者は、10万円以下の過料に処する。

附　則
（施行期日）
第1条　この法律は、平成13年4月1日から施行する。ただし、次条の規定は平成13年3月1日から、附則第4条の規定は商法等の一部を改正する法律の施行に伴う関係法律の整備に関する法律（平成12年法律第91号）の施行の日から施行する。

（準備行為）
第2条　第17条第1項の規定による指定及びこれに関し必要な手続その他の行為は、この法律の施行前においても、第18条から第20条まで、第21条第1項並びに第25条第1項及び第2項の規定の例により行うことができる。

（検討）
第3条　政府は、この法律の施行後五年を経過した場合において、この法律の施行の状況について検討を加え、その結果に基づいて必要な措置を講ずるものとする。

（商法等の一部を改正する法律の施行に伴う関係法律の整備に関する法律の一部改正）
第4条　商法等の一部を改正する法律の施行に伴う関係法律の整備に関する法律の一部を次のように改正する。第150条の次に次の1条を加える。（電子署名及び認証業務に関する法律の一部改正）第150条の2　電子署名及び認証業務に関する法律（平成12年法律第102号）の一部を次のように改正する。　第8条中「若しくは合併が」を「、合併若しくは分割（その認定に係る業務を行う事業の全部を承継させるものに限る。）が」に、「若しくは合併後」を「、合併後」に改め、「設立した法人」の下に「若しくは分割によりその事業の全部を承継した法人」を加える。

著者プロフィール

蒲　俊郎（かば　としろう）
1960年、東京都生まれ　慶応義塾大学法学部法律学科卒業
現在、城山タワー法律事務所代表弁護士、桐蔭横浜大学法学部講師
　　（電子商取引法）

林　一浩（はやし　かずひろ）
1964年、長野県生まれ
現在、B-Office, Ltd. CEO

信濃義朗（しなの　よしろう）
1958年、兵庫県生まれ
現在、昌栄印刷株式会社取締役　ICカード事業部長
　　社団法人ビジネス機械・情報システム産業協会　カード及びカードシステム部会　カード生産統計分科会長

第三世代ネットビジネス
成功する法務・技術・マーケティング

2003年6月30日　初版第1刷発行

著　者　蒲　俊郎（代表）
発行者　瓜谷　綱延
発行所　株式会社文芸社
　　　　〒160-0022　東京都新宿区新宿1−10−1
　　　　　　電話　03-5369-3060（編集）
　　　　　　　　　03-5369-2299（販売）
　　　　　　振替　00190-8-728265

印刷所　東洋経済印刷株式会社

©Toshiro Kaba, Kazuhiro Hayashi, Yoshiro Shinano 2003 Printed in Japan
乱丁・落丁本はお取り替えいたします。
ISBN4-8355-5630-5 C0095